气体分离膜及其组合技术在石油化工领域的应用

章龙江　汤林　党延斋　主　编

石油工业出版社

内 容 提 要

本书首先介绍了气体分离膜的发展历史和基本特性，在此基础上列举了气体分离膜及其组合技术在炼油化工、油气田开发、空分制氮、富氧等领域的大量应用实例，最后介绍了渗透蒸发和蒸气渗透膜技术的应用概况。

本书适合从事气体分离膜及其组合技术的科研人员、工作人员阅读和参考。

图书在版编目（CIP）数据

气体分离膜及其组合技术在石油化工领域的应用 / 章龙江，汤林，党延斋主编．—北京：石油工业出版社，2015.7

ISBN 978-7-5183-0701-2

Ⅰ．气…

Ⅱ．①章… ②汤… ③党…

Ⅲ．气体分离-扩散膜-应用-石油化工

Ⅳ．TE65

中国版本图书馆 CIP 数据核字（2015）第 103363 号

出版发行：石油工业出版社

（北京安定门外安华里 2 区 1 号　100011）

网　址：www. petropub. com

编辑部：（010）64523736　发行部：（010）64523620

经　销：全国新华书店

印　刷：北京中石油彩色印刷有限责任公司

2015 年 7 月第 1 版　2015 年 7 月第 1 次印刷

787×1092 毫米　开本：1/16　印张：15

字数：380 千字

定价：76.00 元

（如出现印装质量问题，我社发行部负责调换）

《气体分离膜及其组合技术在石油化工领域的应用》

编　委　会

《气体分离膜及其组合技术在石油化工领域的应用》
编写人员及单位

章龙江　　中国石油炼油与化工分公司
汤　林　　中国石油勘探与生产分公司
党延斋　　中国膜工业协会石油和化工膜技术应用专业委员会
马润宇　　北京化工大学
陈为民　　中国石油炼油与化工分公司
张　彦　　中国石油炼油与化工分公司
江如意　　中国石油科技管理部
贺高红　　大连理工大学膜中心
屠原祯　　美国柏美亚（中国）有限公司
宁书贵　　中国石油大庆石化公司
李秉政　　中凯化学（大连）有限公司
余兰金　　四川达科特能源科技股份有限公司
沈光林、徐连禄、徐徜徉　天邦膜技术国家工程研究中心有限责任公司
杜国栋、马艳勋、王连军、李恕广　大连欧科膜技术工程有限公司
李　莹　　中凯化学（大连）有限公司
孙锐艳　　中国石油吉林油田分公司勘探设计院
郑　勇　　四川达科特能源科技股份有限公司
王　星　　中国石油西南油气田分公司
王远江　　中国石油集团工程设计有限责任公司西南分公司
张元红、李　卓　　大连普瑞科尔科技有限公司
陈翠仙、韩宾宾　　清华大学化学工程系

前　　言

气体膜分离技术是20世纪70年代开发成功的新一代气体分离技术，其基本原理是利用混合气体中各组分在压力驱动下透过膜的渗透速率差来实现分离的目的。

20世纪80年代末，我国开始成套引进气体膜分离回收氢气技术。目前有上百套氢气回收装置在炼油、化肥和甲醇企业运行。气体膜也广泛应用于石油炼制、乙烯生产和天然气加工过程中有机气体回收以及储运过程油气排放组分回收。膜法空分制氮、富氧及富氧节能燃烧在油气田和炼化企业亦有应用。

目前，国内外开发出多种新型的气体膜分离组合工艺。膜法与变压吸附法集成，可提高炼厂氢气的回收率或纯度，或用于炼厂干气中回收乙烯及丙烯原料气；膜法与催化反应集成，可大幅度提高反应速率；膜法与深冷分离法集成，可有效降低能耗。新型的膜分离—渗透气化技术用于分离液体混合物，以较低能耗实现蒸馏、萃取和吸附等传统方法难以完成的分离任务，具有广阔的应用前景。可以预计，膜分离及其组合技术将替代炼化企业许多在役的分离工艺，成为21世纪快速发展应用的高新技术。

为推动气体膜分离及其组合技术的广泛应用、实现节能减排目标，由中国石油天然气集团公司科技管理部组织编写出版本书。

本书邀请国内知名的气体膜技术专家参与编写和审稿，中国膜工业协会石油和化工膜技术应用专业委员会做了大量的征集和编辑工作，在此表示诚挚的谢意。

由于编者经验和知识水平所限，书中难免有不妥之处，恳请读者批评指正。

前　言

目　　录

第一章　概　　述

第一节　气体分离膜的发展

一、气体分离膜发展简述

膜在大自然中，特别是在生物体内存在是广为人知的，可是人类对它的认识、利用、模拟以及人工合成，却经历了漫长的岁月。早在 1748 年人类就发现了渗透现象，但是直到 1829 年才开始对这种现象进行研究。1831 年，J. V. Mitchell 用膜进行 H_2 和 CO_2 混合气渗透实验，发现了不同气体分子透过膜的速率不同的现象。从 1846 年世界第一张半合成膜问世，到 1960 年开发出第一张整体皮层非对称膜，此阶段为膜分离技术发展的第一次飞跃。1979 年，美国 Monsanto 公司研发成功用于 H_2 分离的普里森（Prism®）中空纤维复合型分离膜和膜分离器，并用于从合成氨驰放气中回收 H_2，从此开创了气体膜分离技术大规模工业应用的新时代，可称之为膜分离技术发展的第二次飞跃。1995 年，美国 MTR 公司在纽约化学工艺工业博览会上展示用气体膜回收聚烯烃装置中的乙烯、丙烯单体的系统，该系统能够使普通的聚烯烃装置从原料净化和脱出尾气中每年节约 100 万美元。此后很快有上百套用气体膜回收有机蒸气的装置开始在全世界石油化工企业运行。20 世纪 90 年代，氮氢分离、富氧和有机蒸气回收等膜分离技术陆续实现工业化和产业化。目前，世界上可提供气体膜分离装置的国外厂商有 60 多家，其中有代表性的供应厂商 10 多家。

经过 30 多年的应用发展，气体膜以其“经济、便捷、高效、洁净”的技术特点，成为膜分离学科中应用发展速度较快的一个分支。该技术突破了许多传统学科技术边界条件的制约，在石油化工领域中得到广泛的应用。该技术与其他传统分离技术有较好的相容性和集成性，被称为最具有应用前景的第三代气体处理及分离技术。表 1.1.1 列出了目前已工业化的气体分离膜技术和正在研究开发的新技术。

表 1.1.1　目前已工业化的气体分离膜技术和正在研究开发的新技术

分离组分（快气/慢气）	应　　用
H_2（He）/N_2、CO、CH_4	化学工业、石油精炼等 H_2 回收，天然气中 He 回收、高纯 H_2 制造，CO 精制等
O_2/N_2	空气分离（富 O_2 空气、富 N_2 空气）
CO_2/CH_4	天然气、生物气、沼气等脱 CO_2、三次采油中 CO_2 分离等
H_2O/空气、CH_4	空气脱湿、天然气脱湿等
H_2O/有机蒸气	有机蒸气脱 H_2O
挥发性有机物（VOC）/空气（N_2）	空气或工业过程中挥发性有机物（VOC）回收
碳氢化合物（HC）/H_2	石油精炼等碳氢化合物（HC）与 H_2 回收

续表

分离组分（快气/慢气）	应　用
烯烃/烷烃	丙烯/丙烷分离等
CO_2/N_2	燃烧废气中 CO_2 回收
SO_2/N_2	燃烧废气脱硫

表 1.1.2 列出了 2000 年全球主要气体分离膜生产商及膜产品，主要集中在欧美及日本等国。

表 1.1.2　国外主要气体分离膜生产商、销售情况及商品膜一览表（2000 年）

公 司 名 称	销售情况/估计年销售额	主要采用的膜材料	组件形式
PermeaAir（Products）		聚砜、聚酰亚胺	中空纤维
Medal（Air Liquide）	N_2/空气（7500 万美元/a）	聚酰亚胺/聚酰胺	中空纤维
IMS（Praxaie）	H_2分离（2500 万美元/a）	聚酰亚胺	中空纤维
Generon（MG）		四溴聚碳酸酯	中空纤维
GMS（Kvaerner）	天然气分离		
Separex（UOP）	CO_2/CH_4	醋酸纤维素	螺旋卷式
Cynara（Natco）	（3000 万美元/a）		中空纤维
Aquilo		聚苯醚	中空纤维
Parker-Hannifin	有机蒸气/气体，空气脱水	聚酰亚胺	中空纤维
Ube	N_2/空气，H_2分离	聚酰亚胺	中空纤维
GkSS Licensees	（2000 万美元/a）	硅橡胶	平板和板框
MTR		硅橡胶	卷式

国内具有一定规模的公司有天邦膜技术国家工程中心有限责任公司、柏美亚（中国）有限公司、大连普瑞科尔科技有限公司、天津凯德实业有限公司和大连欧科膜技术工程有限公司等，主要研制生产单位有大连理工大学膜中心。天邦膜技术国家工程中心有限责任公司生产聚砜中空纤维和硅橡胶复合膜，大连理工大学膜中心也生产硅橡胶膜复合膜，其他公司是从国外进口膜或芯件在国内配套组装膜装置的工程公司。

天邦膜技术国家工程中心有限责任公司（以下简称天邦公司）成立于 2000 年，由中国科学院大连化学物理所（以下简称大连化物所）与中铁铁龙公司共同出资组建，依托具有近 30 年从事膜技术研究开发的雄厚积累的大连化物所，从事膜分离技术研究、开发、生产和经营，主要产品包括氢气回收、富氮、富氧和有机蒸气回收等。柏美亚（中国）有限公司是美国空气及化学品有限公司的全资子公司，成立于 1995 年，业务范围涉及富氮、富氧、氢回收、天然气中 CO_2脱除、空气和天然气脱湿等。大连普瑞科尔科技有限公司组装生产德国 GKSS 富氧膜。天津凯德实业有限公司是国内较早从事膜法制氮技术的企业，主要与德国 Messer 公司合作。大连欧科膜技术工程有限公司成立于 2000 年，主要从事新膜研制、生产和膜过程开发，该公司以膜法有机蒸气回收、氢气回收等为主，有机蒸气分离膜采用德国 CKSS 复合膜在国内组装成分离器及进行工程配套，拥有 GKSS 复合膜的专利独家使用权；分离膜材料为硅橡胶，支撑底膜材料采用 PAN、PSI 或 PVDF 等，膜组件形式有卷式和平板两种。国内其他的生产气体膜分离设备的厂家还有近 30 家，主要使用进口膜分离器进行工程配套，而且以膜制氮机为主。

二、市场现状及未来预测

气体膜分离是一项年轻的化工分离技术，包括富氮分离膜、富氧分离膜、氢分离膜、CO_2 分离膜、脱湿膜和有机蒸气分离膜等技术。2000 年世界气体膜的销售额为 1.5 亿美元，配套工程约为膜销售额的 2~3 倍，并将以每年 15%的速率递增，估计到 2020 年可达 7.6 亿美元，国外市场预测见表 1.1.3。目前，国内企业可以生产的气体分离膜有富氧分离膜、氢分离膜和有机蒸气分离膜等，其中只有机蒸气分离膜性能与国外先进水平相当。2005 年国内气体膜及设备销售额约 2.5 亿元。因国内气体膜分离市场起步晚，目前发展速度高于国际市场，以每年约 30%速率递增。随着膜技术发展，新膜及分离过程不断创新，膜应用领域不断扩大，膜分离装置也趋向大型化。

表 1.1.3 国外膜市场及未来预测（按 2000 年美元价值计） 单位：百万美元

分离领域	2000 年	2010 年	2020 年（预测）
富氮	75	100	125
富氧	≤1	10	30
氢回收	25	60	100
天然气	30	90	220
有机蒸气/氮气	10	30	60
有机蒸气/有机蒸气	0	30	125
其他	10	30	100
总计	150	350	760

目前，国外已经开发了新的组合工艺，例如膜法与变压吸附法耦合，用于提高炼厂氢气的回收率或氢气的纯度；或用于从空气中生产干燥的高纯度氮气；或用于炼厂干气中回收乙烯、丙烯原料气。膜法与化学催化反应的耦合，可大大提高反应速率。膜法与深冷分离法耦合，可大大降低能耗。此外，目前正在开发推广的一种新型膜分离技术——渗透气化技术，该技术类似气体膜分离原理，但该技术用于液体混合物的分离，以低的能耗实现蒸馏、萃取、吸附等传统的方法难于完成的分离任务，在石化工业领域中更具有广阔的应用前景。几十年后，炼化企业很多分离工艺很可能将要被膜分离技术及膜和其他分离的集成技术所代替。总之，气体膜分离技术是 21 世纪的高新技术，而且还在不断发展。

第二节 气体分离膜的基本特性

一、气体膜分离过程

气体膜分离过程就是在压力驱动下，把要分离的气体通过膜的选择渗透作用使其分离的过程（图 1.2.1）。

一般来说，所有的高分子膜对一切气体都是可渗透的，只不过不同气体渗透速度各不相同（图 1.2.2）。人们正是借助它们之间在渗透速率上的差异，来实现对某种气体的浓缩和富集。

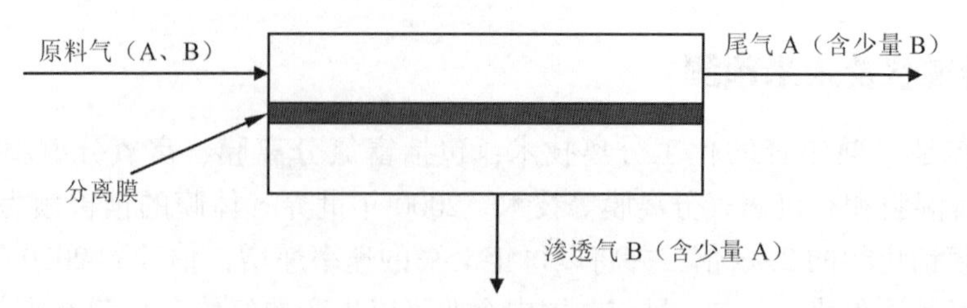

图 1.2.1　气体膜分离过程示意图

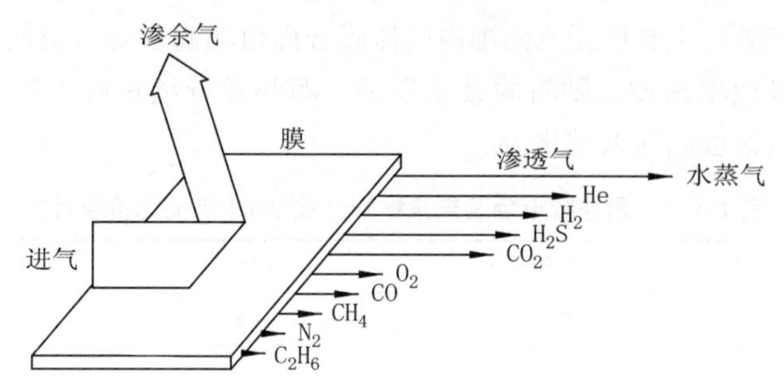

图 1.2.2　气体透过膜的相对渗透率

通常人们把渗透较快的气体称做“快气”，因为它是优先透过膜并得到富集的渗透气；而把渗透较慢的气体称做“慢气”，因为较多地滞留在原料气侧而成为渗余气。“快气”和“慢气”不是绝对的，而是针对不同的气体组成而言的，如对 O_2和 H_2体系来说，H_2是“快气”，O_2是“慢气”；而对 O_2和 N_2体系来说，O_2则变为“快气”，因为 O_2比 N_2透过得快。因此，“快气”、“慢气”的概念主要由其所在体系中的相对渗透速率来决定。

目前，已大规模用于工业实践的气体分离膜装置主要采用高分子有机膜。近年来，随着无机膜的发展，无机膜用于气体分离过程也呈现出良好的发展前景。用于气体分离的高分子有机膜为非对称结构或复合膜，其膜表面为非孔结构（即致密的高分子层），气体分离膜断面如图 1.2.3 所示。而无机膜往往是多层多孔结构。在非孔结构和在多孔结构中，气体的渗透机理存在显著差异。

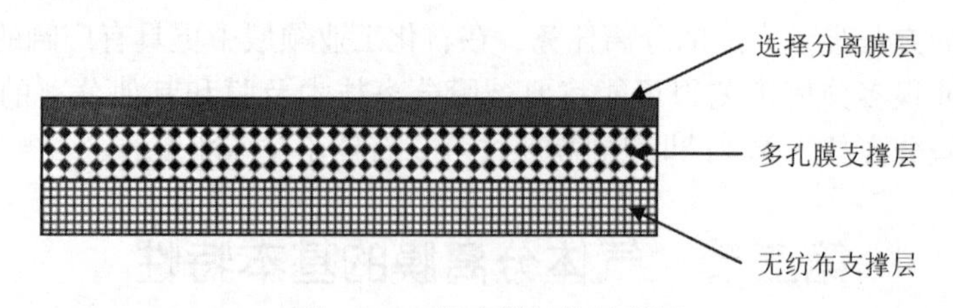

图 1.2.3　复合膜结构示意图

二、气体分离膜的分类

1. 高分子有机膜

高分子有机膜做成的气体膜，一般是复合膜，分三层结构，由不同材料制成，如图 1.2.3 所示。底面是无纺布支撑层；中间是多孔膜支撑层，它具有不对称结构，要求对气体渗透没有阻力；最上层为致密膜，有玻璃态聚合物和橡胶态聚合物，其厚度控制在 0.2~

1μm 之间。在工业应用中玻璃态的膜做成中孔纤维膜，而橡胶态的膜做成平板型膜和卷式膜。

目前，已大规模用于工业实践的气体分离膜装置主要采用高分子有机膜。玻璃态的膜一般是小分子优先渗透膜，主要应用于不可凝性气体混合物的分离，如空气分离（O_2渗透）、天然气脱 CO_2（CO_2渗透）和化工及石油化工过程中 H_2回收（H_2渗透）等；橡胶膜一般是大的分子优先渗透膜（相对于不可凝小分子气体），它应用于可凝性气体/不可凝性气体分离，如天然气或石油化工过程中从 N_2、CH_4等气体中分离较高碳链的有机化合物气体（如丙烯、丁烷等）。

膜材料除了需要具有优良的渗透特性外，还需要具有优良的耐温性，耐溶剂性和高的机械强度。目前商业用的膜材料大多为玻璃化温度高的玻璃态高分子，如醋酸纤维素、聚砜、聚醚砜、聚酰亚胺和聚酰胺等。

为了获得较大的渗透流量，除选用渗透系数较大膜材料之外，还要使膜表层尽可能薄，并避免膜皮层存在缺陷，以保持其高分离系数。复合膜制膜技术已被用于气体分离膜，它有两种类型：一类是在非对称的支撑膜层上，复合一层很薄的、致密的、高渗透性材料，堵塞对称支撑膜皮层上极少的缺陷（小孔）形成复合膜，如 Monsanto 公司开发的氮氢分离膜。这类膜的渗透性能主要受控于非对称膜所选用材料特性；另一类是在多孔支撑膜上覆盖一层高分子材料，其渗透性能则主要取决于所选复合层材料的特性。其他制膜技术也在发展中，如采用双凝胶浴或双层喷头方法也可制造超薄无缺陷气体分离膜，皮层厚度可减至20~40nm。

2. 无机膜

气体分离无机膜是非对称结构的。其微观结构根据膜的种类及制备方法的不同而不同。一般无机膜由颗粒有规则堆积而成，具有较窄的孔径分布。用于气体分离的无机膜可以大致分成 5 类：多孔陶瓷膜、中空纤维玻璃膜、表面改性多层多孔膜、碳分子筛膜和沸石膜。

采用溶胶—凝胶法制备的多孔陶瓷膜，随制备条件不同可制造孔径为 1~100nm 的膜，其中，氧化铝是常见的一种。中空纤维玻璃膜的孔径结构可以通过调节玻璃组成和处理条件来控制。上述两种无机膜可用于混合气体分离，其传递行为多被努森和表面扩散所控制。为改善其分离性能，需要进一步减少膜表面孔尺寸，这可以通过在多孔支撑膜表面重新修饰来获得表面改性多层多孔膜来实现。表面改性可以采用溶胶—凝胶方法或化学蒸气沉积（CVD）方法来实现。用这些方法可制得顶层很薄（50~100nm）的多层多孔无机膜，它具有较高渗透流量，而且有高的分离系数。碳分子筛膜是在惰性气体保护下，分解热固性聚合物而获得的。可在低压气流中有效分离烃类。沸石膜为均匀结构的结晶硅酸盐，具有较高的孔隙率和均匀孔分布。各种不同沸石膜具有不同分离性能，可用于异构烃类的分离。

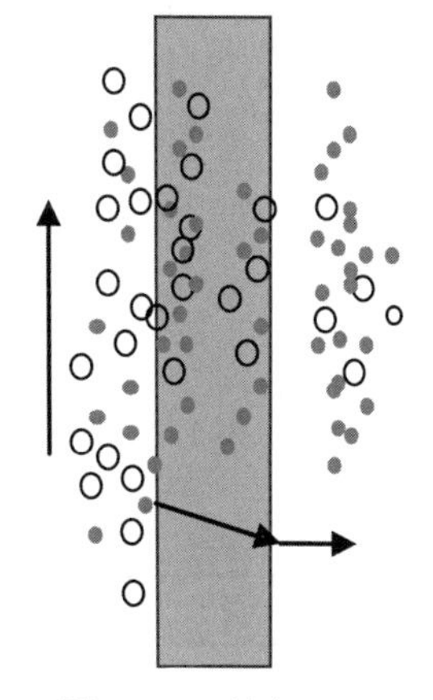
图 1.2.4　溶解—扩散机理

三、气体分离膜渗透原理

利用溶解—扩散机理可以解释气体透过致密膜的现象。如图 1.2.4 所示，原料气体分子在上游侧与膜接触，接着在膜表面溶解，在膜两侧表面产生浓度梯度，使气体分子在膜内往膜另一侧扩散，最后从膜下游侧表面解吸出。

根据溶解—扩散机理，气体透过膜的渗透系数 P 等于溶解度系数 S 和扩散系数 D 乘积，即

$$P=SD \tag{1.2.1}$$

膜对气体渗透的选择性通常用分离系数表征，气体（A/B）的分离系数 $\alpha_{A/B}$ 用它们的渗透系数比值表示，即

$$\alpha_{A/B}=\frac{P_A}{P_B}=\left(\frac{S_A}{S_B}\right)\times\left(\frac{D_A}{D_B}\right) \tag{1.2.2}$$

从公式（1.2.2）可以看出，膜对气体渗透选择性是由于不同气体在膜内溶解度差异及扩散差异产生的，分离系数等于溶解选择性（S_A/S_B）和扩散选择性（D_A/D_B）的乘积。从不可凝性气体到可凝性气体，可以粗略地说，随着分子尺寸的增大，溶解度系数增大，扩散系数减小。

根据玻璃化转化温度，用于制造气体分离膜的聚合物可分为两大类：（1）橡胶态聚合物，玻璃化转变温度 T_g 小于室温；（2）玻璃态聚合物，T_g 大于室温。对橡胶态聚合物而言，不同气体的扩散系数的数量级变化范围小，也即扩散选择性（D_A/D_B）小；对玻璃态聚合物而言，不同气体的扩散系数变化的数量级范围大，也即扩散选择性（D_A/D_B）大。但无论是橡胶态聚合物还是玻璃态聚合物，对不同气体的溶解度变化的数量级基本一致，即溶解选择性（S_A/S_B）基本一致。如图 1.2.5 和图 1.2.6 所示，以橡胶态聚合物 PDMS 和玻璃态聚合物 PSF 为例，可从中归纳出分离系数、溶解选择性（S_A/S_B）和扩散选择性（D_A/D_B）的大致数量级，详见表 1.2.1 所示。从表 1.2.1 可以看出，橡胶态聚合物膜优先渗透较大的分子，适用于有机蒸气/不可凝性气体分离；而玻璃态聚合物膜优先渗透小分子，适用于不可凝性气体混合分离（图 1.2.7）。

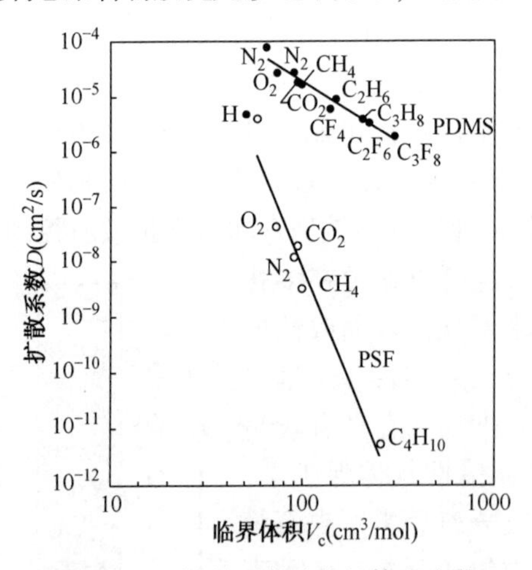

图 1.2.5　扩散系数随临界体积变化

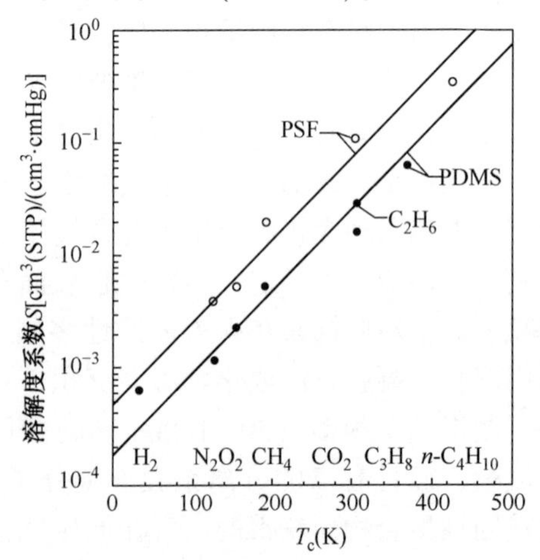

图 1.2.6　溶解度系数随临界温度变化

表 1.2.1　PDMS 和 PSF 的分离系数的数量级

项　目	S_A/S_B	D_A/D_B	P_A/P_B
橡胶态聚合物 PDMS	约 10^3	约 10^{-2}	约 10
玻璃态聚合物 PSF	约 10^3	约 10^{-6}	约 10^{-3}

注：A—可凝性气体；B—不可凝性气体。

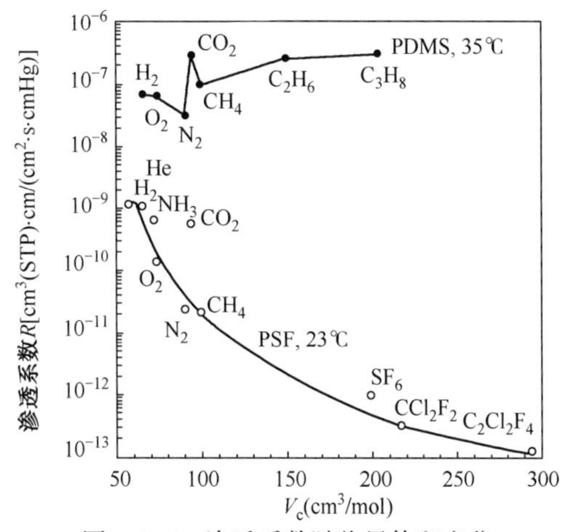

图 1.2.7　渗透系数随临界体积变化

四、气体分离膜及膜组件（膜分离器）

气体分离膜组件（膜分离器）是将膜以某种形式组装在一个基本单元设备内，分离的外壳可看成是不同耐压等级的压力容器，可用碳钢等制造。在工业膜分离过程中，根据生产需要，膜分离装置中可装有不同数量的膜分离器。

目前，工业上常用的膜分离器有卷式膜分离器、板框式膜分离器和中空纤维膜分离器。卷式膜分离器如图 1.2.8 所示，板框式膜分离器如图 1.2.9 所示，中空纤维膜分离器如图 1.2.10 所示。气体膜分离装置由膜分离器集成，根据分离气体不同的流量膜分离装置由不同数量的膜分离器集成。

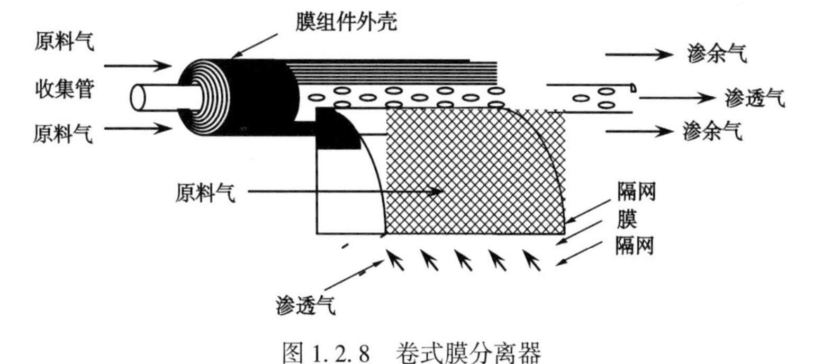

图 1.2.8　卷式膜分离器

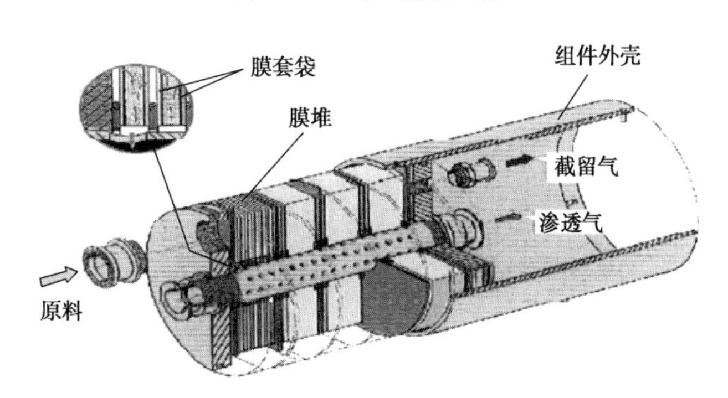

图 1.2.9　板框式膜分离器

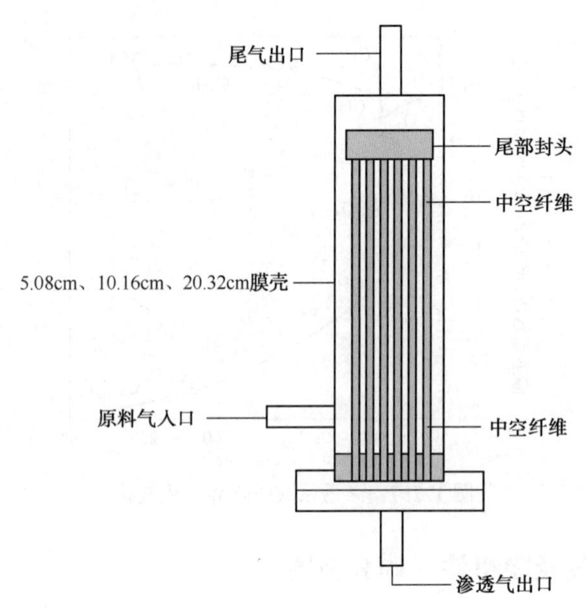

图 1.2.10　中空纤维膜分离器

五、气体膜分离的一般经济考虑

气体分离装置的经济分析与其他分离过程没有大的区别。但是，由于气体膜分离技术与其他分离技术的操作条件不同因而得到的产品纯度也不同。此外，由于性能的改进和技术的成熟，气体膜分离装置的价格会发生变化，这些对经济分析均造成一定困难。

下面对气体膜分离装置做某些经济方面的归纳：

气体膜分离过程是一种以压力为驱动力的过程。当有高压气源时，采用膜法进行气体分离常常是非常有效的，因为无需外加功率消耗即可得到高的渗透流量。在高压力比条件下操作可以实现有效分离。

膜的渗透系数和分离系数是膜性能的特性常数。膜的渗透系数越大，分离系数越高，在同样的分离过程中使用的膜面积小，产品纯度和回收率越高。

在一级膜分离过程中，要增加产品回收率，只有降低产品的纯度。增加原料侧的压力或降低渗透侧压力都有可能减少所需要的膜面积。但是，当需要压缩时，将增加压缩费用。用多级膜分离可能得到较高的产品纯度和回收率，这将增加膜的附加投资费用和压缩费用。对于一级或多级膜过程来说，为了获得最经济的费用需要进行经济分析。与其他竞争的技术相比，膜技术的系统投资和运行费用较低。但是，膜分离装置需要的能量一般比其他分离技术略高。

当膜制造商提供使用膜和相应价格时，就可以进行膜费用的初步估算，即用提供的膜性能来估算给定分离体系所需要的膜面积。当有了估算的膜面积就可以进行膜投资的估计。

辅助设备包括原料的预处理、压缩、仪表等装置，其价格估算可用与其他化学过程类似的方法进行测算。

总之，在选择最经济方案时，主要对 3 个因素进行平衡：膜的投资费用和更换费用(膜组件使用寿命一般为数年)、压缩的投资和运行费用、产品损失的价值或增加产品价值。

综上所述，气体膜分离技术适用于以下条件：（1）原料气体已有中高的压力（1.7~13MPa）和适宜的温度（1~65℃），因为气体膜分离是压力驱动的分离过程，在前述情况下可以降低或避免压缩以及加热或冷却的费用；（2）在原料气中有合适浓度［10%~85%（摩尔分数）］的易渗透组分，即原料气中具备易渗透组分合理的分压，建立渗透组分的渗透动力；（3）产品不需要绝对纯或100%回收，因为膜分离过程目前还达不到这样高的要求。

以非渗透气体为产品时，膜分离方法是有利的。特别是客观上存在的非渗透气为高压的，例如天然气除去酸性气体和利用空气制取氮气等。

第三节　气体分离膜的应用及经济性分析

一、氢气的分离回收

膜分离回收氢气，是当前应用范围最广、装置销售量最大的一个领域，它已广泛应用于合成氨工业、炼油工业和石油化工等领域。

1. 合成氨弛放气中氢气的分离回收

气体膜首先应用于该领域的氢气回收，膜法分离回收合成氨驰放气中的氢气在经济上和技术上的优势可用 Missisippi 一家日产 1000t 合成氨的工厂为例进行说明。该厂采用膜分离回收驰放气中的氢气后，每吨氨的能耗可下降 522~836kJ，这样在相同的生产能力情况下，每天可多生产氨 50~55t，相当于生产能力提高了 5%。此外，通过膜单元前的氨吸收器，每天又可回收 4t 左右的氨。若以每吨氨 200 美元计算，一天就可增加产值 1 万美元以上，每年可增加产值 300 万美元（每年以 300 天计），而此等规模的膜装置每套仅需投资 250 万~300 万美元，一年就可收回全部投资。1983 年，我国上海吴泾化工厂在国内第一次引进 Prism®装置，用于回收合成氨驰放气中的氢气，经 5 年多的运行结果表明，该分离装置性能稳定，易于管理，可增产氨 4%~4.5%，每吨氨可节能 628kJ。截止到 1986 年 9 月，仅 Prism®装置，在世界范围内的合成氨厂中就有 45 套装置投入运行，同期国内合成氨厂共引进了 13 套 Prism®装置，投产后均取得了良好的经济效益。到目前为止，国内已有约 310 家合成氨企业使用膜技术回收氢气，主要采用聚砜和聚酰亚胺两种中空纤维膜。

2. 甲醇合成过程氢气的回收

甲醇装置氢气的回收与合成氨中膜分离回收氢气过程极为相似，目前，国内已有约十几家使用膜技术回收氢气，其中大多由柏美亚（中国）有限公司开发。甲醇作为汽油和柴油添加剂，目前在市场中广泛应用。同时，甲醇还可作为燃料电池的重要原料，因此市场前景看好。“十五”期间前 3 年甲醇生产年均增长率高达 14.6%，2003 年累计产量达 298.87×10^4t，较 2002 年增长了 29%。目前，我国有甲醇生产企业近百家，其中，2003 年产量在 1×10^4t 以上的企业有 55 家，5×10^4t 以上的企业有 19 家，超过 10×10^4t 的企业有 7 家。甲醇装置氢气回收虽然起步晚，但发展速度及潜力高于合成氨市场，将成为合成氨氢气回收后又一个重点氢气回收市场。从最近各公司业绩来看，都把氢气回收在甲醇装置中应用作为推广重点。目前所采用的基本上是聚酰亚胺中空纤维膜，如美国空气及化学品有限公司和日本的 UBE 公司等。

3. 炼油工业尾气中氢气的回收

原油在加工处理中包含以下几个过程：（1）原油的加氢脱硫处理；（2）重油的加氢处理；（3）焦化和加氢裂解处理及汽柴油的加氢处理，以改善石油产品性能。我国每年石油一次加工能力已达到3×10^8t，需要氢气约$150\times10^8m^3$，上述过程中都涉及氢气，使得炼油工业尾气中常含有大量的氢气及碳氢化合物。传统的炼油工业尾气常作为加热燃料使用，造成巨大的浪费。为此，很多公司现在多采用变压吸附（PSA）、深冷（Cryogenic）、膜分离等方法以回收炼油工业尾气中的氢气。环球油品公司（UOP）使用Separex®装置分离回收丁烷异构化过程尾气中的氢气。从精馏塔顶出来的尾气中含有70%左右的氢气，经Separex®装置处理后，尾气中90%的氢气被回收，且纯度可达96%以上，回收的氢气被循环使用。

Conoco公司分别采用膜分离、变压吸附、深冷等方法对炼油厂加氢脱硫段出来的尾气进行氢气的回收。待处理的尾气流量为$45\times10^4m^3/d$，压力为800psi[❶]，氢气含量75%，要求回收后的富氢气体压力为300psi，氢气含量98%，氢气的回收率达75%。各种方法的经济性分析比较结果表明，膜分离经济性最好。

宇部工业株式会社分别采用膜法、深冷、吸收等回收炼油厂尾气中的H_2，并对其经济性进行了分析比较，所得结果如表1.3.1所示。从表1.3.1中的数据可以看出，膜法的投资费用仅是其他两种方法的50%~70%。

表1.3.1 从炼油工业尾气中回收氢气常用方法的经济分析

项目	膜法		吸附法	深冷法
	80℃	120℃		
H_2的回收率（%）	87	91	73	90
回收H_2的纯度（%）	97	96	98	96
原料气流率（m^3/s）	0.958	0.993	0.778	0.993
功率（kW）	220	220	370	390
蒸汽（kg/h）	230	400	—	60
冷却水（t/h）	38	38	64	79
投资（百万美元）	1.12	0.91	20.3	2.66
装置占地面积（m^2）	8	4.8	60	120

从以上的实例分析中可以看出，使用膜法分离回收炼油工业尾气中的氢气是实用可行的。我国目前有大小炼油厂100多座，加工能力已达到亿吨级。随着国家对环保要求的不断提高，对油品质量的控制会更加严格。为了提高油品质量，对氢气的需求量大大增加。据不完全统计，目前年需要氢气约$150\times10^8m^3$。因此，回收利用炼厂尾气中氢气尤为重要，国内炼厂已有近40多套膜分离回收氢气装置，运行情况良好，而且已开始采用膜/变压吸附组合工艺回收干气、解吸气中较低浓度的氢气。

4. 石油化学工业和冶金中合成气的调节

石油化学工业和冶金工业中广泛使用的合成气是H_2和CO的混合物，它来自天然气、

❶ $1psi=6.89476\times10^3Pa$。

石油和煤炭工业等，其合成产物是甲醇、乙酸、乙二醇和乙醇等化工原料。为了获得所希望的化工原料，应调节合成塔中合成气处在最佳的 H_2/CO 比，使用膜法可以有效地调节合成塔中 H_2/CO 比。

Air Product 公司成功地开发了膜法在合成气调节中的应用。合成气经膜法调节后，H_2/CO 达到较佳比例（从 3∶1 降至 2∶1）后再送入合成塔。使用膜法调节合成气的组成，同时还可获得高浓度的氢气。关于膜法调节合成气组成的经济性，Air Product 公司将其和 PSA 法进行了分析比较，发现膜法的投资费用仅是 PSA 法的一半左右。另外，经 PSA 法调节后的合成气压力较低，送入合成塔前常需加压处理，这又导致 PSA 法操作费用高于膜法。

二、有机蒸气膜分离

有机蒸气膜分离应用面特别宽泛，可应用于石油化工、制药、天然气、橡胶塑料、制革、汽车加油站、油品储油罐和喷漆等工业过程，如回收氯乙烯、烯烃、苯、汽油、天然气凝液、丙酮、甲苯、醋酸、乙酯、氯甲烷和丁酮等。炼油厂的“天灯”可望通过有机蒸气膜分离技术加以改善。有机蒸气膜分离是 20 世纪 90 年代后发展起来的气体膜技术新应用领域，第一套丙烯回收商业装置由美国 MTR 公司开发，于 1996 年在荷兰 Gelean 投入运行，1~2年即可收回收投资。大连化物所率先开展了有机蒸气膜分离技术研究，于 1998 年研制出我国第一套烯烃分离膜及组件，并在吉林石化公司聚乙烯装置上成功进行了工业试验。之后推出第一套国产膜撬装式分离装置与低温蒸馏相结合的集成分离系统，用于有机硅尾气中氯甲烷的回收。国外有 800~1000 套膜装置在运行，主要位于西欧，用于车加油站及储油罐上汽油蒸气的回收。该技术国内发展也很快，近 10 年来有机蒸气膜装置从无到有，目前已有大大小小几百套装置在运行。分离对象包括：丙烯单体回收、乙烯单体回收、氯乙烯单体回收、氯甲烷、氯乙烷回收、天然气中回收 C_{3+} 组分（降低天然气烃露点），汽车加油站上汽油蒸气回收，储油罐上汽油蒸气的回收。

三、空气分离

膜法空气分离技术在近十几年里发展很快，随着高性能膜的不断研究开发，必将能与深冷分离和变压吸附相竞争。

1. 富氮

众所周知，空气中含氮气约 79%，而含氧气仅 21%左右。由于目前商用的空气分离膜选择性仅在 3.5~5.0（O_2/N_2）之间，因此膜法空气分离大多以富氮为目的。另一方面，高浓氮气的应用市场正日益扩大，尤其在石油平台方面用氮量极大，国外已出现安装在船上的日产 1700m^3的制氮机组。此外，在食品保鲜、医药工业、惰性气体保护等方面将是大量扩展氮用户的新领域。

Monsanto 公司已成功开发了一套富氮装置，富氮浓度可达 99%（体积分数），费用为 0.087 美元/m^3，若采用低温方法制取 99%的浓氮，费用则为 0.177 美元/m^3。

A/G Technology 公司分析比较了使用膜法和 PSA 法制备 95%的富氮经济性，结果如表 1.3.2 所示。两种方法制氮的运行费用大致相等，但膜法的设备投资费用比 PSA 法低 25%。此外，膜法和 PSA 法相比无移动部分，具预处理部分较少，启动快，不需冷却水等优势。

膜法空气分离从优化角度考虑，大多采用单级分离。鉴于现有的膜性能，膜法单级分离富氮浓度可达99.5%，但其有效浓度只有95%~98%（实际上99.5%的惰性气体中还含有Ar或其他气体），若要制备超纯氮气，用其他分离技术（如PSA）更为有利。

表1.3.2　制备95%富氮的经济性分析比较

项　目	膜　法	PSA法
生产能力（t/d）	3.0	3.0
基本投资（千美元）	90.00	120.00
消耗费（美元/d）	16.00	—
膜更换（美元/d）	35.00	41.00
动力消耗（美元/d）	33.00	44.00
基建费（美元/d）	13.00	17.00
折旧费（美元/d）	9.00	10.00
其他（美元/d）	106.00	112.00
总计（美元/d）	212.00	224.00
总计（美元/t）	70.67	74.67

目前，美国柏美亚公司的普里森膜氮气系统销售约10000套，国内的柏美亚（中国）有限公司的普里森膜制氮系统销售约450多套，天邦公司、天津凯德实业有限公司都已销售几十套移动式膜法制氮车，用于油田三次采油和水平衡钻井。

2. 富氧

膜法空气分离富氧，多用于高温燃烧节能和家用医疗保健。用于前者的富氧浓度只有26%~30%，用于后者的富氧浓度要达40%。

A/G Technology公司开发了一套膜法空气分离富氧装置，此套装置每天可生产10t35%的富氧空气。表1.3.3列出了此套装置的基本投资费用以及生产35%的富氧空气所需的操作费用，并和PSA法进行了比较。

表1.3.3　制备35%富氧空气的经济性分析比较

项　目	膜　法	PSA法
设备投资费（千美元）	288.00	552.0
消耗费（美元/d）		
膜更换（美元/d）	38.00	—
动力（美元/d）	86.00	131.00
基建费（美元/d）	105.00	202.00
折旧费（美元/d）	33.00	63.00
其他（美元/d）	18.00	27.00
总计（美元/d）	280.00	423.00
总计（美元/t）	28.00	42.00

由于现有膜的 O_2/N_2 选择性较低，若要制取 50%以上的富氧空气，需采用多级膜分离，这就导致设备投资和操作费用的大幅度上升，在这种情况下采用 PSA 法则更为有利。

我国在 20 世纪 80 年代末，大连化物所就开始研制生产卷式膜富氧分离器，并已广泛用于工业玻璃炉中助燃。大连普瑞科尔科技有限公司是德国 GKSS 富氧膜专利授权经销商，供应 GKSS 富氧膜及膜组件。用富氧助燃不仅可以提高燃烧效率，还能减少环境污染。

四、酸性气体的分离回收

1. 天然气或生物气的处理

天然气的主要成分是 CH_4 和 CO_2，其中还含有少量的 H_2S 和水蒸气等。对天然气的处理，最主要的是降低其 CO_2 的含量，同时还应除去 H_2S 和水汽等，以防止在输送过程中造成管道的腐蚀和冻结堵塞。

迄今为止，工业上对天然气的处理 70%采用胺吸收法，这种方法由于技术比较成熟，处理的费用正逐渐降低，但若要使其处理费用大幅降低非常困难。此外，胺吸收法还存在以下缺点：设备庞大笨重，投资费用较高；再生问题；易造成环境污染问题。

从实用效果及发展前景来看，膜法在天然气处理过程中具有以下优点：从井下出来的天然气压力高达 13.8MPa，膜法可在此高压下操作，且处理后的天然气压降较小；膜法处理天然气较胺吸收法方便，无环境污染和防火问题；投资费用较低。

天然气处理过程的经济性主要与处理方法（膜法、胺法）、天然气的流速和 CO_2 浓度等有关，详见表 1.3.4。

表 1.3.4 膜法与胺法处理天然气的经济性分析比较

天然气中 CO_2 浓度［%（摩尔分数）］		5	10	15	20	30	40
胺法	投资费用（百万美元）	3.35	4.54	5.45	6.21	7.50	8.56
	消耗费（百万美元/a）	1.22	1.81	2.33	2.82	3.73	4.58
	甲烷损失费（百万美元/a）	0.02	0.04	0.07	0.09	0.14	0.19
	基建费（百万美元/a）	0.91	1.23	1.48	1.68	2.03	2.32
	过程成本（美元/m^3）	0.057	0.080	0.100	0.120	0.153	0.183
膜法（多级）	投资费（百万美元）	1.86	3.33	3.87	3.69	3.37	3.32
	消耗费（百万美元/a）	0.53	0.85	0.97	1.00	0.98	0.96
	甲烷损失费（百万美元/a）	0.43	0.69	0.93	1.24	1.54	1.49
	基建费（百万美元/a）	0.51	0.90	1.05	1.00	0.91	0.90
	过程成本（美元/m^3）	0.037	0.063	0.077	0.083	0.090	0.087

从表 1.3.4 中的数据可以看出，在一较宽的 CO_2 浓度范围内，膜法处理天然气在经济性方面优于胺法。尤其对高浓度 CO_2 的天然气，使用膜法处理的优势更大。从表 1.3.4 中的数据还发现一有趣的现象，当天然气中 CO_2 浓度在 30%左右时，膜法处理的费用最高，根据这一现象，人们又研究开发了膜—胺集成法处理天然气的优化工艺。

Perry Gas Companies（Houston，TX）公司研究了用膜法、DEA 胺法和膜—DEA 胺集成法处理流速为 $3\times10^4 m^3/d$，CO_2 浓度为 12.2%的天然气，三者所需的相对投资费用操作费等如表 1.3.5 所示。

表 1.3.5 DEA 胺法、膜法和膜—DEA 胺集成法处理天然气的经济性分析比较

项 目	DEA 胺法①	膜 法	膜—DEA 胺集成法
相对投资费	1.0	0.26	0.72
相对操作费	1.0	1.51②	1.14
相对净价	1.0	0.76	0.89

①DEA：二乙醇胺。

从表 1.3.5 中数据可以看出，采用单级膜法由于不需要压缩机，设备投资较低。操作费用较高是由于甲烷渗透损失造成的。集成法首先采用膜法脱除天然气中大量的 CO_2，在 CO_2 浓度较低时再用胺法，这样就减少了甲烷的损失，降低了操作费用。和膜法相比，集成法的相对净价也不高。

目前，世界上膜分离法装置生产 CO_2能力已超过 $14\times10^{12}m^3/d$。国内市场刚刚起步，由大连化物所曹义鸣课题组承担的年处理量为 $1360\times10^4m^3$ 低品位天然气中 CO_2膜法分离技术已在海南通过验收，柏美亚（中国）有限公司也已在吉林油田的输气站采用膜分离在天然气中成功分离了 CO_2。中国膜工业协会石油和化工膜技术应用专业委员会组织协调有关公司采用膜分离和变压吸附组合工艺从天然气中分离富集 CO_2已取得阶段性成果。

2. CO_2强化采油（EOR）中伴生气中 CO_2的分离回收

迄今国外在 CO_2的应用中占总量 35%左右的 CO_2是用于油田的三次采油工艺。为了强化原油回收（Enhanced Oil Recovery），可利用 CO_2在超临界状态下对原油具有高溶解能力的特性，将其以 14MPa（$140kgf/cm^2$）的压力注入贫油的油井中以提高原油的产量。原油被送出油井后，EOR 伴生气中含有 80%CO_2，必须分离回收并浓缩至 95%以上再重新注入油井循环使用。常规的胺吸收法由于经济等方面的原因不再适用，而膜法却非常实用。

最早研究 EOR 伴生气中 CO_2分离回收的是 Amoco Production CO 公司，从油井出来的 EOR 伴生气流速为 $440\times10^4m^3/d$，CO_2浓度为 90%，压力为 1.86MPa，经济性分析如表 1.3.6 所示。从表 1.3.6 中数据可以看出，膜—DEA 胺集成法具有明显的优势。

表 1.3.6 用于 EOR 伴生气中 CO_2的分离回收各种方法的经济性分析比较

项 目	二乙胺醇法	深冷法	TEA/DEA 法	膜—DEA 胺集成法
操作费用（百万美元/a）	103.6	73.5	65.0	47.0
动力消耗（百万美元/a）	10.8	7.8	6.9	8.8
除动力消耗外的其他操作费	24.9	18.0	15.9	10.7
CO_2损耗费（百万美元/a）	0.1	2.6	0.1	0.9
设备维修费（百万美元/a）	28.0	19.9	17.6	12.7
合计（消耗维修）（百万美元/a）	63.8	48.3	40.5	33.1

注：TEA—三乙醇胺。

Monsanto 分析比较了用热碱法、深冷—DEA 胺集成法和膜—DEA 胺集成法处理 EOR 伴生气的经济性。伴生气流速为 $300\times10^4m^3/d$、压力为 0.17MPa，各种方法所需的基本投资及操作费用列于表 1.3.7。从表 1.3.7 中数据也可以看出，膜—DEA 胺集成法在经济方面明显优于其他方法。

表 1.3.7　用于 EOR 伴生气处理的各种方法经济性分析比较

项　目		热碱法	深冷—DEA 胺集成法	膜—DEA 胺集成法
基本投资（百万美元/a）	CO_2回收单元	21.1	24.2	16.1
	DEA 处理	—	4.9	4.9
	压缩	19.9	17.3	18.1
	其他	4.0	—	4.0
	总计	45.0	45.50	43.1
维修操作费用（百万美元/a）	操作费用	11.8	8.5	6.5
	设备维修费	12.2	12.5	11.6
	总计	24.0	21.0	18.1

Fluor 公司研究了用膜法、TEA 胺法和膜—热碱集成法处理 EOR 伴生气，伴生气流速为 $480\times10^4m^3/d$，CO_2浓度为 40%，研究结果如表 1.3.8 所示。从表 1.3.8 中数据可以看出，单纯膜法的经济性较差，这主要是由于膜法的投资费用较高，且 CO_2浓度仅为 40%，致使操作费用相对其他方法大幅度上升。而采用膜—热碱集成工艺，先用热碱吸收部分 CO_2，同时除去 H_2S 和 H_2O 以及重烃蒸气等对膜有损害的物质，再用膜法进行处理，则优势明显。

表 1.3.8　三种方法处理 EOR 伴生气的比较

项　目	TEA 胺法	膜—热碱集成法	膜　法
相对设备投资费	1.0	1.0	1.6
相对操作费	1.0	1.3	1.9
相对费用	1.0	1.1	1.7

从以上实例分析可以看出，就目前的水平而言，对 EOR 伴生气的处理单纯采用某一种方法未必好，现各公司都在致力于各种技术及其过程的优化耦合。不过对膜法来说，随着高性能膜的研制成功，膜法的优越性将会大大增加。我国吉林油田也在研究试验采用膜分离—变压吸附法及其他组合技术在伴生气中分离回收 CO_2。

五、膜法脱湿

该法主要用于天然气脱湿降露点及空气的干燥。为避免天然气输送中形成水合物堵塞管道和阀门，在天然气输送之前必须进行脱湿。美国 Separex 公司用 Separex 分离器进行了从海底油田天然气脱湿的中间试验。经膜法脱湿后天然气的露点降至−48℃（水蒸气含量为 100mg/L），水蒸气脱除率大于 97%（质量分数）。膜法脱湿设备占地小，基本不需维护，非常适合于海上平台等空间较小的场合。Schell 等报道了一个海底气田天然气脱湿的例子，改用膜法脱湿，仅减小占地面积一项，节省的海上平台建设费用就大于膜法脱湿装置费用。用于天然气脱湿的膜（如醋酸纤维素、聚砜和聚酰亚胺等）的 H_2O/CH_4分离系数约为 500，可以保证膜处理后天然气水含量降低到 5~20mg/L，目前国内已开展了工业试验。

另外，如何经济高效地将空气去湿一直是工业上的热点问题，许多膜专家在这方面做了深入研究并已取得了较好的成果。宇部株式会社研制成功一种露点可调的膜法空气干燥器。当湿空气被压力送入中空纤维膜内腔后，水蒸气将透过膜至中空纤维的外部，在膜的内腔则得到干燥空气。当部分成品干空气驰放于膜的外侧，则得到低露点的成品空气，借助调节成品空气的驰放量可调节成品空气的露点。

第二章　气体分离膜及其组合技术在炼油化工企业的应用

第一节　炼厂气的来源组成及梯级回收技术

一、炼厂气的来源

炼厂气是指炼油厂在原油加工及辅助加工过程中产生的各种气体的总称。主要来源于原油蒸馏、裂化、焦化、重整、精制等过程。炼厂气的产率随原油的加工深度不同而不同，一般占原油加工量的3%～8%。炼厂气组成复杂，不同来源的炼厂气组成各异，但主要是氢气和C_1～C_4烷烃、少量的C_{5+}以及C_2～C_4烯烃，此外，依据其来源不同还含有少量的氮气、一氧化碳、二氧化碳、硫化氢和氨等。随着燃油清洁要求的提高和原油的劣质化，原油的二次加工程度越来越高，炼厂气产量也将不断增加。2012年，中国进口原油2.71×10^8t，对外依存度高达56.4%；2013年，中国原油进口量为2.82×10^8t；2014年，中国原油进口量为3.08×10^8t，对外依存度达到59.5%，距离《能源发展“十二五”规划》要求的“我国石油对外依存度要控制在61%”的红线已非常接近。据统计，生产化工产品用油约占石油消费总量的10%，而炼厂气中含有乙烷等高附加值组分正是这些化工类消费的原料，如果将这部分资源充分利用，将可以有效减少我国的石油消费和进口量，提高我国的石油安全度。

二、炼厂气中各组分的用途

炼厂气中除少量CO_2、CO和N_2等组分外，大部分组分都具有较高的利用价值。为提高炼厂效益，针对炼厂气中不同高价值组分的用途进行分离回用就显得尤为必要。炼厂气中各组分的沸点和用途介绍如下。

1. 甲烷

甲烷的沸点为-161.5℃，是氢碳比（氢含量和碳含量之比）最大的烃。主要用来作为燃料或者制造氢气、炭黑、一氧化碳、乙炔、氢氰酸及甲醛等，在炼油厂多用来作为燃料或送入转化炉制作氢气以弥补氢气管网氢量不足的问题。

2. 乙烷

乙烷的沸点为-88.6℃，是烷烃同系列中第二个成员，为最简单的含碳—碳单键的烃。主要用作制乙烯、氯乙烯、氯乙烷的原料或作为高品位冷源的制冷剂。也可以作为燃料用在高压缩比的发动机中。

1960年前，炼油厂的乙烷都是和甲烷一起作为燃料直接燃烧掉的，近年来乙烷作为裂解制乙烯的原料应用日益广泛。相对于轻质油、石脑油等其他比较重的原材料而言，乙烷用于裂解制乙烯具有收率高、成本低等优点，而比它重的化合物则易产生丙烯、丁二烯以及芳香烃等杂质，降低乙烯的收率，增加乙烯生产成本。

3. 乙烯

乙烯的沸点为-103.7℃，是最简单的烯烃，也是最重要的石油化工原料。乙烯工业是石油化工产业的核心，乙烯产品占石化产品的70%以上，在国民经济中占有重要的地位。国际上已将乙烯产量作为衡量一个国家石油化工发展水平的重要标志之一。

以乙烯为原料可制得许多石油化工产品，在合成材料方面，乙烯可用于生产聚乙烯、氯乙烯及聚氯乙烯、乙苯、苯乙烯及聚苯乙烯、乙丙橡胶等；在有机合成方面，利用乙烯可合成乙醇、环氧乙烷及乙二醇、乙醛、乙酸、丙醛、丙酸及其衍生物等多种基本有机合成原料；经卤化，乙烯还可制得氯代乙烯、氯代乙烷和溴代乙烷；乙烯还可经齐聚制得α-烯烃，进而生产出高级醇、烷基苯等。另外，乙烯还可用作石化企业分析仪器的标准气及水果的环保催熟气体。

1962年，兰州化学工业公司投资建成了我国第一套工业化的乙烯装置，产能为5000t/a，而同时期美国乙烯产能已高达200×10^4t/a。随着我国石化工业的飞速发展，我国乙烯产能也在飞速发展。2011年，中国乙烯产能和产量分别为1531.0×10^4t/a和1549.8×10^4t/a；预计到2015年中国乙烯产能将超过2200×10^4t/a。

4. 丙烷

丙烷的沸点为-42.1℃，通常为气态，但一般经过压缩成液态后运输。丙烷通常用作燃料，或制作乙烯、丙烯、含氧化合物和初级硝基烷等的原料。由于丙烷脱氢制丙烯装置具有流程简单、单位烯烃投资额低、产品相对单一、丙烯产量大、副产品附加值高及生产成本低等优势，近些年来，丙烷用于制丙烯的工艺不断增多，因此，丙烷的产品附加值也显著增长。

5. 丙烯

丙烯的沸点为-47.4℃。作为塑料、合成橡胶和合成纤维三大合成材料的基本原料，主要用于生产多种重要有机化工原料，生产合成树脂、合成橡胶及多种精细化学品，如丙烯腈、异丙烯、丙酮和环氧丙烷等。

6. 丁烷

丁烷有正丁烷和异丁烷两种同分异构体，性质和用途也略有不同。

正丁烷的沸点为-0.5℃，除直接用作燃料外，还用作溶剂、制冷剂和有机合成原料。有时也用于作为转化制氢的原料。

异丁烷的沸点为-11.73℃，高纯异丁烷主要用作标准气及配制特种标准混合气或用于合成异辛烷，作为汽油辛烷值改进剂；用于制异丁烯、丙烯、甲基丙烯酸丙酮和甲醇等；作为生产烷基化汽油的原料；异丁烷也可用作冷冻剂。

7. 丁烯

丁烯有4种同分异构体：1-丁烯（又称正丁烯），2-丁烯（分为顺式和反式），异丁烯，性质和用途略有不同。

正丁烯的沸点为-6.3℃，主要用于制造丁二烯，也可用于制备甲基乙基酮、仲丁醇、环氧丁烷及丁烯聚合物和共聚物等。

顺丁烯的沸点为3.7℃，可用于制备有机合成中间体、洗净剂、合成汽油、塑料和合成橡胶等的原料。

反丁烯的沸点为0.88℃，可用于制备有机合成中间体、洗净剂、合成汽油、塑料、合成橡胶、发动机燃料油等的原料。

异丁烯的沸点为-6.9℃，是重要的化工原料，主要用于制备丁基橡胶、聚异丁烯橡胶、甲基丙烯腈、抗氧剂、叔丁酚、叔丁基醚及各种塑料等。

8. 戊烷

戊烷有3种同分异构体：正戊烷、异戊烷和新戊烷。

正戊烷的沸点为36℃，主要用作溶剂，制造人造冰、麻醉剂，合成戊醇、异戊烷等。

异戊烷（2-甲基丁烷）的沸点为28℃，主要用于有机合成，也可用作溶剂。

新戊烷（2，2-二甲基丙烷）的沸点为10℃，主要用作燃料添加在汽油中。

9. 己烷

己烷是良好的常用非极性有机溶剂，可用作色谱分析的标准物质。己烷还可以用作有机合成中间体和燃料。

己烷有5种同分异构体，沸点略有不同。正己烷的沸点为69℃。异己烷包括3种：2-甲基戊烷的沸点为60℃，3-甲基戊烷的沸点为63.3℃，2，3-二甲基丁烷的沸点为58.7℃。新己烷（2，2-二甲基丁烷）的沸点为49.7℃。

10. 氢气

氢气的沸点为-252.77℃，作为一种重要的工业特种气体，在石油化工、电子工业、冶金工业、食品加工、浮法玻璃、精细有机合成等方面有着广泛的应用。同时，氢气是一种理想的清洁能源，在航空航天等领域也有着重要的应用。

在炼油厂，氢气既是石油炼制的副产品，又是石油加工过程中不可或缺的原料。目前综合型炼油厂的氢气消耗量一般为原油加工量的0.8%~1.4%。尤其高含硫原油和重质原油的加工比例不断提高、油品执行标准越来越严格，全加氢型炼油模式成为改扩建和新建炼油厂的首选。

因此，炼厂对氢气的需求也在迅猛增加。据美国弗里多尼亚集团的研究报告显示，2013年前全球氢气需求以年均3.4%的速度快速增长，而炼油业则是氢气消耗最大的终端市场。在2013年前全球新增的$730\times10^8m^3$的氢气需求中，有近84%的需求来自于炼油厂。随着氢气消耗量的日益增大，氢气成本已经是炼油企业原料成本中的第二位要素。

如何获得可靠的廉价高效氢源，已经成为炼油厂提高产品竞争力的重要途径，也成为炼油厂减少二氧化碳排放、推动低碳经济发展的关键。

三、炼厂气回收技术

炼厂气中含有多种高附加组分，如果能对这些组分进行回收，不但可以节约大量宝贵的石油资源（按2012年我国炼油能力5.75×10^8t计算，每年回收轻烃就可达到920多万吨，折合原油近1300多万吨，超过同年新疆油田的原油产量），而且还可以降低炼油厂生产成本，减轻环境污染。对炼厂气进行回收也就是对炼厂气中各组分的有效分离，常用的工业化炼厂气分离技术主要有冷凝分离、精馏、吸收、吸附和膜分离五大类。

1. 冷凝分离

冷凝分离是一种低温分离技术，即利用原料组分的沸点差异（相对挥发度差异）来达到分离目的。炼厂气各组分间沸点不同，可以用冷凝的方法实现炼厂气的分离。冷凝分离又分为浅冷和深冷两种工艺，油气回收中的浅冷一般是指冷凝温度在-20~35℃之间，深冷是指温度在-45℃以下，最低甚至低于-100℃。浅冷分离是利用各种气体组分沸点的差异，通过冷凝使高沸点组分冷凝成液相，使之与低沸点的组分分离，从而实现混合气体分离的一种技术。浅冷技术设备简单，投资和操作费用也很低，但由于气液平衡的限制和溶解效应，多数情况下，浅冷技术仅是一种粗分离手段，很难实现高精度分离。

深冷分离是1925年由德国林德公司开发成功的低温分离方法，它是利用各种气体组分的沸点差异，通过低温精馏来实现气体混合物的分离。该工艺技术成熟、处理量大、回收率高，但如果混合气中含有水、CO_2等易在低温下凝结为固态的组分，就容易发生管道堵塞，影响操作和安全。此时，深冷法分离就需要十分复杂的预处理系统。因此，多数情况下，深冷技术工艺设备复杂，装置投资大，操作费用高。

浅冷所用的制冷剂通常为氟利昂、液氨和丙烷等，对所用设备要求也不高，普通碳钢即可。深冷所用的制冷剂则通常为液氮、乙烯、甲烷等，对设备要求较高，需用特种低温钢材。且温度越低，对设备材质要求也越高，制冷效率和热损失也随之增大。因此，为了节约能源和投资，应尽可能采用浅冷工艺分离回收炼厂气中的高附加值组分。

浅冷时，除了考虑冷凝分离效率，也要考虑节约能源，过高的操作压力多数情况下就需要对炼厂气进行多级压缩，工作效率较低，要求消耗较多的能源，而且设备损耗也较为严重；但如果浅冷的操作压力过低，不但需要较粗的输送管道和较大的存储设备，而且在进行后续的分离操作时还需要进行二次升压，不利于工厂的安全管理。由于炼厂气的排气压力一般多在0.5~3.0MPa（绝压）之间，因此，在综合考虑冷凝效率和节能的情况下，炼厂气的浅冷操作压力多在1.5~3.0MPa（绝压）之间。

炼厂气组成复杂，不同组分的沸点存在明显差异。表2.1.1为炼厂气中各主要组分的沸点。

表2.1.1　炼厂气中主要组分的沸点

组　分	常压沸点（℃）	-20℃的饱和蒸气压［kPa（绝压）］	3.0MPa沸点（℃）	备　注
氢气	-252.77			临界压力：1.23MPa；临界温度：-234.8℃
甲烷	-161.5		-96.24	临界压力：4.59MPa；临界温度：-82.6℃
乙烷	-88.6	1426.75	9.46	
乙烯	-103.7	2535.12	-13.32	
丙烷	-42.1	244.17	77.36	
丙烯	-47.4	302.09	68.41	
异丁烷	-11.73	72.41	123.04	
正丁烷	-0.5	45.24	137.36	
正丁烯	-6.3	58.72	128.34	
异丁烯	-6.9	60.39	127.05	

续表

组　分			常压沸点（℃）	-20℃的饱和蒸气压［kPa（绝压）］	3.0MPa沸点（℃）	备　注
反丁烯			0.88	41.56	136.22	
顺丁烯			3.7	37.67	141.14	
C_5	正戊烷		36	9.14	188.51	
	异戊烷		28	13.84	180.12	
	新戊烷		10	30.92	156.44	
C_6	正己烷		69	1.95	234.00	
	异己烷	2-甲基戊烷	60	3.07	224.10	
		3-甲基戊烷	63.3	2.65	228.38	
		二甲基丁烷	58.7	3.64	223.82	
	新己烷		49.7	4.36	212.71	

从表2.1.1可以看出，由于炼厂气中各组分间大部分都存在有很明显的沸点差，因此，利用浅冷技术可以将他们进行分离。但由于气液平衡的限制和溶解效应，多数情况下，浅冷技术很难实现它们之间的高精度分离。

2. 精馏

精馏是石化企业常用的一种高精度的分离工艺，是利用不同物质间相对挥发度（沸点）的不同实现分离的。虽然精馏和冷凝分离都是依靠不同物质相对挥发度不同进行分离的，但由于精馏是一个多级冷凝和蒸发相结合的过程，在多级冷凝和蒸发过程中，上升的蒸气和下降的冷凝液间不断地进行热量和质量交换，最后富集的轻组分于塔顶排出，富集的重组分于塔底排出，因此，精馏可以获得比冷凝分离更优异的分离精度。

在精馏生产过程中，调节回流比是精馏塔操作中用来控制产品纯度的主要手段。回流比增大，分离精度提高。但回流比增大，加热器和冷凝器的负荷也将随之增大，使得能耗加大。

除了回流比的变化对能耗有着直接影响外，即使同样的加热量和冷却量，加热费用和冷却费用还随着沸腾温度和冷凝温度而变化，特别是需要使用高等级的加热剂或冷却剂时，这两项费用将大大增加。选择适当的操作压力，可避免使用过高等级的加热剂或冷却剂，但有时却可能需要提高加压或抽真空的操作费用。因此，选择合适的操作压力对精馏的能耗也是不可忽略的。由于炼厂气沸点较低，炼厂气分离只考虑增压和降温之间的平衡就可以了。从表2.1.1可以看出，在3.0MPa时，除了甲烷和氢气，基本都可以用冷却水甚至风冷进行降温，只有乙烯不可以，但其沸点也仅为-13.32℃，采用浅冷技术即可将其冷却。所以，如果在进入精馏塔前就将氢气和甲烷分离出去，将大大降低炼厂气的整个分离过程的能耗。

3. 吸附

吸附是化工生产中对流体混合物进行分离的一种方式。它是利用混合物中各组分在多孔性固体吸附剂中被吸附力的不同，使其中的一种或数种组分被吸附于吸附剂表面上，从而达到分离的目的。图2.1.1为各种组分在吸附剂上吸附能力的示意。

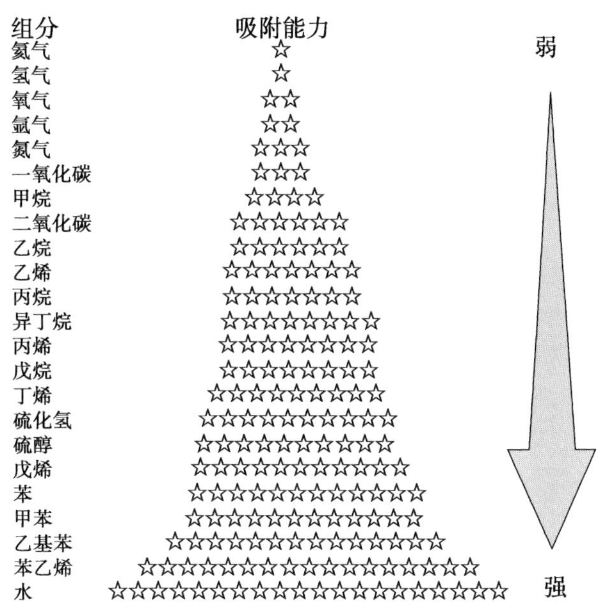

图 2.1.1 不同组分在分子筛上的吸附能力示意图

从图 2.1.1 可以看出，氢气和氦气吸附能力和其他气体差异很大，可以用吸附的方法很容易的与其他气体分离开来。$C_2 \sim C_5$ 间的烃类组分吸附能力差异不大，相互间用吸附的方法很难分离。

根据解吸方式的不同，工业上常用的吸附技术又分为变温吸附和变压吸附两大类。变温吸附法（Temperature Swing Absortion）再生彻底、回收率高、产品损失小，通常用于微量杂质或难解吸杂质的脱除的循环；变压吸附法（Pressure Swing Absortion）循环周期短、吸附剂利用率高、产品纯度高、吸附剂用量相对较少，不需要外加换热设备，主要用于气量大或原料气体组分复杂的气体的分离与提纯。由于石化企业气量通常比较大，气体组分复杂，因此，多用变压吸附进行分离提纯操作，很少使用变温吸附；但对于炼厂气体的脱湿，变温吸附由于具有回收率高、产品损失小，不引入第三方杂质等特点，相较于其他气体干燥技术则具有很强的竞争优势。

变压吸附是物理吸附过程，其吸附量随压力的增加而增加。开始近乎直线增加，而后增加缓慢，当压力增加到一定值时，吸附量趋于一稳定的极大值。同时，在压力升高时，所有组分的吸附量是同时增加的，因此，在解吸时，解吸气中包含的弱吸附力组分也将增多，分离精度反而下降。所以，吸附压力并非越高越好。变压吸附的操作压力一般在 0.3~4.0MPa（绝压）之间。用于氢气提纯的变压吸附装置的吸附压力一般设计值为 2.3MPa 左右。

变压吸附工艺用于直接从炼油厂尾气中回收氢气时，由于大分子烃类在吸附剂上容易液化，降压脱附时难于完全脱附出去，使吸附剂的吸附能力下降，因此必须限制进入变压吸附单元中的大分子高级烃的含量，一般要求 C_{3+} 总含量不能大于 1.0%（摩尔分数）。而多数炼厂气中 C_{3+} 的含量都在 1.0%（摩尔分数）以上，所以，一般的炼厂气不能直接进入变压吸附单元，需要进行预处理，将 C_{3+} 含量脱除到 1.0%（摩尔分数）以下，才能送入变压吸附单元。

4. 膜分离

在分离科学领域，膜分离虽然是一个“新兵”，但对于气体分离膜的研究其实在100多年前就已经开始了。早在1831年J. V. Mitchell就利用高聚物膜进行了二氧化碳和氢气的渗透实验，并提出了用膜实现气体分离的可能性。1866年，T. Craham提出了现在广为人知的渗透—扩散机理。但由于当时的膜渗透速率极低，未能引起产业界的足够重视。直到1979年美国的Monsanto公司研制出Prism®聚砜—硅橡胶复合膜装置，气体膜分离技术才真正走上了工业化道路。经过近半个世纪的发展，科研人员根据分离体系和分离目的的不同，已研制出了多种类型的气体分离膜。但按照分离层高分子材料的状态特征不同主要可分为两大类：玻璃态膜和橡胶态膜。

不同组分在不同类型膜中的透过能力是不同的。典型组分在不同类型的膜中相对透过能力如图2.1.2所示。

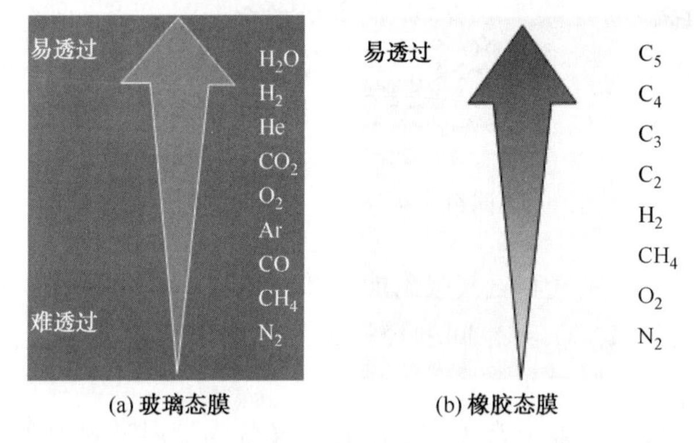

图2.1.2　不同组分在不同类型膜当中的透过能力示意图

从图2.1.2可以看出，由于选择性的限制，玻璃态膜在炼厂气回收中常用于H_2与其他组分的分离，而橡胶态膜则常用于炼厂气中C_{2+}组分与CH_4、N_2的分离。

从图2.1.3可以看出，在面积固定的情况下，氢气和正丁烷的浓缩比（产品氢气纯度和原料氢气纯度的比值）随压力的升高而增大，且氢气收率也随之增加。从图2.1.3还可以看出，由于同样条件下，氢气浓缩比较正丁烷高出了近一倍，回收率也更高，因此，利用膜分离的手段实现氢气较高纯度的分离是可能的，而正丁烷等有机气体则较难通过膜分离获得高精度的回收。

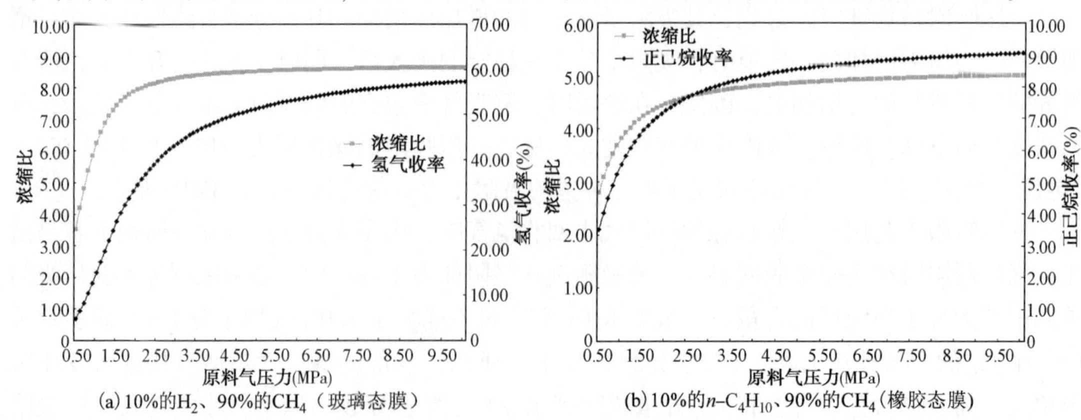

图2.1.3　固定膜面积下浓缩比与压力关系示意图

气体膜分离回收精度虽没有变压吸附和精馏高，但由于该过程是一种稳态的物理分离过程，因此其流程简单，设计和操作容易。由于气体膜分离是靠压差来实现的，因此，其分离过程本身不消耗其他的能量，整个膜分离系统的工耗很低，其操作费用几乎是所有分离技术中最低的。气体分离膜技术开停车迅速方便，从理论上来说，气体分离膜技术可以实现瞬间开停车，这是其他分离技术所无法比拟的。由于气体分离膜的负荷通过简单的增减使用数量而不需再调节其他参数即可满足要求，因此气体膜分离还具有负荷增减容易、易与其他技术集成的优点。此外，气体分离膜技术还具有分离过程无相变、对分离体系无污染、布局灵活、占地面积小等优势。

四、梯级回收技术

炼厂气种类多样，组成复杂，压力各异，高附加值组分应用广泛。因此，对其进行充分回收所需要的分离技术也必然是多种技术的集成，即气体分离集成技术。分离技术的集成方式众多，如果简单的随机组合，其组合方式至少有 100 多种。合理的分离序列应具有整体分离精度高、投资和运行费用低、流程简单和操作容易的特点。为达到这一目标，需要首先确定各分离技术的合理应用范围，并在此基础上对炼厂气进行合理的分类，然后引导各类炼厂气进入合理的分离序列，从而获得良好的分离效果。

1. 集成分离技术

单一分离技术虽各有优点，但在应用过程中也都存在着各自的分离瓶颈。为打破这种分离瓶颈，工业应用中常将两种或几种分离技术进行合理搭配，形成集成分离技术，从而克服分离瓶颈，获得较为优异的结果。如图 2. 1. 4 所示的浅冷+膜分离的集成分离技术，就可以发挥它们各自的优势，有效克服浅冷和膜分离技术的瓶颈，获得较好的气体分离效果。将该流程应用于油田伴生气回收中，分离结果如表 2. 1. 2 所示。

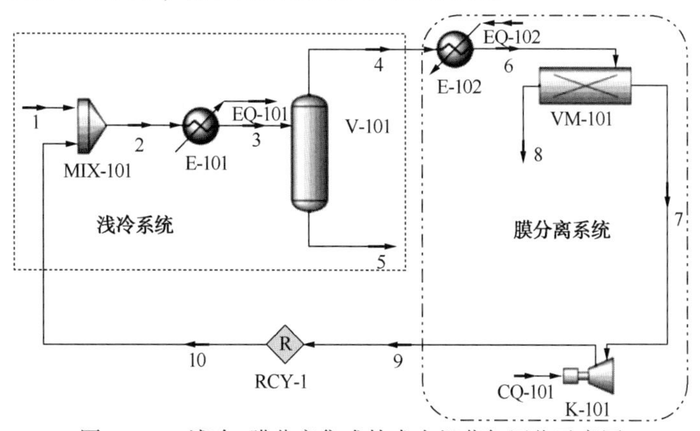

图 2. 1. 4　浅冷+膜分离集成技术有机蒸气回收示意图

表 2. 1. 2　浅冷和浅冷+膜分离集成技术油气回收的比较

组分		CH_4	C_2H_6	C_3H_6	i-C_4H_{10}	n-C_4H_{10}	i-C_5H_{12}	n-C_5H_{12}
原料气组成［%（摩尔分数）］		59. 79	10. 85	17. 26	2. 80	6. 16	1. 725	1. 415
尾气组成［%（摩尔分数）］	浅冷	78. 23	10. 96	8. 98	0. 66	1. 01	0. 11	0. 06
	膜+浅冷	98. 08	1. 60	0. 30	0. 0093	0. 0134	0. 0013	0. 0008

续表

组分		CH_4	C_2H_6	C_3H_6	$i-C_4H_{10}$	$n-C_4H_{10}$	$i-C_5H_{12}$	$n-C_5H_{12}$
产品收率（%）	浅冷		26.07	61.93	82.68	87.99	95.48	96.84
	膜+浅冷		91.52	99.02	99.81	99.87	99.96	99.97

从表2.1.2可以看出，利用膜分离和浅冷分离原理的不同，将它们集成起来，形成分离“梯级”，发挥各自的分离优势，就可以用浅冷技术获得深冷的分离效果。大连理工大学膜科学与技术研究开发中心2007年和2011年应用该技术对胜利油田临南站和桩西站的油气回收装置进行了相应技术改造，成功将油田伴生气的轻烃收率提高了10%以上。

炼厂气氢气回收中，PSA法虽能获得超过99%（摩尔分数）的产品氢气，但受烃类等大分子的影响，其收率较低，一般不超过90%，其解吸气中仍有35%（摩尔分数）甚至更高含量的氢气；膜分离技术收率超过90%很容易做到，但回收氢气纯度多数情况下很难超过99%（摩尔分数）。因此，在炼厂气氢气回收操作中，可以采用膜分离+PSA的分离组合，炼厂气首先进入膜分离系统除去其中部分大分子烃类，再进入变压吸附系统，变压吸附系统的解吸气循环进入膜分离系统。该组合在保证产品氢气浓度99%（摩尔分数）的前提下，氢气收率也很容易就超过了90%，同时由于膜分离系统脱除了大部分的大分子烃类，吸附剂的寿命也得到了延长。表2.1.3为某炼油厂PSA和采用膜分离+PSA组合技术产品数据的比较。

表2.1.3　PSA和膜分离+PSA组合技术氢气回收的比较

物料名称		原　料　气	PSA产品	膜+PSA产品	备　　注
组成[%(体积分数)]	H_2	90.1421	0.971	0.9959	PSA法氢气收率为84%，膜分离+PSA组合技术氢气收率为99%
	N_2	0.0001	0	0	
	O_2	0.0001	0	0	
	CO	0.0001	0	0	
	NH_3	0.0001	0	0	
	H_2S	0.0007	0	0	
	CO_2	0.0001	0	0	
	H_2O	0.0148	0	0.0002	
	CH_4	4.0499	0.0238	0.0031	
	C_2	3.1947	0.0041	0.0007	
	$C_2^=$	0.0001	0	0	
	C_3	1.8723	0.001	0.0001	
	$C_3^=$	0.0001	0	0	
	$i-C_4$	0.3733	0.0001	0	
	$n-C_4$	0.171	0	0	
	$i-C_5$	0.1108	0	0	
	$n-C_6$	0.0698	0	0	
	$n-C_8$	0.0001	0	0	
	$n-C_{10}$	0.0001	0	0	
总计		100	100	100	

从表 2. 1. 3 可以明显看出，采用膜分离+PSA 分离技术组合，氢气的收率不但得到大幅度的提高，而且氢气的分离纯度也得到了显著提高。实际应用表明，由于膜分离将进入 PSA 系统中的大分子烃类进行了提前去除，PSA 系统中分子筛的寿命也得到明显提高。

随着节能环保要求的提高，对气体分离精度的要求也将不断提高，未来使用单一技术进行气体分离的场合将不断减少，气体分离集成技术必将成为未来气体分离科学的发展重点。在多种分离技术的集成过程中按照每种分离技术的最佳使用范围，梯级配置，合理输出分离产品，将成为未来应用的发展趋势。

2. 分离技术梯度

通过对各种情况下的炼厂气数据分析，发现所有的含氢炼厂气在经过浅冷（$p_{max}=3.0MPa$，$T_{min}=-20℃$）后，氢气浓度都可以富集到 35%（摩尔分数）以上。图 2. 1. 5 为膜分离技术回收氢气的模拟结果。

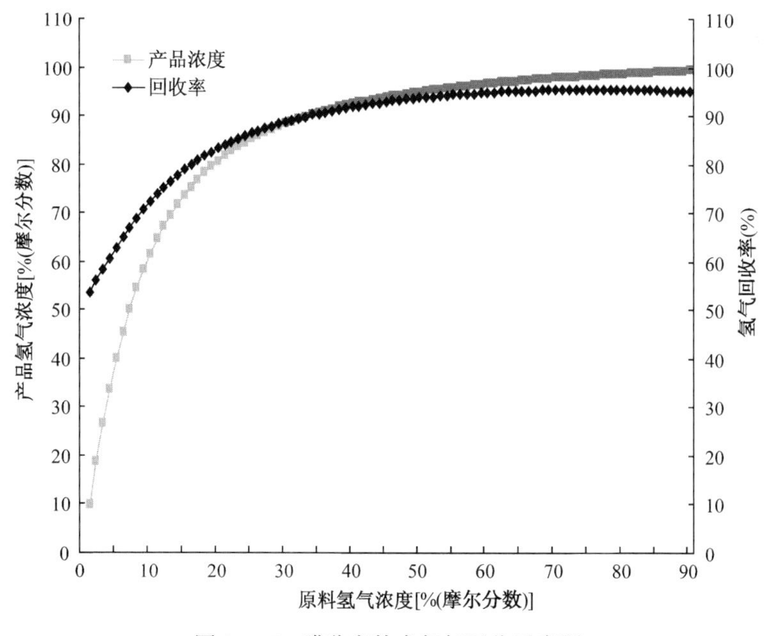

图 2. 1. 5　膜分离技术氢气回收示意图

从图 2. 1. 5 中可以看出，经过膜分离后，35%（摩尔分数）的氢气很容易就可以提高到 90%（摩尔分数）以上，回收率也在 90%以上。因此，综合图 2. 1. 4、表 2. 1. 3 和图 2. 1. 5 可以得到合理的炼厂气分离的技术梯度，如图 2. 1. 6 所示。

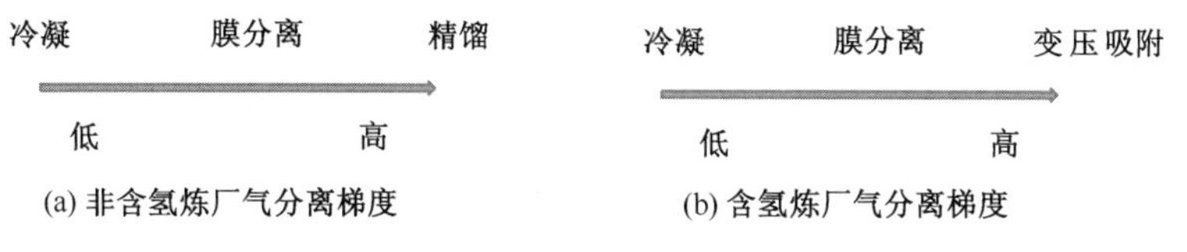

图 2. 1. 6　炼厂气分离技术梯度

3. 炼厂气的梯级分离

所谓炼厂气梯级分离，即将炼厂气根据其露点、压力、氢气含量不同进行分类，梯次冷凝、梯次升压，然后再按照各分离技术的分离精度和分离目的梯次配置，以最为简单方便的流程获得最佳的分离效果和社会及经济效益。

通过上述讨论可知，玻璃态膜将氢气与甲烷、乙烷等烃类气体分离开来后，仍需将甲烷与乙烷等大分子烃类进行分离。通过表 2. 1. 2 中数据可知，浅冷+膜分离的技术组合可以将甲烷较为精细地从乙烷等大分子烃类中分离出来。因此，玻璃态膜分离后的贫氢气体可以通过浅冷+膜分离的技术组合有效回收乙烷等大分子烃类。

由于炼厂气的来源不同，有些会含有少量的氮气、氧气、一氧化碳、二氧化碳、硫化氢、氨等，而硫化氢、氨和二氧化碳及水蒸气结合易腐蚀设备和管道。因此，炼厂气在进行回收前，需对其进行净化处理。最后得到的炼厂气分离序列如图 2. 1. 7 所示。

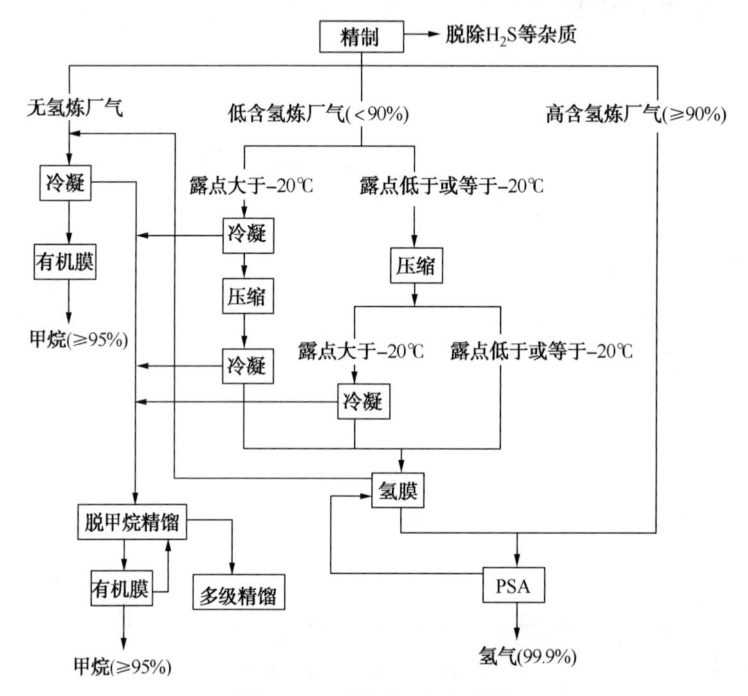

图 2. 1. 7　炼厂气分离序列

该分离序列在合适的梯级上使用不同的分离技术，并可以根据实际需要合理地增减某一阶段的分离，从而灵活获得不同梯度的分离产品，以获得较好的经济效益和分离精度。将该分离序列应用于某炼油厂 1000×10^4t/a 炼油区的炼厂气回收，得到如图 2. 1. 8 所示的实际工艺。应用该工艺，该厂获得了 2 亿元/a 的经济效益。

五、小结

世界原油资源在不断减少，原油价格越来越高。为了保证能源安全，如何将有限的资源精细高效地利用必将引起人们更多的重视。由于炼厂气梯级回收技术在能源精细化利用方面的独特优势，必将成为未来炼厂发展的必备技术。

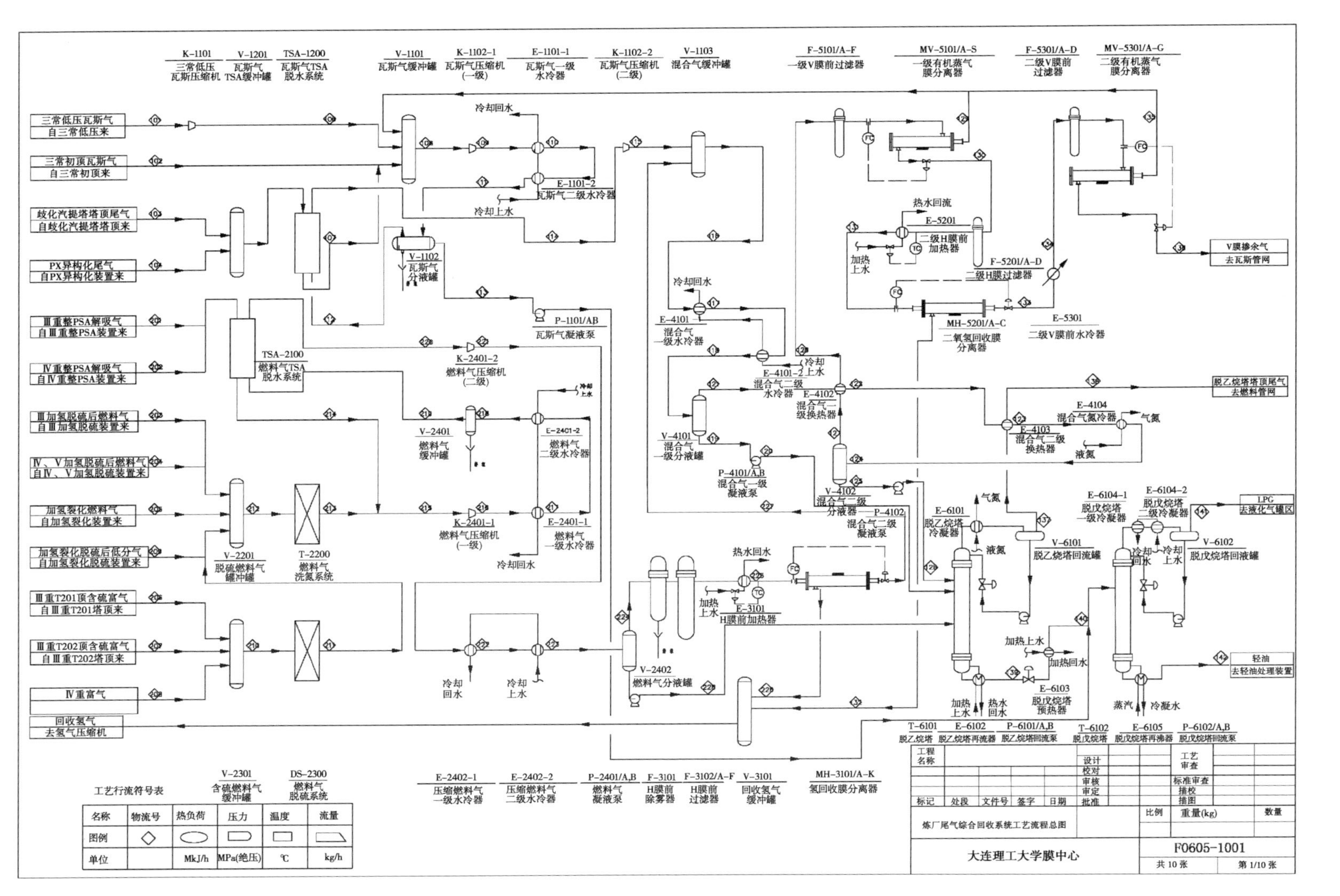

图2.1.8 某炼油厂1000×10^4t/a炼油区炼厂气梯级回收工艺流程图

第二节　炼油厂尾气中氢气的回收利用

一、炼厂气中的氢气分离回收

1. 概述

石油化工过程是大量的含氢混合气的一个重要集散地。在所有的石油炼制厂中，无一例外地会涉及氢气。氢气的大量使用，使得制氢要耗费大量的烃类。而在各种加氢处理过程中，为保持反应器中足够的氢分压，需要不断排放加氢过程所产生的低碳气态烃，从而会伴随有氢气的流失；另外，大量的催化裂化干气，由于氢含量相对较低，被排放用作燃气，也是对氢源的一种极大的浪费。所以，保持氢气平衡，合理利用氢气，已成各炼油厂重点关注的问题。

1978 年，Permea 公司（当时属 Monsato 公司）在炼油厂中建立了第一套工业化规模的氢气膜分离提纯装置，将石脑油制氢所得气体经膜分离纯化后而用于连续重整。由此开始，膜分离系统在加氢处理（如加氢脱硫、加氢脱氮、加氢精制）、加氢裂化、催化重整、催化裂化干气等各种含氢混合气的分离过程中得到了广泛的应用。到目前为止，在世界各地的炼油厂中，已建立了 100 多套氢气膜分离系统，为炼油厂合理利用资源，提高产品质量，获得最佳效益发挥了重要作用。

炼厂气膜分离氢气回收系统可简单分为预处理和膜分离两部分，但根据原料气来源不同、压力高低，需要对原料气进行减压（加氢脱硫、加氢裂化）、压缩（催化裂化干气、低分驰放气）或直接稳流导入（催化重整、汽柴油加氢精制等），其基本流程简图如图 2. 2. 1 所示。

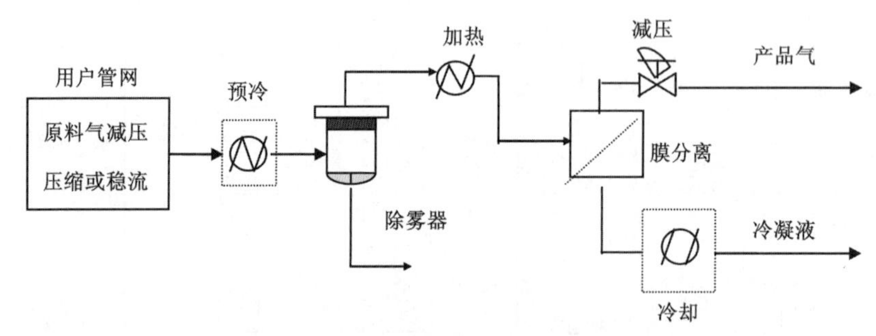

图 2. 2. 1　炼厂气典型的膜分离系统流程简图

在现今的流程中，为提高预处理的精度，通常再接并联的两级凝结型过滤器，以使过滤精度达到 0. 01μm

下面，分别简要地介绍几种膜分离系统在炼厂气氢气分离回收中的应用。

2. 膜分离系统在石化行业中的实际应用

1）膜分离系统在加氢尾气的氢气回收中的应用

在石油炼制过程中，加氢脱硫、加氢脱氮、汽柴油加氢精制等各种加氢处理是得到高品质成品油不可或缺的过程。而在加氢过程中，氢气的不断消耗及伴随而生成的低碳烃类，使得加氢循环气中烃类越积越多，影响反应器中的氢分压，降低反应速率及时空产率。所以，必须适当地排除加氢尾气。而这部分氢含量在75%以下的加氢尾气，由于不能直接用于加氢过程而排放作燃料气。作为耗氢量相当大的炼油厂，一方面要耗费大量的烃类来制氢，另一方面部分氢气又必须随尾气排放，这本身就是一件相当矛盾的事情。而膜分离系统，可利用加氢尾气本身的压力，经济、方便、有效地回收这部分氢气。

润滑油加氢尾气的氢气回收物料平衡表如表 2. 2. 1 所示。

表 2. 2. 1 润滑油加氢尾气的氢气回收物料平衡表

物料		原料气	膜入口（预处理后）气	非渗透气	渗透气
组成［%（摩尔分数）］	H_2	86. 73	86. 88	56. 71	97. 34
	CH_4	9. 25	9. 27	31. 68	1. 49
	C_2	0. 69	0. 69	2. 45	824×10^{-6}
	C_3	1. 44	1. 44	5. 34	895×10^{-6}
	C_{4+}	0. 56	0. 56	2. 09	317×10^{-6}
	H_2S	1. 07	1. 07	1. 71	0. 85
	H_2O	0. 26	896×10^{-6}	277×10^{-6}	0. 11
流量（m^3/h）		4500	4492	1157	3335
温度（℃）		48	83	83	83
压力［MPa（绝压）］		11. 17	11. 16	11. 0	6. 37
回收率（%）		83. 2			

加氢处理尾气的膜分离系统氢气回收提纯装置，也可用于加氢裂化低压分离器的驰放气氢气回收，而把其中含50%~65%的氢气回收提纯至氢气纯度90%以上。该系统由于直接利用加氢驰放气本身的压力，只要增加简单的预处理设备（除雾器、过滤器、换热器），就可进行氢气的分离回收，因而具有明显的经济优势。一是可以减少新鲜制氢量，降低原料消耗；二是可以增加反应器中的氢分压，降低操作压力，节省能耗；三就是可加大原料油的处理量，增加时空产率。由于过程的操作维修费用很低，故经济效益显著。

膜分离系统也非常适合于加氢循环气的惰性气体排除。传统的方法，一是在加氢处理的工艺流程中配有高低压气液分离器，以排除加氢过程中不断产生的烃类等惰性气体，维持一个合理的氢分压，但这种排放毫无选择性，每放掉 1 体积的烃类将会损失 4 体积的氢气，为减少氢气损失，尽量减少放空量，因此，效果不佳；二是高压油吸收，这一方法较之直接分离排放，其选择性高些，每排放 1 体积的烃类，损失的氢气为 1 体积，但由于甲烷等低碳气态烃的吸收需要在高压下才能进行，所以油泵的能耗大，维修操作费用高。而用膜分离进行惰性气体排除时，每损失 1 体积的氢，可排除 3~5 体积的烃类，其选择性是普通排放方法的12~20倍。

加氢裂化循环气的氢气分离提纯物料平衡表见表 2. 2. 2。

表 2.2.2　加氢裂化循环气的氢气分离提纯物料平衡表

物料		原料气	膜入口（预处理后）	非渗透气	渗透气
组成［%（摩尔分数）］	H_2	89.72	89.81	37.13	98.75
	CH_4	8.03	8.04	49.52	1.00
	C_2	0.89	0.89	5.75	699×10^{-6}
	C_3	0.72	0.72	4.72	447×10^{-6}
	C_4	0.43	0.43	2.85	209×10^{-6}
	H_2S	100×10^{-6}	100×10^{-6}	281×10^{-6}	70×10^{-6}
	H_2O	0.18	908×10^{-6}	8×10^{-6}	0.11
	NH_3	50×10^{-6}	48×10^{-6}	1×10^{-6}	56×10^{-6}
流量（m^3/h）		4998.2	4493.7	724.6	4269.2
温度（℃）		55	83	83	83
压力［MPa（绝压）］		11.00	8.84	8.79	2.60
回收率（%）		94.0			

2）催化裂化干气中氢气回收

催化裂化尾气中氢含量相对较低（一般在20%~50%之间），但由于其排放量大，所以流失的绝对量相当大。特别是对于那些氢含量低于40%，而且伴随着含量不低的C_{5+}以上的烃类，在利用PSA法进行气体分离时，由于高碳烃类吸附后较难脱附而将影响吸附剂的吸附容量及使用寿命；且当原料气中氢含量太低时，使用PSA法氢气回收率较低。而用普里森装置排除大部分烃类将氢气提浓后以PSA法进行提纯这一集成技术，无论是从技术的可靠性，还是从降低产品的成本方面来考虑，这一工艺路线都是最佳的选择。

催化裂化干气的压力较低，所以必须将其压缩至一适当的压力才能进行分离回收。相对于加氢驰放气的氢气回收来说，需要耗费一些压缩功；但却可以从氢含量较低的原料气中，通过一级回收就可得到氢含量80%~95%的产品气，对那些没有制氢装置或缺氢的炼油厂来说，这一技术无疑是获取氢源的有效途径。

典型的催化裂化干气膜分离的物料平衡表见表2.2.3。

表 2.2.3　典型的催化裂化干气膜分离的物料平衡表

物料		原料气	膜入口（压缩并预处理后）	非渗透气	渗透气
组成［%（摩尔分数）］	H_2	34.05	34.05	9.03	86.06
	CH_4	23.02	23.02	31.62	5.14
	C_2	11.29	11.29	15.79	1.93
	$C_2^=$	14.63	14.63	20.59	2.24
	C_3	0.26	0.26	0.37	238×10^{-6}
	$C_3^=$	1.46	1.46	2.10	0.13
	$i\text{-}C_4$	0.78	0.78	1.12	650×10^{-6}
	$n\text{-}C_4$	0.20	0.20	0.29	167×10^{-6}

续表

物料		原料气	膜入口（压缩并预处理后）	非渗透气	渗透气
组成[%（摩尔分数）]	$i-C_4^=$	0.82	0.82	1.16	0.12
	$t-C_4^=$	0.78	0.78	1.09	0.13
	C_{5+}	0.60	0.60	0.86	603×10^{-6}
	CO	0.85	0.85	1.16	0.21
	CO_2	0.65	0.65	0.51	0.93
	H_2S	100×10^{-6}	100×10^{-6}	89×10^{-6}	123×10^{-6}
	N_2	10.22	10.22	13.88	2.64
	O_2	0.38	0.38	0.43	0.29
流量（m^3/h）		8000	8000	5401.3	2598.7
温度（℃）		40	80	80	80
压力[MPa（表压）]		0.7	4.6	4.5	0.30
回收率（%）		82.1			

此渗透气的氢气纯度较低，且有较高浓度的 CO_2，不能直接用于加氢，需经压缩后进入 PSA 装置进一步提纯。

如果干气中氢含量较高，则可考虑两段回收，将二段的渗透气返回干气压缩机入口循环，以提高氢气回收率及产品氢纯度，详见图 2.2.2。

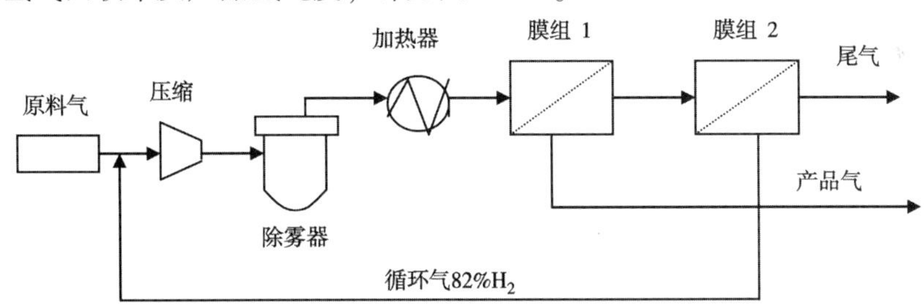

图 2.2.2 二段回收工艺流程图

带循环的催化裂化干气膜分离的物料平衡表见表 2.2.4。

表 2.2.4 带循环的催化裂化干气膜分离的物料平衡表

物料		原料气	膜入口（压缩并预处理后）	非渗透气	产品气
组成[%（摩尔分数）]	H_2	40.55	54.12	9.64	95.00
	CH_4	24.04	18.58	37.24	1.49
	C_2	8.17	6.14	12.73	0.37
	$C_2^=$	10.60	7.89	16.56	0.43
	C_3	0.19	0.14	0.30	43×10^{-6}
	$C_3^=$	1.76	1.27	2.77	390×10^{-6}
	C_4	0.30	0.21	0.47	62×10^{-6}

续表

物料		原料气	膜入口（压缩并预处理后）	非渗透气	产品气
组成［%（摩尔分数）］	$C_4^=$	319×10^{-6}	239×10^{-6}	498×10^{-6}	14×10^{-6}
	C_{5+}	34×10^{-6}	25×10^{-6}	53×10^{-6}	1×10^{-6}
	H_2S	13×10^{-6}	16×10^{-6}	15×10^{-6}	9×10^{-6}
	N_2	12. 11	9. 54	18. 68	0. 90
	CO_2	1. 48	1. 93	1. 56	1. 38
	H_2O	0. 76	0. 15	47×10^{-6}	0. 37
流量（m^3/h）		36450	53292. 8	22997. 0	13228. 8
温度（℃）		40	83	83	83
压力［MPa（绝压）］		1. 10	6. 45	6. 35	1. 30
回收率（%）		85. 0			

此产品氢经脱碳后可直接用于加氢的原料氢。

3）重整气的氢气提纯

重整气中氢气浓度一般在 82%～93%之间。即使有特殊需要，在降低反应温度制氢时，氢气浓度也不超过 93%。而在石油化工的处理过程中，经常需要用到高纯度的氢气。膜分离系统可以很方便、经济地把含氢量在 83%～93%的重整气提纯至 98%以上，详见表 2. 2. 5。

表 2. 2. 5　膜分离技术处理重整氢气的结果

项　　目	组成［%（体积分数）］				
组分	N_2	C_1	C_2	C_3	C_4
原料气（92%氢气）	2. 64	2. 38	1. 86	0. 92	0. 2
产品气（99. 95%氢气）	0. 03	0. 02			

抚顺石油一厂用膜分离系统提纯重整氢气用于催化重整的开工，取得了明显的经济效益。

此外，膜分离系统还可用于乙烯裂解尾气的氢气回收、烃类浓缩回收等炼油厂中各种含氢混合气体的分离。

4）H_2/CO 比例调节及 CO 纯化

前已提及，第一套普里森膜分离系统就是用于 H_2/CO 的比例调节。在 C_1 化学中，CO 加氢合成各种化学品是一相当重要的化工工艺过程。由于合成气中 H_2/CO 一般在 2. 5～4 之间，若直接应用会因为摩尔比不合适而使目的产物的选择性及原料气的转化率降低，因此，必须对合成气的比例进行调节或纯化而得到纯度大于 95%的 CO 气体。由于 H_2 与 CO 的渗透速率相差较大，膜分离系统通过选择合适的膜面积（即膜分离器的规格和数量）及调整原料气和渗透气的压力比及压差可以很方便地得到所需比例甚至是 CO 纯度比较高的产品气。产品气的压力几乎跟原料气的压力相同而无压力损失；并且由于气体相对干净、操作压力不高而使膜分离器具有很长的使用寿命，因而较之其他气体分离过程具有明显的经济技术优势。

H_2/CO 比例调节或 CO 纯化的膜分离系统工艺流程跟炼厂气氢分离回收的流程基本相同。CO 纯化物料平衡表见表 2.2.6。

表 2.2.6　CO 纯化物料平衡表

物料		原料气	膜入口（预处理后）	渗透气	CO 产品气
组成［%（摩尔分数）］	H_2	40.68	40.68	81.35	2.95
	CO	58.49	58.49	18.46	95.62
	CH_4	700×10^{-6}	700×10^{-6}	102×10^{-6}	0.13
	N_2	0.59	0.59	0.11	1.03
	Ar	0.17	0.17	605×10^{-6}	0.27
	CO_2	8×10^{-6}	8×10^{-6}	12×10^{-6}	4×10^{-6}
	CH_3OH	30×10^{-6}	30×10^{-6}	45×10^{-6}	16×10^{-6}
流量（m^3/h）		6048.3	6048.3	2910.8	3137.5
温度（℃）		40	50	50	51
压力［MPa（绝压）］		5.4	5.35	0.35	5.2
CO 回收率（%）		84.81			

利用纯氧造气所得的合成气进行 CO 纯化时，膜分离技术是最好的选择，只要膜分离器有较高的分离选择性，就可得到足够纯度并有相对高的回收率 CO 产品气，且产品气处于高压侧，直接或减压后进入后续生产单元。

5）甲醇尾气氢回收

甲醇作为一种重要的化工原料及目前持续高扬的价格而受到重视。新建甲醇装置及已有装置的技术改造，使得膜分离技术在甲醇尾气回收中得到广泛的应用。

甲醇尾气氢回收物料平衡表见表 2.2.7。

表 2.2.7　甲醇尾气氢回收物料平衡表

物料		原料气	膜入口（预处理后）	渗透气	非渗透气
组成［%（摩尔分数）］	H_2	56.80	56.80	87.88	36.78
	CO	5.27	5.27	2.09	7.33
	CO_2	1.83	1.83	2.34	1.51
	N_2	0.75	0.75	0.20	1.10
	CH_4	33.69	33.69	7.19	50.76
	C_2H_6	1.38	1.38	0.25	2.12
	C_3H_8	0.25	0.25	400×10^{-6}	0.38
	CH_3OH	200×10^{-6}	200×10^{-6}	200×10^{-6}	200×10^{-6}
流量（m^3/h）		18000	18000	7051.7	10948.3
温度（℃）		10	50	50	50
压力［MPa（表压）］		4.5	4.4	2.1	4.2
H_2 回收率（%）		60.61			

实际运行数据见表 2.2.8。

表 2.2.8 实际运行数据

物料		原料气	膜入口（预处理后）	渗透气	非渗透气
组成［%（摩尔分数）］	H_2	54.49	54.49	86.19	34.75
	CO	8.64	8.64	2.76	12.96
	CO_2	3.47	3.47	4.06	3.20
	N_2	0.48	0.48	0.68①	0.54
	CH_4	30.92	30.92	6.03	45.59
	C_nH_m	1.90	1.90	0.20	2.90
	CH_3OH	180×10^{-6}	180×10^{-6}	190×10^{-6}	980×10^{-6}①
	其他	800×10^{-6}	800×10^{-6}	640×10^{-6}①	480×10^{-6}
流量（m^3/h）		18000	18000	6910	11090
温度（℃）		10	37	37	37
压力［MPa（表压）］		4.4	4.39	2.24	4.2
H_2回收率（%）		60.7			

①某些组分的取样及分析可能会有一些误差。

该流程与前述CO纯化流程相同，但当放空气中甲醇含量超过40℃压力下的饱和浓度时，建议加水洗除醇。因为一般情况下甲醇对膜本身没有什么负面影响，但若有液态甲醇出现，会对环氧树脂封头有损害作用。且高压水洗除醇是非常容易的，只需少量的水即可得到含醇10%以上的水溶液，该液送至粗醇蒸馏塔可回收甲醇。同时，因甲醇回收后的气体返回合成系统有利于合成反应的正向移动（甲醇在膜分离原料气和渗透气及非渗透气中的体积含量几乎没有变化）。

3. 膜分离系统设计及应用中的注意事项

1）压力

膜分离以气体组分的分压差作推动力，需要原料气有较高压力，但压力并不是越高越好。在设计膜分离系统时，应同时兼顾原料气压力、渗透气压力和膜两侧的压差及压力比等各方面的因素。

2）温度

温度也是膜分离中一个重要因素。不同的分离技术应在不同的操作温度下进行。一般来说，没有可冷凝组分存在时操作温度较原料气温度过热6℃以上即可。但在炼油厂各种含氢混合气的氢气分离回收时，操作温度应较原料气的温度过热35°以上。且原料气温度若高于48℃时应先将原料气温度降至43℃以下再进入通常的预处理系统。在炼油厂中膜分离系统的操作温度一般在80℃左右，而其他分离技术的操作温度则在50℃左右。

3）预处理

预处理是膜分离的重要组成部分，预处理的好坏会直接影响膜分离器的性能及使用寿命。预处理的目的是要将原料气中对膜有害的组分除去，如水洗除氨除甲醇，除雾器及凝结过滤除油等。应该注意的是，目前用于炼油厂氢气回收的膜都是由高分子材料制备的，任何液态的烃类都会对膜形成损害。耐油的高分子膜是不存在的，在膜分离系统的设计及操作过程中，应在预处理和温度设定方面避免液态烃的出现。

二、膜分离—变压吸附集成工艺在炼厂干气氢回收中的应用

中凯化学有限公司在成功开发的膜法炼厂气氢回收基础上，结合中国石油大连石化分公司的具体情况，与国内外相关单位联合，开发了炼厂气氢回收的膜分离—变压吸附集成技术，使得氢气回收率大于等于95%，产品氢纯度大于95%。该工艺的成功应用为炼厂气同时提取氢气、轻烃、重烃的集成技术奠定了基础。

1. 膜分离—变压吸附集成工艺的应用

1）设计参数

要处理的大连石化炼厂气主要包括催化干气和柴油加氢精制尾气，其基本组成情况参见表2.2.9和表2.2.10。

柴油加氢尾气量为15.9t/d（1600m^3/h），压力0.4MPa，全部进入瓦斯管网；催化裂化干气量为482.4t/d（25000m^3/h），压力1.1MPa，其中有295t/d进“三苯”，187.4t/d进入瓦斯管网。

表2.2.9　柴油加氢精制尾气组成　　单位:%（体积分数）

序号	气体	2008年2月11	2007年12月24	2007年11月19	2007年9月3	2007年7月30	平均值
1	H_2	80.80	68.76	74.86	81.56	85.00	78.2
2	N_2	0.83	0.48	1.23	2.19	0.87	1.12
3	O_2	0.30	0.18	0.18	0.67	0.06	0.28
4	CO	0.00	0.00	2.14	0.01	0.00	0.43
5	CO_2	0.21	0.18	0.13	0.11	0.13	0.15
6	H_2S	5.82g/m^3	0.00	5.45g/m^3	0.00	0.00	5.64g/m^3
8	CH_4	2.08	2.98	6.42	2.70	2.87	3.41
9	C_2H_6	2.80	8.96	7.33	4.64	4.68	5.68
10	C_2H_4	0.40	1.39	0.84	0.00	0.00	0.53
11	C_3H_8	4.61	7.01	3.40	3.82	3.70	4.50
12	C_3H_6	4.55	5.46	0.86	0.01	0.00	2.18
13	正丁烷	0.50	0.59	0.57	0.80	0.75	0.64
14	异丁烷	1.11	1.66	1.07	1.33	1.29	1.29
15	丁烯	0.20	0.68	0.05	1.30	0.00	0.45
16	反丁烯	0.56	0.20	0.06	0.00	0.00	0.16
17	顺丁烯	0.10	0.11	0.04	0.22	0.00	0.09
18	异丁烯	0.83	0.78	0.15	0.00	0.02	0.36
19	正戊烷	0.00	0.16	0.08	0.18	0.18	0.12
20	异戊烷	0.12	0.42	0.59	0.46	0.45	0.41
21	其他						
加氢瓦斯产量		15.9t/d（1600m^3/h）					
温度（℃）		40					
压力［MPa（表压）］		0.4					
装置概况		采样点：加氢瓦斯					

表 2.2.10　催化裂化干气组成

序号	气体	2008 年 3 月 2	2008 年 2 月 28	2008 年 2 月 23	2008 年 2 月 16	2008 年 2 月 9	平均值
1	H_2	37.19	34.16	26.81	31.28	31.20	32.13
2	N_2	8.97	7.42	10.95	8.53	10.52	9.28
3	O_2	0.34	0.17	1.33	0.20	0.72	0.55
4	CO	0.28	0.18	0.14	0.26	1.10	0.39
5	CO_2	3.06	3.20	2.77	3.17	3.08	3.06
6	H_2S	3.52g/m^3	12.9g/m^3	5.02g/m^3	5.11g/m^3	1.6g/m^3	3.23g/m^3
8	CH_4	26.87	29.78	27.35	29.13	27.22	28.08
9	C_2H_6	8.40	9.03	13.73	9.34	8.98	9.90
10	C_2H_4	13.69	14.30	15.06	15.22	14.95	14.64
11	C_3H_8	0.19	0.28	0.13	0.17	0.10	0.17
12	C_3H_6	0.57	0.64	0.22	0.33	0.30	0.41
13	正丁烷	0.13	0.30	0.90	2.26	1.64	1.05
14	异丁烷	0.01	0.06	0.02	0.01	0.01	0.02
15	丁烯	0.10	0.14	0.42	0.01	0.00	0.13
16	反丁烯	0.10	0.14	0.03	0.02	0.06	0.07
17	异丁烯	0.06	0.10	0.03	0.02	0.06	0.05
18	正戊烷	0.00	0.00	0.08	0.01	0.03	0.02
19	异戊烷	0.04	0.09	0.03	0.04	0.03	0.05
催化干气产量（t/d）		563	509	508	431	404	482.4
催化干气收率（%）		5.60	5.62	5.40	5.19	4.26	5.21
进三苯气量（t/d）		295	309	295	295	295	295
进瓦斯管网气量（t/d）		268	200	213	136	106	187.4
温度（℃）		40~55					
压力［MPa（表压）］		1.1					
装置概况		采样点：催化干气。装置出口压力为 1.1MPa，进“三苯”减压为 0.7MPa（气量基本恒定为 295t/d），其余部分进 0.4MPa 的瓦斯管网					

注：未标单位的气体组成为体积百分数。

2）工艺过程

催化裂化干气中氢气的浓度较低，压力较高，先进入膜分离单元提浓，再进入 PSA 单元得到氢气产品。柴油加氢精制尾气中氢气浓度较高，压力较低，经脱硫、加压处理后进入 PSA 单元。工艺流程简图如图 2.2.3 所示。

催化裂化干气（25000m^3/h）首先进入除雾器，除去大部分可凝液和粒子，然后进入两级过滤器，以进一步除去油雾及大于0.01μm的粒子。再经加热器将原料气加热至75℃，原料气远离露点，过热的气体进入膜分离单元进行分离。渗透气为提浓氢气，纯度大于等于83%（流量8051m^3/h），压力0.12MPa，氢气回收率达84.7%。脱硫后的柴油加氢尾气（1600m^3/h）与提浓氢气合并加压至1.2MPa后进入PSA单元进行处理。

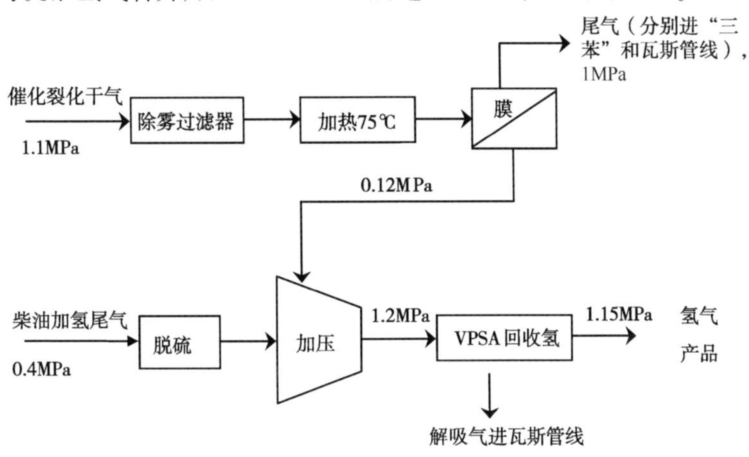

图2.2.3 膜分离—变压吸附集成工艺回收炼厂气中氢气的示意图

经膜分离—变压吸附集成工艺处理后，总计可回收氢气约8050m^3/h，回收氢气纯度大于95%，氢气回收率大于等于95%，压力1.15MPa。

（1）膜分离工艺的选择。

经过对国内外膜组件及工艺过程的考察和多年合作的经验，选用美国空气产品公司（Air Products）所属的PERMEA公司为膜法提氢部分的合作伙伴。该公司是世界气体膜分离领域的开拓者，PERMEA公司及其普里森气体膜分离技术早在1977年就推出了第一套商业化装置。目前，在世界范围内已有300多套普里森氢气膜分离系统在运行，其中有60余套在石油化工行业中应用。实践表明：普里森膜分离技术与深冷、变压吸附等技术相比，具有投资省、占地少、启动快、维修少、稳定可靠等特点。该技术已被许多石化行业所接受，甚至有人将膜技术的应用称之为“第三次工业革命”。

普里森分离器系中空纤维式膜分离器，内装数万根细小的中空纤维丝。详见图2.2.4。其特点是装填密度高、分离面积大、分离效率高、可承受较大的压力差。当混合气体沿壳程进入膜分离器后，在纤维内外两侧保持适当压力差的驱动下，“快气”（氢气）选择性地优先透过纤维膜壁，在管内低压侧富集作为渗透气（产品气）而导出膜分离系统，渗透速率较慢的气体（烃类）则被滞留在非渗透气侧，压力几乎跟原料气的相同，经减压冷却后送出界区。在该工艺条件下，可保证催化裂化干气中氢气回收率达83%，回收氢纯度达83%。

（2）吸附分离工艺的选择。

目前，国内从事吸附分离的工程公司较多，都有不错的业绩。结合该工艺的特点和今后炼厂气综合回收利用的长远考虑，选择四川达科特化工科技有限公司为合作伙伴。该公司主要从事气体分离与净化、化工新产品的研究、推广和应用。目前在氢气提纯、变压吸附脱碳、天然气净化等领域取得了较大突破。在国内以技术总承包完成的变压吸附装置有20多套，自行设计完成的变压吸附装置10多套。该公司开发的络合吸附剂已成功地用于变压吸附技术，已有工业产品，乙烯的回收率可高达90%以上，具有很好的应用前景。

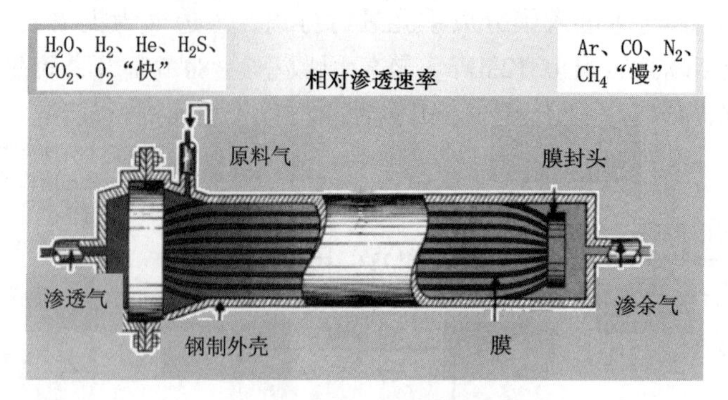

图2.2.4　中空纤维膜组件

3）技术指标

技术指标如下：

总产品氢气量：8050m^3/h；氢气回收率：≥95%；产品氢气纯度：>95%；产品氢气压力：≥1.15MPa（表压）；产品氢气温度：≤40℃；装置操作弹性：50%~120%。吸附塔等静止设备设计寿命20年、膜寿命10年、吸附剂寿命15年。

上述回收炼厂气中氢气的集成工艺，有利于发挥膜法分离和变压吸附工艺各自的优势，既能高收率、高纯度地回收氢气，以满足厂家生产的需要，而且工艺简单、能耗低、占地面积小、投资少，具有很高的推广应用价值，为炼厂气综合回收利用技术的发展奠定了基础。

2. 小结

针对大庆石化炼厂尾气状况及相关应用要求，膜分离—变压吸附集成工艺的优势和特点如下：

（1）PSA工艺原理是烃类吸附于吸附剂内，尾气经PSA单元处理后，氢气压力略有下降而烃类压力大幅度降低。催化裂化干气回收氢气后仍要进三苯装置，因此如果采用PSA工艺处理催化裂化干气，一方面原料氢气浓度不在最佳操作条件，另一方面烃类尾气进三苯装置前还需要增压，投资和运行费用将大大提高。

（2）膜分离处理催化干气，不仅原料氢气浓度在最佳操作范围内，而且也保证了烃类尾气不需增压可直接进三苯装置，集成耦合效果显著。

（3）集成工艺应用于炼厂尾气中氢气回收时要具体问题具体分析，既要考虑投资和消耗指标，也要考虑产品物料的应用要求，找到最佳的经济和技术结合点。

炼厂气的资源化和炼化一体化正在成为人们的共识，炼厂气的综合回收利用和相关的集成技术也正在成为人们研究开发的热点。初步调查表明，目前国内外在炼厂气综合回收利用方面尚无现成的集成技术。

三、加氢裂化低分气膜法氢回收应用

1. 概况

随着环保要求的提高，燃油标准也相应提高，炼油过程中需要通过加氢裂化使重质油品经过催化裂化反应生成汽油、煤油和柴油等轻质油品时伴随加氢反应，可以防止生成大量的焦炭，还可以将原料中的硫、氮、氧等杂质脱除，并使烯烃饱和。加氢裂化具有轻质油收率高、产品质量好的突出特点。中国加氢装置年加工能力已超过 5100×10^4t，约占原油总蒸馏能力的 20%，但仍远低于世界平均水平的 50.1%，具有巨大的发展空间。随着加氢反应对氢气需求量的大幅度增加，目前炼油行业普遍面临氢源紧张的问题。与此同时，炼油厂又有大量含氢废气排放，如加氢裂化低分气、催化裂化干气、PSA 解析气等，其氢气纯度在 20%~80%之间。如能将其中的氢气提浓至 90%~95%回收返回氢气管网，必将产生较好的经济环保效益。

2007 年，天邦公司与中国石化天津石化分公司签订"130×10^4t 蜡油加氢低分气膜法氢回收装置"合同，由天邦公司提供工艺包及成套装置，2010 年 1 月，该装置正式投用。

2. 设计指标及工艺流程

1）设计指标

设计指标详见表 2.2.11。

表 2.2.11　设计指标

原料气项	原料气参数	产品气指标
温度（℃）	50	—
压力［MPa（表压）］	1.85	≥0.5
气量（100%工况）（m^3/h）	19000	—
H_2组成［%（摩尔分数）］	74.2842	≥97
H_2回收率（%）		≥80

2）工艺流程

如图 2.2.5 所示，由于低分气中含有 NH_3、MDEA 等对膜组件有害的物质，为防止此类物质进入膜组件，在入膜分离器前先进行预处理，使之达到入膜要求。原料气首先进入水洗塔进行洗涤，除去有害物质氨，然后经过水冷器冷却至 40℃后通过汽液分离器和一级过滤器除去固液态物质，再经加热器升温至 45~50℃，以保证入膜气体"干燥"，最后进入膜分离器进行分离，分离后渗透气与乙烯氢渗透气混合去蜡油加氢，尾气去轻烃回收装置。

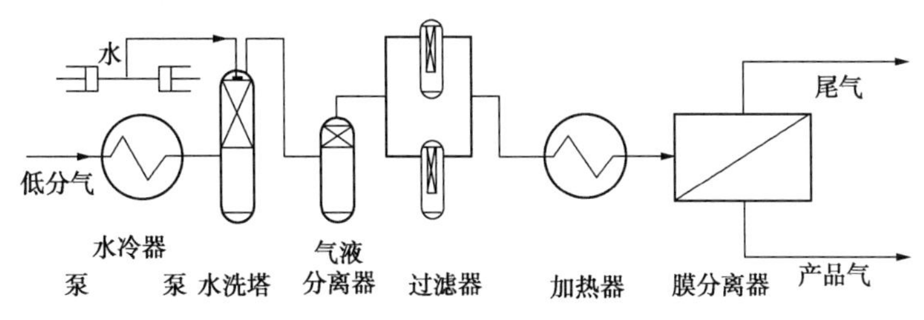

图 2.2.5　加氢低分气膜法氢气回收装置流程示意图

3. 主要设备及公用工程消耗

1）主要设备

加氢裂化低分气膜法氢回收装置主要设备包括：9 组膜分离器、1 台水洗塔、2 台三柱塞水泵、1 台水冷器、1 台气液分离器、2 台精密过滤器、1 台加热器，管路系统及全套压力、温度、流量、液位等自控仪表。装置撬装供货，所有装置内设备及管道阀门仪表均由天邦公司提供和施工安装，框架外管道、电缆铺设、装置土建基础由用户根据天邦公司提供的设计条件施工，工艺专业界区划分以进出撬装框架的管道配对法兰为界，自控专业以接线端子箱为界。

2）公用工程消耗

低压蒸汽：压力 1.0MPa，温度 250℃，用量 300kg/h。

循环冷却水：20t/h。

仪表空气：压力 0.4~0.6MPa，$8m^3/h$。

电：380V，50Hz，5kW。

脱盐水：2.5t/h。

3）装置占地尺寸

长×宽×高：12m×12m×13m。

4. 运行结果

加氢裂化膜分离氢回收装置于 2010 年 1 月正式投用，经过一段时间的运行考核，证实此套膜分离装置工艺设计合理，仪表控制稳定，设备运转安全可靠，膜分离性能优于设计指标。在原料气条件达到合同规定的工艺条件下，各项技术指标均达到合同要求。运行数据见表 2.2.12。

表 2.2.12　膜分离装置运行数据

参　数	原 料 气	产 品 气
温度（℃）	50	45
压力［MPa（表压）］	1.95	0.6
气量（100%工况）（m^3/h）	22800	14010
H_2组成［%（摩尔分数）］	74.20	97.17
H_2回收率（%）		80.5

5. 经济效益分析

年运行时间以 8000h 计，每小时回收氢气折合纯氢 $13610m^3$，以 1 元/m^3 内部核算价计，直接经济效益达到 1.088 亿元/a。

综上所述，采用膜分离技术回收加氢裂化低分气中的氢气，经济效益显著，并可有效缓解炼厂氢源紧张问题。

装置照片见图 2.2.6。

四、连续重整循环氢膜法提纯氢气在苏丹喀土穆炼油厂的应用

1. 概况

催化重整是以芳烃含量较高的石脑油为原料，在催化剂作用下对烃类分子结构进行重排，将正构烷烃和环烷烃进行芳构化、异构化和脱氢反应，转化为芳香烃和异构烷烃，得到高辛烷值汽油组分和苯、甲苯、二甲苯等芳烃类产品。重整过程同时副产氢气，是炼油厂重要的低成本氢气的来源，用于石油产品加氢工艺。

图 2. 2. 6　装置照片

出于对清洁燃料的需求，我国燃油标准不断提高，对车用汽油、柴油、煤油等的烯烃、芳烃、硫含量已经做出严格的规定，而且这些规格指标将继续提高。催化重整工艺技术可以使炼油企业生产出优质的清洁燃料，满足市场的需要。同时，由于重整主要反应之一是脱氢反应，还可提供的大量廉价氢气。1 套 60×10^4t/a 的连续重整装置所产出的氢气相当于 1 套产能约为 3×10^4m^3/h 的制氢装置，可供 1 套（200～300）$\times10^4$t/a 的柴油加氢装置用氢。重整氢气在各炼油企业中所占比例从 20%到 100%不等，平均占总氢气用量的 45%左右。因此，催化重整装置在炼油厂中具有重要的地位。

重整反应深度与催化剂性能有直接关系。重整催化剂为铂、铑等贵重金属，为保持其活性，需要定期进行氢气还原，对还原氢气纯度要求较高，重整循环气体中氢气的纯度为 65%～90%，达不到催化剂对还原氢气纯度的要求。近年来，采用膜分离技术从连续重整循环氢中提纯氢气，用于还原催化剂，因其廉价高效，从而得到广泛应用。

天邦公司自 2003 年以来先后为中国石化金陵石化公司、苏丹喀土穆炼油厂、中国石油抚顺石化公司等单位的连续重整装置提供了连续重整循环氢膜分离氢气提纯装置，均取得了非常好的运行效果。其中苏丹喀土穆炼油厂连续重整循环氢膜法氢气提纯装置是天邦公司第一套成套出口的气体膜分离装置。该装置于 2006 年 6 月正式投用，顺利通过外方验收。

2. 设计指标及工艺流程

1）设计指标

设计指标见表 2. 1. 13。

表 2. 2. 13　设计指标

参　数	原 料 气	产品气指标
温度（℃）	40	90
压力［MPa（表压）］	2. 0	≥0. 7
气量（100%工况）（m^3/h）	2762	2156

续表

参　数	原 料 气	产品气指标
H_2组成［%（摩尔分数）］	91	≥99
H_2回收率（%）		≥85

2）工艺流程

工艺流程见图 2.2.7。

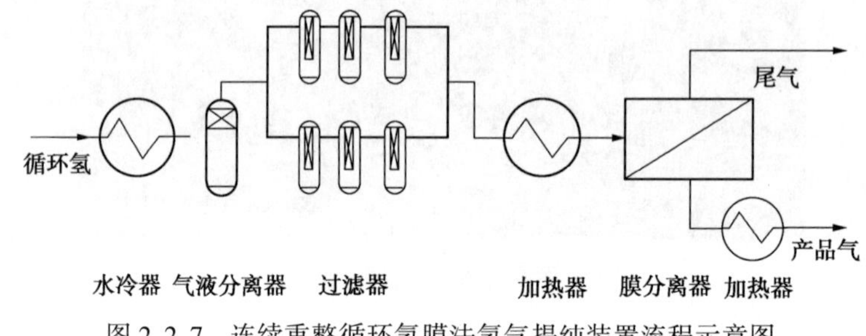

图 2.2.7　连续重整循环氢膜法氢气提纯装置流程示意图

含氢的原料气自界外来，在预处理阶段先经水冷器将原料气温度降低到 35℃，再进入气液分离器，初步除去较大的水滴及油滴，再由三级高效过滤器有效地除去气体中夹带的细小固体颗粒和油雾、水雾以及气溶胶，滤除精度可达 0.01μm，残余含油量小于 0.01mg/m³，再经由加热器加热到 45℃，进入膜分离器组分离，分离后渗透气经加热器加热到 90℃ 去还原催化剂，尾气去瓦斯管网。

3. 主要设备及公用工程消耗

1）主要设备

连续重整循环氢膜法氢气提纯装置主要设备包括：3 组低压膜分离器、1 台水冷器、1 台气液分离器、6 台精密过滤器、2 台加热器，管路系统及全套压力、温度、流量、液位等自控仪表。装置撬装供货，所有装置内设备及管道阀门仪表均由天邦公司提供和施工安装，框架外管道、电缆铺设、装置土建基础由用户根据天邦公司提供的设计条件施工，工艺专业界区划分以进出撬装框架的管道配对法兰为界，自控专业以接线端子箱为界。

2）公用工程消耗

低压蒸汽：压力 1.0MPa，温度 250℃，用量 100kg/h。

循环冷却水：2t/h。

仪表空气：压力 0.4~0.6MPa，5m³/h。

电：220V，50Hz，5kW。

氮气：0.8MPa，100m³/次。

3）装置占地尺寸

长×宽×高：8m×3m×5m。

4. 运行结果

连续重整循环氢膜法氢气提纯装置于 2006 年 6 月正式投用，经过一段时间的运行考核，证实此套膜分离装置工艺设计合理，仪表控制稳定，设备运转安全可靠，膜分离性能优于设计指标。在原料气条件达到合同规定的工艺条件下，各项技术指标均达到并超过合同要求。

运行数据见表 2.2.14。

表 2.2.14 膜分离装置运行数据

参数	原料气	产品气
温度（℃）	40	90
压力［MPa（表压）］	2.0	0.7
气量（100%工况）（m^3/h）	2276	2160
H_2组成［%（摩尔分数）］	90.3	99.3
H_2回收率（%）		88.9

装置照片见图 2.2.8。

图 2.2.8 装置照片

五、膜分离回收装置在 150×10^4t/a 中压加氢装置上的应用

1. 概况

150×10^4t/a 中压加氢裂化装置于 2002 年 9 月 15 日建成开车。普里森膜分离系统是其配套装置，其作用是将中压加氢尾氢排放中的氢气提纯后继续回收使用，从而实现减少氢气排放损耗，提高中压加氢裂化的循环氢纯度。该装置的氢气设计回收率为 94%。

2. 流程简述

加氢裂化尾气在程控阀控制下，以 11MPa、55℃进入膜分离装置，先经过列管式预冷器冷却至 40℃以下，然后进入除雾器，其中装有高效除雾元件，可除去小于 1μm 的粒子，可冷凝的液体及雾滴被捕集形成液体后，通过除雾器底部的阀门排出，并由液位变送器实现液位的指示和报警联锁。

除雾器出来的原料气经过一套管式加热器加热至 83℃，使原料气远离露点，不至于因为氢气渗透后滞留气体烃类含量升高，冷凝形成液膜而影响分离性能。用蒸汽流量调节阀来实现原料气温度控制，指示报警和联锁。

原料气经过加热器加热至 83℃后，经过管道过滤器，再进入普里森膜分离器进行分离。

分离后的渗透气压力为2.6MPa，该气体经冷却至40℃后，去新氢压缩机入口分液罐，分离后的非渗透气压力由阀门控制，并减压至1.0MPa，然后经冷却至40℃，进入燃料气管网。并实现分离器的差压显示报警和联锁。

进入和离开氢气回收系统的气体流量由原料气流量计及出口气体流量计显示。普里森膜分离器可以用渗透气侧的截止阀将其隔离或投入运行。本装置设计有3个联销导流阀门，在开车期间或联锁情况下，将除雾、加热后的加氢尾气放空或放至燃料气管网，并将膜分离器隔离，从而保护膜分离器。

3. 实施改造情况

（1）在膜分离开车投用之前，对该系统进行全面检查，发现一些管道中的配件压力等级不对，尤其是一些低点排放阀和采样点等存在安全隐患，为此，对单元中不符合安全的地方作整改，此后，在生产过程中又发现除雾器的液位控制阀原设计是高位时自动全开，低液位时自动关闭，形式上是二位式阀。为了延长分离膜的寿命，确保分离膜不带液，提高膜分离效果。在实践中，发现阀开启频率为1.5d排放一次，为了保证除雾器始终保持低液位，并且在操作中是用手轮盘控制排液，一旦阀门损坏或内漏，及易造成安全事故。针对这一缺陷，提出了改变设计控制方案，在保证联锁作用的前提下，取消二位式电磁阀排液作用，改为手操器操作，从而确保了装置安稳生产。

（2）原料气加热器凝结水外送流程不合理，原料气进膜分离器前必须加热到83℃，而由于凝结水外送不畅通，致使加热温度在75~85℃之间频繁波动，影响膜分离系统氢气的回收率。后从凝水并入管网阀门前导淋处接一管线，把凝水引出排入地漏，这一改动立即取得了明显的效果，使原料气加热温度由70℃提升到83℃，从而使整个膜分离系统的温度得到最佳控制，氢气回收达到了最佳状态。

4. 实际应用情况

中压加氢开车后，由于原料油减压蜡油（VGO）供应不足，装置长时间处在低负荷下运转，再加上K-6101A/B压缩机在3月份进行全面检查修理，使膜分离在实际投用中形成间歇运转，表2.2.15是膜分离系统的分析数据。

表2.2.15 膜分离系统分析数据

项目	平均值					
	1月	2月	3月	4月	5月	12月
原料气 H_2［%（体积分数）］	93.40	93.74	88.02	88.52	91.46	92.73
产品 H_2［%（体积分数）］	96.06	96.36	97.6	97.6	97.71	97.28
尾气 H_2［%（体积分数）］	9.91	11.99	21.40	20.31	45.35	33.21
回收率（%）	99.48	99.6	98.5	98.6	95.0	93.5
VGO加工量（t）	82390	72766	83350	83711	99939	989272

从表2.2.15中可以看到，3—5月尾气中氢气含量有所上升，回收率有下降趋势，其主要原因是：

（1）3—5月，相对来说由于VGO的处理量增加，而纯氢消耗没有增加，当处理量增加后，补充氢气不足部分主要来源于乙烯管网氢气，因此膜分离原料气中的氢气含量减少以后，导致尾气中的氢气含量上升，回收率的下降。

（2）考虑到膜的使用寿命，当原料气中氢气的含量下降时（即循环氢纯度下降时），对膜分离的分离要求不能过高，否则会缩短膜的使用寿命。

5. 经济效益

1）直接经济效益

2003 年实际生产天数为 334.41d（不包括停工检修），膜分离装置运转率 80%，平均每小时处理量为 $4800m^3$。按氢气回收率 94%来计算，回收氢气量为：

$4800m^3/h \times 334.41d \times 80\% \times 24h \times 94\% = 28970072m^3/a$，氢气密度为 $0.0906kg/m^3$，其价格为 4400 元/t，而作为干气利用，其价格 1100 元/t。

则直接经济效益为：

28970072×0.0906/1000×（4400-1100）= 866 万元/a

2）间接效益

膜分离在中压加氢装置上运用，不仅要关注直接经济效益，更要核算其的间接经济效益。当装置的处理量增加时，由于纯氢供应不足，大量使用乙烯管网氢气时会造成反应系统的循环氢纯度快速下降，导致氢气压力不足，影响整个催化剂使用寿命，增大循环氢压缩机的负荷增加压缩机运行能耗。从多次操作情况来看，每当循环氢纯度下降时，立即增大 $5000m^3/h$ 的膜分离时，装置能迅速提高循环氢纯度的作用，效果显著。

6. 小结

膜分离在中压加氢装置对提高循环氢纯度起到了非常大的作用，在补充氢气中乙烯管网氢气占 30%的情况下，通过膜分离装置的投用，系统循环氢纯度基本能控制在 90%以上，提高了系统的氢分压，这对延长催化剂使用寿命和提高产品质量具有重要意义。目前装置负荷为 60%，没有满负荷运转，但膜分离装置已基本接近满负荷，设想再增加 1 套膜分离装置，以满足装置高负荷运转状态下氢气提纯要求。

六、中空纤维膜氢气回收系统在制氢中的应用

1. 概况

国内制氢装置原设计大部分采用轻油水蒸气转化法制取氢气，成本高，能耗大，并且消耗了非常宝贵的轻油资源。随着催化剂技术的进步，现在的制氢装置基本上是以炼油厂丰富的干气作为制氢原料，辅以少量的轻油，这样就大大降低了氢气成本和能源消耗。

其中，可以作为制氢原料的炼油厂干气是加氢装置所产的干气，即加氢干气。加氢干气典型组成见表 2.2.16。

表 2.2.16 加氢干气组成

成分	含量	成分	含量
氢气［%（体积分数）］	63.7	丙烷［%（体积分数）］	3.6
甲烷［%（体积分数）］	27.3	正丁烷［%（体积分数）］	4.3
乙烷［%（体积分数）］	1.1	硫化氢［%（体积分数）］	$<30\times10^{-6}$

由表 2.2.16 可知，加氢干气主要含有碳五以下烷烃，不含有烯烃，硫化物只有硫化氢，因此，加氢干气是制氢非常好的清洁原料。但是，由于加氢干气中含有 60%以上的氢气，直接作为制氢原料，降低了制氢装置的实际产氢能力，也就是说有 60%左右的氢气在系统中循环。通过回收加氢干气中的部分氢气，降低加氢干气中的氢气含量，不仅能直接回收氢气，而且可以提高制氢装置的产氢能力。

中空纤维膜氢气回收系统是一项先进的气体分离技术，利用中空纤维膜分离方法从含氢废气中提浓回收氢气。

2. 中空纤维膜氢气回收系统简介

中空纤维膜氢气回收系统的原理是，通常一切气体均可以渗透通过高分子膜，气体分子首先被吸附并溶解于膜的高压侧表面，然后借助于浓度梯度在膜中扩散，最后从膜的低压侧解吸出来；其结果是小分子和极性较强的分子的通过速度较快，而大分子和极性较弱的分子的通过速度较慢；膜分离就是利用不同气体在高分子膜上渗透速率的不同，从而实现气体分离，其分离推动力为气体在膜两侧的分压差。

膜分离器（组件）由成千上万根中空纤维分离膜集装在一个外壳内，其结构类似于列管式换热器，它可以在很小的空间里提供极大的分离膜表面积，是主体中的核心设备。中空纤维膜氢气回收系统包括 3 个主要组成部分：气体压缩部分、气体预处理部分、膜分离部分。

中国石化金陵分公司制氢车间的中空纤维膜氢气回收系统设计的基础数据见表 2.2.17 至表 2.2.20。

表 2.2.17　工艺设计基础数据

项目	基础数据	项目	基础数据
介质	脱硫加氢干气	渗透气氢气压力［MPa（表压）］	1.2
干气压缩机出口温度（℃）	≤90	装置操作弹性（%）	50~110
干气压缩机出口压力［MPa（表压）］	3.75	年开工时间（h）	8000
公称处理能力（m^3/h）	8800（最大 10000）		

表 2.2.18　中空纤维膜氢气回收系统原料干气设计组成

组成	工况一	工况二	组成	工况一	工况二
H_2［%（摩尔分数）］	67.3	63.5	C_3［%（摩尔分数）］	5.1	4.9
C_1［%（摩尔分数）］	18.4	21.4	C_{4+}［%（摩尔分数）］	5.0	4.4
C_2［%（摩尔分数）］	4.2	5.8	H_2S［%（摩尔分数）］	$<10\times10^{-6}$	$<10\times10^{-6}$

表 2.2.19　10000m^3/h 工况一的物料平衡表

项目	膜入口	渗透气	尾气
流量（m^3/h）	10000	6165	3832
压力［MPa（表压）］	3.75	1.2	3.6

续表

项目		膜入口	渗透气	尾气
温度（℃）		70	70	70
组成［%（摩尔分数）］	H_2	67.3	93.36	25.4
	C_1	18.4	3.11	42.98
	C_2	4.2	0.71	9.81
	C_3	5.1	1.01	11.67
	C_{4+}	5.0	0.18	10.13
H_2回收率（%）		85.53		

表 2.2.20　10000m³/h 工况二的物料平衡表

项目		膜入口	渗透气	尾气
流量（m^3/h）		10000	5821	4179
压力［MPa（表压）］		3.75	1.2	3.6
温度（℃）		70	70	70
组成［%（摩尔分数）］	H_2	63.5	92.14	23.6
	C_1	21.4	3.98	45.67
	C_2	5.8	1.08	12.38
	C_3	4.9	1.07	10.24
	C_{4+}	4.4	1.73	8.11
H_2回收率（%）		84.47		

3. 中空纤维膜氢气回收系统实际生产应用

1）工艺流程

从加氢裂化装置来的加氢干气压力为 1.1MPa，经干气压缩机升压至 3.75MPa。原料气由 H_2、C_1、C_2、C_3、C_{4+}组成，通过中空纤维膜氢气回收系统将其中的氢气分离出来。

原料气首先经薄膜调节阀，然后进入除雾器，除去粒径大于 10μm 固液颗粒，分离出的液体由除雾器底部排出。经初步气液分离的气体由除雾器顶部排出后进入三级高效过滤器，使气体中残存的液态油分进一步得到分离，最终油分含量应低于 0.01mg/m³。

为避免在高效过滤器以后的管路及膜分离器中遇冷降温冷凝出油分，黏附在膜表面造成膜分离器性能下降，高效过滤器排出来的气体必须经过加热处理，原料气在换热器中被加热到 65~75℃。

经过除雾器、三级高效过滤器、加热后的原料气送入膜分离器中进行分离，分离器组由 7 根 ϕ200mm×3000mm 中空纤维膜分离器组成，每根分离器均可用阀门切断或接通，根据不同的处理量改变回收氢气的纯度和回收率。

原料气进入膜分离器后，靠中空纤维膜内、外两侧分压差为推动力，经过渗透、溶解、扩散、解析等步骤而实现分离。使中空纤维膜内侧形成富氢区气流，而外侧形成了隋性气流。前者称为渗透气，后者称为非渗透气。

原料气经过 7 根膜组件分离后，其中 82%以上氢气被分离出来，非渗透气中氢气含量较少，通过第7根分离器的尾部薄膜调节阀排出。

渗透气并入1.2MPa氢气管网，非渗透气进入制氢装置作为制氢原料。

工艺流程图详见图2.2.9。

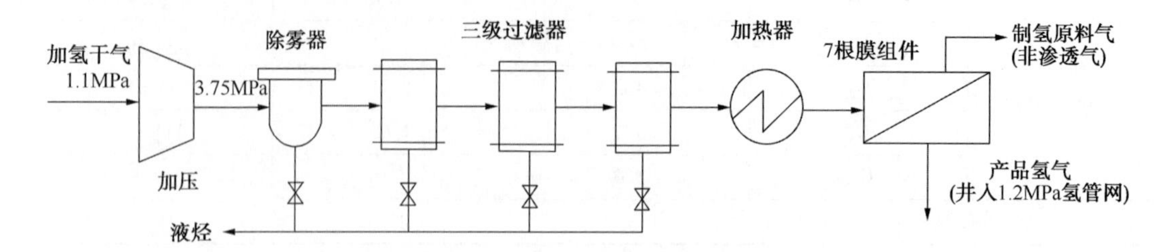

图2.2.9　中空纤维膜氢气回收系统工艺流程图

2）主要工艺操作指标

中空纤维膜氢气回收系统主要工艺操作指标见表2.2.21。

表2.2.21　中空纤维膜氢气回收系统操作指标

项目	指标	项目	指标
除雾器液位（mm）	75~250	渗透气压力指示（MPa）	1.2±0.05
套管加热器温度控制（℃）	65~75	除雾器入口温度指示（℃）	<48
高效过滤器压差（MPa）	<0.18		

4. 中空纤维膜氢气回收系统的标定

1）数据采集

中空纤维膜氢气回收系统开车正常以后，应及时安排装置的标定工作。该工作安排在2004年10月13日8：00至2004年10月15日8：00进行，共2d，总计48h。

标定期间原料气的组成见表2.2.22。

表2.2.22　标定期间原料气组成

组成	10月13日8：00	10月13日12：00	10月14日8：00	10月14日12：00	均值
H_2［%（摩尔分数）］	62.6	62.6	62.3	53.8	60.64
C_1［%（摩尔分数）］	24.6	24.9	25.3	30	25.74
C_2［%（摩尔分数）］	3.5	3	3.4	4.4	3.58
C_3［%（摩尔分数）］	5.2	4.8	5	6.6	5.45
C_4［%（摩尔分数）］	2.9	3.1	2.9	3.8	3.19
i-C_4［%（摩尔分数）］	1	1.4	1	1.1	1.13
C_5［%（摩尔分数）］	0.2	0.2	0.1	0.3	0.27

表2.2.22中均值为13日8：00至15日8：00共分析8次原料各组成的算术平均值，其中H_2纯度最大值为62.6%，所有分析H_2纯度均小于设计值。

标定期间渗透气的组成见表2.2.23。

表 2.2.23 标定期间渗透气的组成

组成	13 日 10：00	13 日 12：00	14 日 8：00	14 日 12：00	均值
H_2［%（摩尔分数）］	87	85.3	86.8	85.3	83.81
C_1［%（摩尔分数）］	9.3	10	9.7	10	12
C_2［%（摩尔分数）］	1.1	1.1	1.1	1.1	1.19
C_3［%（摩尔分数）］	1.3	1.6	1.3	1.6	1.53
C_4［%（摩尔分数）］	0.8	1.1	0.7	1.1	0.85
i-C_4［%（摩尔分数）］	0.4	0.7	0.4	0.7	0.44
C_5［%（摩尔分数）］	0.1	0.2	0.1	0.2	0.17

表 2.2.23 中均值为 13 日 8：00 至 15 日 8：00 共分析 15 次渗透气各组成的算术平均值，其中 H_2纯度最大值为 87%，所有分析 H_2纯度均小于设计值。

标定期间非渗透气的组成见表 2.2.24。

表 2.2.24 标定期间非渗透气的组成

组成	13 日 10：00	13 日 12：00	14 日 8：00	14 日 12：00	均值
H_2［%（摩尔分数）］	24.6	24.3	27.8	24.3	23.62
C_1［%（摩尔分数）］	46	47.6	44.1	47.6	47.49
C_2［%（摩尔分数）］	7.7	7.2	7.7	7.7	7.54
C_3［%（摩尔分数）］	11.6	10.7	11.4	10.7	11.59
C_4［%（摩尔分数）］	6.9	6.3	6.5	6.3	6.78
i-C_4［%（摩尔分数）］	2.6	2.8	2.1	2.8	2.37
C_5［%（摩尔分数）］	0.6	0.6	0.5	0.6	0.61

表 2.2.24 中均值为 13 日 8：00 至 15 日 8：00 共分析 10 次非渗透气各组成的算术平均值。

标定期间主要工艺参数见表 2.2.25。

表 2.2.25 标定期间主要工艺参数

项目	13 日 10：00	13 日 12：00	14 日 8：00	14 日 12：00	均值
原料气流量（m^3/h）	8483	8442	7133	6957	8255
渗透气流量（m^3/h）	4662	5102	4838	5156	5244
非渗透气流量（m^3/h）	3792	3989	3750	3408	3665
入口压力（MPa）	3.13	3.43	3.17	3.59	3.32
渗透气压力（MPa）	1.12	1.12	1.12	1.12	1.09
加热器出口（℃）	70	70	70	70	70

表 2.2.25 中均值为 13 日 8：00 至 15 日 8：00 共采集 28 次各工艺参数的算术平均值。原料气最大值为 8700 m^3/h，渗透气最大值为 5970m^3/h，入口压力最大值为 3.69MPa。

2）标定结论

本次标定期间平均原料气流量为 8255m^3/h，为设计负荷的 82.55%，最大原料气量为 8700m^3/h，为设计负荷的 87%，没有达到设计要求的最小流量。

本次标定渗透气中 H_2纯度均未达到设计值，原因有如下：

（1）原料气中 H_2纯度低。原料气中的 H_2纯度对渗透气 H_2纯度影响很大，而标定期间分析 8 次原料气中 H_2纯度均未达到设计值。

（2）入膜压力低。因原料气入装置压力未达到设计值 1.2MPa，实际最大只有 1.1 MPa，受压缩机设计压缩比限制，入膜压力达不到设计值 3.75 MPa，标定期间入膜压力平均值为 3.32 MPa，最大为 3.69 MPa。

（3）负荷不高，但投用全部膜，影响渗透气中 H_2纯度。

3）氢气回收率

（1）按回收率 R=（一段渗透气 H_2浓度×一段渗透气量）/（原料气 H_2浓度×原料气量）计算：

一段渗透气 H_2浓度算术平均值为 83.81%（摩尔分数），

一段渗透气量算术平均值为 5244 m^3/h，

原料气 H_2浓度算术平均值为 60.64%（摩尔分数），

原料气量算术平均值为 8255 m^3/h，

R=（83.81×5244）/（60.64×8255）=87.80%

（2）按回收率 R=［一段渗透气 H_2浓度×（原料气 H_2浓度-二段尾气 H_2浓度）］/［（原料气 H_2浓度×（一段渗透气 H_2浓度-二段尾气 H_2浓度）］计算：

一段渗透气 H_2浓度算术平均值为 83.81%（摩尔分数），

二段尾气 H_2浓度算术平均值为 23.62%（摩尔分数），

原料气 H_2浓度算术平均值为 60.64%（摩尔分数），

R=［83.81%×（60.64-23.62）］/［60.64×（83.81-23.62）］=85.00%

两种计算方法计算所的氢气回收率均大于设计值。

此次标定负荷不高，但已投用全部的 4 段 7 根膜分离器，因此造成渗透气中氢气纯度未达到设计值，氢气回收率达到设计值。为提高渗透气中氢气纯度，可减少投用膜数量，降低氢气回收率。

5. 中空纤维膜氢气回收系统对制氢装置的影响

中空纤维膜氢气回收系统投用以后，制氢装置利用中空纤维膜氢气回收系统的非渗透气作为制氢原料。由于非渗透气中氢气的浓度大大降低，使制氢原料气中碳流量增加，与利用加氢干气直接做制氢原料相比，提高了单位体积原料气的产氢量。加氢干气与非渗透气做制氢原料的相关数据对比见表 2.2.26。

表 2.2.26 产氢能力比较

制氢原料		加氢干气	非渗透气
组成	H_2［%（摩尔分数）］	60.6	23.6
	C_1［%（摩尔分数）］	25.7	47.5
	C_2［%（摩尔分数）］	3.6	7.5
	C_3［%（摩尔分数）］	5.5	11.6
	C_4［%（摩尔分数）］	3.2	6.8
	i-C_4［%（摩尔分数）］	1.2	2.4
	C_5［%（摩尔分数）］	0.3	0.6
相对分子质量		11.5	21.18
碳流量（$kmol/1000m^3$）		30.35	61.17
产氢量（$m^3/1000m^3$）		2700	4511

从表 2.2.26 可知：非渗透气与加氢干气相比，单位体积的原料气产氢量增加了 60%以上，装置的供氢能力得到了提高。

6. 存在的问题

由于原料中氢气浓度没有达到设计参数，膜入口压力不够，原料气流量比较低，从而影响了渗透气的氢气纯度，标定期间渗透气的氢气纯度没有达到设计指标。解决的办法是根据原料气的流量大小，适当减少投用膜数量，以损失部分氢气回收率为代价，提高渗透气中氢气纯度，使两者达到最佳点。

另外，适当提高膜分离入口压力，提高原料气中氢气分压，有利于渗透气中氢气纯度的提高。

膜分离压缩机级间分液罐及膜分离高效过滤器分离出的碳四、碳五烃类较多，都以凝缩油形式连续排出，从而降低了装置的氢气收率。这部分凝缩油完全可以作为制氢原料回收利用。

7. 小结

（1）中空纤维膜氢气回收系统在制氢装置得到了成功应用，通过膜分离回收加氢干气中的氢气，增加了装置的供氢能力。

（2）中空纤维膜氢气回收系统运行成本低，经济效益好。

（3）非渗透气作为制氢原料，增大了装置的有效产氢量。

（4）由于中空纤维膜氢气回收系统中氢气纯度和氢气收率相互制约，提高氢气纯度，必然降低氢气收率；提高氢气收率，必然降低氢气纯度。如何兼顾氢气纯度和氢气收率，使它们都能达到设计要求，需要在今后的操作中继续摸索。

七、重整膜分离氢气提纯系统应用

1. 概况

中国石化洛阳分公司 700kt/a 连续重整装置采用了法国 IFP 公司的第一代连续重整技术，原设计使用装置自产的氢气进行再生后氧化态催化剂的还原。由于受增压提纯工艺的限制，以及催化剂活性波动和氢气平衡的影响，自产氢气纯度低（约89%）且波动较大，不能满足催化剂还原对高纯度氢气（98%以上）的需求。低纯度的氢气，导致催化剂还原程度差，一定程度上影响到了催化剂活性的正常发挥。2003年下半年，为了解决这一问题，洛阳分公司决定采用膜分离设施提高还原氢纯度。

还原氢提纯系统采用美国柏美亚公司普里森膜分离器设计和集成的系统。2004年2月15日，系统一次开车成功，并于2月16日和17日进行了设计负荷和大处理量下的标定，取得了第一手资料。

2. 系统标定过程

本次标定是在厂家的指导下进行的，为了能反映真实情况，入膜压力即为自产氢气实际压力，标定1和标定2进行时，停止催化剂提升系统，避免还原氢气温度过低对催化剂还原效果产生影响。标定操作参数对比见表2.2.27。

表2.2.27 不同条件下膜分离系统运行操作参数一览表

操作参数	设计值	正常操作	标定1	标定2
入膜压力（MPa）	3.6	3.35	3.877	3.815
入膜温度（℃）		66	71.1	68.6
原料气流量（m^3/h）	2057	1860	2340	2999
渗透气流量（m^3/h）	1701	1606	1996.2	2256
尾气流量（m^3/h）	357	254	343.8	743
精密过滤器差压（MPa）		0.006	0.005	0.009
渗透气压力（MPa）	1.5	0.96	1.015	1.065
渗透气温度（℃）		71	66.7	65.9
尾气压力（MPa）	3.6	3.3	3.848	3.7
尾气温度（℃）		70	72	70.9

从标定结果来看取得了满意的效果，表2.2.27是在标定、正常操作和设计条件下，实际操作参数的对比一览表。从表2.2.27中可以看到，标定1的情况与设计比较接近，处理量提高了10%，渗透气氢纯度达到了大于等于98%的设计要求。由于原料气中氢气纯度达到了90%，目前经过降压操作，膜分离氢气纯度平均达到了99.5%。

标定2是考查该系统在大处理量（设计值的150%）下的处理能力，实际操作中，1h后达到了3000m^3/h的处理能力，渗透气产量达到了2250m^3/h，孔板流量计接近满量程。标定2说明，该膜具有较大的操作弹性。厂家人员经过核算后认为，该系统可以处理4000～4500m^3/h的原料气，渗透气可以达到2800m^3/h，受流量孔板和时间限制，没有再进行进一步的试验。2005年5月，催化剂再生系统即将进行扩能改造，还原氢设计流量为2800m^3/h，初步标定说明该系统可以满足要求。

采样分析对比表见表2.2.28。

表 2.2.28 采样分析对比表

项目 / 组成[%(体积分数)]	原料氢气（m^3/h）			渗透气（m^3/h）			尾气（m^3/h）		
	设计	标定1	正常操作	设计	标定1	正常操作	设计	标定1	正常操作
氢气	89.43	89.26	88.03	98.75	98.39	98.84	61.86	22.48	38.69
甲烷	4.06	4.25	4.94	0.44	0.95	0.74	14.9	27.72	23.06
乙烷	3.74	3.91	4.32	0.41	0.52	0.33	13.73	29.1	22.06
丙烷	1.87	1.9	1.99	0.24	0.14	0.09	6.75	14.65	11.06
异丁烷	0.47	0.41	0.43	0.09			1.6	2.17	3.4
丁烷	0.33	0.27	0.29	0.05			1.12	2.21	2.4
戊烷	0.02						0.01	0.76	0.71
异戊烷	0.08						0.03	0.06	
合计	100			100	100	100	100	100	100

膜分离系统投入使用后，还原氢的纯度提高至98%以上，基本上不含C_{3+}组分，流量得到了稳定，使催化剂还原过程的裂解反应受到了抑制，减少了铂晶粒积炭和积聚的可能性，提高了催化剂的还原质量。与投用前比较催化剂活性有明显的提高，第一反应器温降得到增大。催化剂活性改善的同时，其选择性也得到进一步提高，芳构化反应增加，轻烃的产量减少，装置产氢的纯度逐渐由88%左右提高至91%。

因此，提高氢气纯度是提高催化剂活性的重要措施，98%以上的高纯度氢气对提高催化剂的活性和选择性起到了明显的作用，它弱化了批量再生工艺存在的不足，解决了影响催化剂活性的一个重要因素。高活性的催化剂是高质量的催化剂再生过程和充分的氢气还原过程二者共同作用的结果。

3. 膜分离提纯氢系统的特点

至2005年5月，膜分离系统已运行一年多，期间因再生工艺原因停车多次，但都很快恢复开车，膜分离系统具有以下特点：

（1）工艺流程简单、设备少，经济性好，操作方便、开停车灵活。

（2）分离系数较大，动力及传动设备少，耗电低，占地面积小，维修方便。

（3）无“三废”，无二次污染，不会对环境造成危害。

（4）系统放大简单，可以大规模集成，且操作压力（≤6.0MPa）范围宽、操作弹性大、流量稳定、使用寿命长。

在运行中也发现了一些问题，例如系统的10多块仪表接口厂家采用了螺纹连接，由于系统压力较高，出现了多个漏点，2004年5月利用停工时间将原压力表螺纹连接改为焊接连接，确保了系统的安全运行。

此外，在操作中应注意进行膜的保护，系统升压时要缓慢进行；前处理单元升温稳定后，才能入膜，以避免液相介质进入膜内影响膜的使用寿命；开停工过程中应按照操作规程进行，要避免反压、超温等情况的发生，避免膜表面的损坏。

4. 小结

（1）从投用情况来看，该膜分离氢气提纯系统达到了设计要求，目前氢气纯度可以稳定在99%以上。它对提高催化剂还原质量，弱化目前催化剂批量再生工艺的不足，具有明显改善效果。

（2）该系统在使用过程中，体现出了操作弹性大、操作灵活的优点，而且占地面积小、维护简单、开停工容易。

八、气体膜在炼厂加氢尾气中回收氢气的工业应用

1. 概况

大型加氢处理装置在需要大量的氢气作为原料的同时，也产生了大量氢含量较高（60%～80%）的炼厂气。将这些气体直接作燃料，不仅浪费，且热值也偏低，如能通过一定的方法，将其中的氢气回收，则有一举多得之功。为此，2002 年 7 月，镇海炼油化工股份有限公司与国内有关的膜系统集成的工程公司合作开发，确定了加氢尾气的回收方案，其中膜设施部分的设计造型由天邦公司下属的工程公司负责，相应的配套设计由镇海炼化公司下属的工程公司完成设计，该氢气回收设施设计原料气氢气含量为 60%以上，公称处理量为 11000m^3/h，操作弹性为 30%～130%，设计年开工时间为 8400h，可产氢气 6798m^3/h（氢气纯度大于 91%），装置于 2003 年 7 月建成投产。

2. 可作膜分离装置原料的炼厂气

作为膜分离装置原料气的组成主要有加氢裂化干气、加氢低分气、PSA 解吸气等。不同原料其氢气含量不同，具体见表 2. 2. 29。

表 2. 2. 29 作膜回收原料气的炼厂气组成

原料 组成[%(体积分数)]	加氢裂化干气	加氢低分气	PSA 解吸气
H_2	68. 02	74. 43	80. 34
空气	6. 00	7. 97	4. 37
甲烷	17. 46	12. 32	6. 02
乙烷	1. 95	2. 65	5. 30
乙烯	0	0	0
丙烷	3. 65	1. 53	1. 52
丙烯	0	0	0
丁烷	2. 91	1. 07	1. 33
丁烯	0	0	0
C_5	0. 01	0. 03	1. 11
CO	0	0	0
CO_2	0	0	0
总计	100	100	100

3. 膜分离装置流程概述

膜分离装置分为动力单元、前处理单元和膜分离三个操作单元，其中动力单元主要设备为压缩机，前处理单元主要设备为旋风分离器和过滤器等，气体经过一段膜分离器组（膜 01——共有 10 组，可视负荷情况，分组投用）的分离后，渗透气去 I、II 加氢精制装置，做加氢精制装置氢源。一段尾气进二段膜分离器组（膜 02）分离，渗透气返回干气压缩机入

口，重新增压，再进入膜分离系统，回收其中的氢气。二段尾气去下游装置。

在完成开工吹扫、气密后，2003 年 7 月 19 日，膜分离首次开工，上午 9：00 正式开工，11：00，一段渗透气合格，首次开工用时 2h。

4. 膜分离装置的标定

2003 年 9 月 22 日 6：00 至 9 月 26 日 6：00，对装置进行了标定，共 4d，总计 96h。

设计原料：加氢裂化干气和 PSA 解析气的混合气（表 2. 2. 30）。

表 2. 2. 30　设计原料气全组成一览表

组分	H_2	C_1	C_2	C_3	C_4	C_5	H_2S
含量[%(摩尔分数)]	67. 25	12. 49	6. 65	6. 76	5. 48	0. 65	$<200\times10^{-6}$

标定原料：加氢裂化干气和 PSA 解析气的混合气（表 2. 2. 31）。

表 2. 2. 31　标定期间原料气全组成一览表

组分	H_2	空气	C_1	C_2	C_3	C_4	C_5	NH_3	H_2S
含量平均值[%(摩尔分数)]	71. 14	1. 44	15. 19	4. 34	3. 68	4. 00	0. 34	33.04×10^{-6}	$<100\times10^{-6}$

注：表中平均值为 9 月 22 日 6：00 至 9 月 26 日 6：00 原料气分析数据的算术平均值（由 PIPC 计算得出）。

标定期间主要操作条件见表 2. 2. 32。

表 2. 2. 32　标定期间主要参数一览表

操作参数	入膜压力	三级过滤器差压	一段膜差压	二段膜差压
平均值	2. 75MPa	0. 01MPa	1. 46MPa	1. 46MPa

注：表中平均值为 9 月 22 日 6：00 至 9 月 26 日 6：00 膜分离主要参数的算术平均值（由 PIPC 计算得出）。

标定结果如下：

（1）设计公称处理能力：11000m^3/h（不包括 10%的循环量），本次标定处理的气体流量为 9784. 11m^3/h。

（2）设计要求渗透气中氢气浓度为 90%，本次标定时为 91. 79%。

（3）设计要求氢气回收率 85%，本次标定时为 87. 07%。

（4）自控仪表投用情况：仪表自控率为 100%。

（5）联锁投用情况：联锁全部投用，未发生异常。

5. 技术分析（以标定过程为主）

1）膜分离处理量

原设计进料量为 11000m^3/h，标定时进料量平均只能达 10191. 8m^3/h，相当于 92. 65%的设计负荷。通过标定，发现在原料的 H_2浓度达到设计值时，一段渗透气 H_2纯度均在 90%以上，平均值为 91. 79%，达到标定前制定的要求。并且装置在 92. 65%的负荷时，仅投用了 4 组膜 01，而目前建有 10 组膜 01，说明膜分离的实际负荷比原设计要大，可达原设计负荷的 230%（仅对膜 01 而言）。结果表明，该装置的操作弹性大，适应性强。

2）膜氢（一段渗透气 H_2）的回收率

标定期间为 2003 年 10 月 22 日至 23 日，开 1 组二段膜 02，23 日开 2 组二段膜 02。24

日因原料气中 H_2低于68%时，回收率不够85%，又改开1组二段膜02，另1组二段膜02进一段尾气，但只产二段尾气，不去二段渗透侧，这样膜氢回收率均达85%以上，达到设计要求。

3）前处理部分

由于本次标定时使用的原料气为加氢干气和Ⅳ、Ⅴ加氢脱硫低分气，这些气体受前段工序影响较大，易夹带胺液、水、C_5 等较重组分，均能通过缓冲罐及膜分离前处理系统除去。经过预处理后的气体，完全符合膜分离器使用要求，说明前处理部分运行良好。

4）膜氢的质量

渗透气的氢气纯度一般都在90%以上，通过供往Ⅰ、Ⅱ加氢、航煤加氢等装置，并有少量供往系统工业氢气管网，与高纯度氢气（>95%）混合后，供加氢裂化等装置使用，均未发现异常现象，说明膜氢能满足生产需要。

5）装置能耗

对装置的消耗计量后，经过核算，每回收 $1m^3$ 膜氢仅耗能 0.00525kg 标油，说明能耗极低。

6. 存在的问题

（1）原料气压缩机只有1台，无备机，如果该机发生故障，膜分离只能停运。

（2）由于本次设计时未对渗透气设置 H_2纯度在线分析仪，而原料气中的 H_2纯度变化较大，无法及时调节，易导致回收率或膜氢纯度无法达标的情况发生。

（3）通过标定可发现装置实际运行负荷可比原设计负荷高（最高达230%），而原料气压缩机（利旧）最大负荷仅能处理至 $16000m^3/h$，受压缩机负荷限制，膜分离仅能达到膜分离设计负荷的150%。

7. 小结

（1）装置操作弹性大。在设计负荷的50%~160%的情况下，装置都能正常运行。

（2）在满足设计工况下，装置的氢气回收率、渗透气氢气纯度均达设计要求。

（3）该装置生产的氢气质量能满足Ⅰ、Ⅱ加氢、航煤加氢等加氢装置的使用要求。

（4）该装置能耗极低。

流程示意图见图2.2.10。

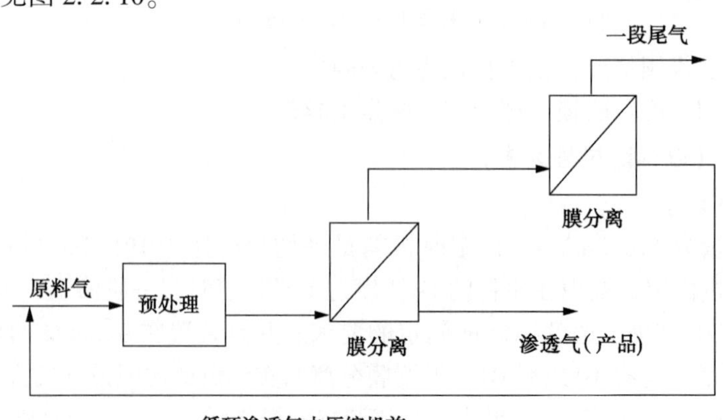

图2.2.10　装置流程图

九、万吨级甲醇装置膜分离回收氢运行情况

1. 装置概况

吉林油田分公司综合利用厂（以下简称综合利用厂）甲醇装置始建于1996年，当年投入使用。最初设计能力为3×10^4t/a，由于天然气供应不足等原因，到2001年9月，只生产甲醇67000余吨。随着吉林油田分公司产能建设的深入进行，前大采油厂的天然气生产能力达到$40\times10^4m^3/d$以上，因此，综合利用厂开始结合自身的特点，对装置进行挖潜改造。2002年增加了二氧化碳回收和膜分离回收氢气两套装置。2003年5月，二氧化碳回收装置投入运行，2004年4月，膜分离回收氢气装置投入运行。

通过回收转化炉烟道气中的二氧化碳，添加到原料天然气中，经过蒸气转化后的出口气体中，H/C比达到1.6~1.8，低于甲醇合成需要的化学配比，也就是补碳过量。因此，综合利用厂向转化气中加入从合成弛放气中回收的氢气，调节合成新鲜气H/C比达到2.05~2.10，获得可生产4.5×10^4t/a甲醇的合成气。

2. 膜分离回收氢装置的运行

1）流程简述

经稳流后的合成弛放气以4.63MPa的压力和40℃的温度进入膜分离系统，作为膜分离系统的原料气。首先经过气液分离器和一组过滤器，脱去原料气中的大部分甲醇和水分，然后经过管式加热器加热到70℃，使原料气远离露点，不至于因为氢气渗透后，滞留气体中烃类含量升高而形成液膜，影响分离性能。然后经管道过滤器过滤，再进入普里森膜分离器组进行分离，得到渗透气为85%的富氢气，压力为1.43MPa。该气体经冷却后返回到甲醇合成系统；在壳程得到富含惰性气体的非渗透气，经过压力控调解后去燃料气管网，作为转化炉的燃料气。详见图2.2.11。

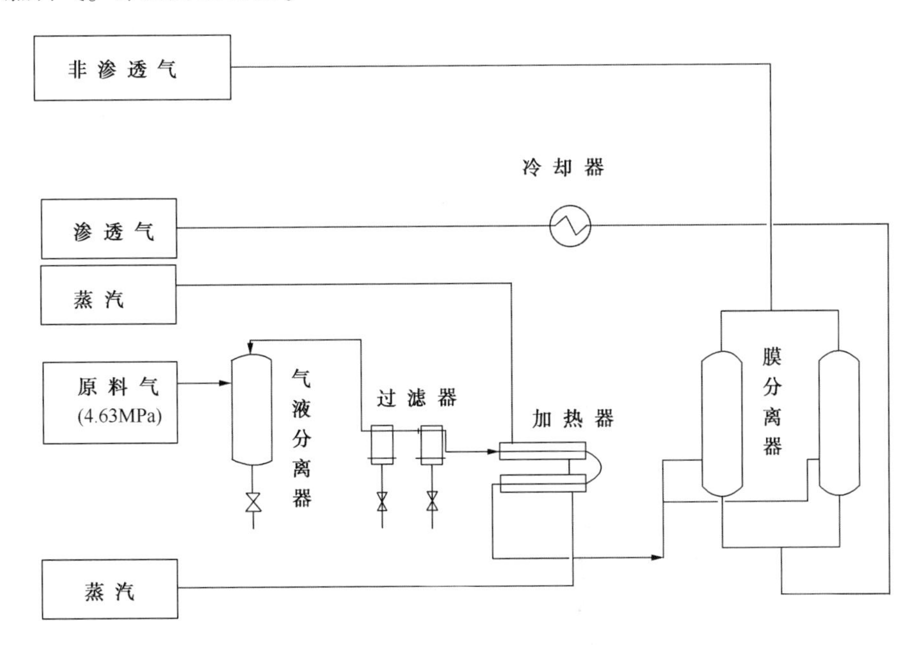

图2.2.11 膜装置原则流程

膜分离系统使用的原料气为甲醇合成系统的弛放气，弛放气的组成见表 2.2.33，除表 2.2.33 中所列组分外，还含有少量的甲醇和水。

表 2.2.33　膜装置原料气组成

气体组分	CH_4	N_2	CO	CO_2	H_2
含量［%（摩尔分数）］	9.8	4.97	4.68	6.29	74.26

2）膜分离装置的使用效果

膜分离装置气体组成利气相色谱仪进行分析。膜性能测试指标良好，达到并超过系统参数保证指标，完全达到设计要求，见表 2.2.34。

表 2.2.34　不同原料气流量下分析对比

分析时间	原料气流量（m^3/h）	H_2纯度（%）	H_2回收率（%）
4 月 24 日 8：00	1986	86.96	97
4 月 24 日 16：00	1842	82.15	96.3
4 月 25 日 1：00	1771	83.59	97
5 月 26 日 16：00	1760	84.63	96.95
4 月 27 日 1：00	1634	83.90	96.96
5 月 27 日 9：00	1751	84.62	97.3
5 月 13 日 17：00	3358	91.27	94
5 月 27 日 17：00	3099	85.53	95.94
5 月 28 日 1：00	3046	87.74	96.5
5 月 28 日 9：00	3144	87.34	96.5
5 月 28 日 17：00	3097	84.48	97.5
5 月 29 日 1：00	3003	84.85	97.3

从膜分离装置回收氢气结果可以看出，氢气回收率均达 90%以上。原料气流量达到 2000m^3/h 以上时，产品氢气纯度接近 90%。当原料气流量小于 2000m^3/h 时，由于流量远低于设计流量，膜渗透相对面积太大，所以渗透量相对增加，纯度为 83%左右。

3）膜分离装置的运行情况

2004 年 4 月初，综合利用厂在天邦公司技术人员指导下，先对膜分离装置进行吹扫、置换，并于 4 月 21 日、22 日连续两天对装置进行单独试运，于 4 月 23 日上午 10：00 正式投入运行，并将产品富氢气并入到合成系统中，非渗透气并入转化炉燃气混合器中，汇同少部分弛放气、天然气一同作为转化炉燃料。

在运行过程中受到生产负荷、合成气化学配比等因素影响，没有将膜分离负荷提到设计的 4700m^3/h，在装置补碳稳定，生产负荷稳定的条件下，最大原料气流量为 3600m^3/h 左右。根据气相色谱数据分析，经膜分离器制得的渗透气中的氢气含量均高于 83%的保证指标，在不同的原料气流量条件下，氢气含量有所不同，但是全过程中，氢气回收率均在 90%以上，可以证明此套装置回收氢气的效果与设计预期值相符合。

从甲醇产量上看，在装置不补充二氧化碳、不补充氢气以前未到 110t/d 左右稳产，装置单耗较高，生产 1t 甲醇耗天然气 1200m³。当补碳而不补氢时，产量为 121t/d，单耗为 1050m³/t 甲醇，补碳对甲醇增产效果为 10%左右。当装置将膜分离投用后，平均每小时 1700m³/h 的富氢气（含氢气 83%以上）补入合成系统中，甲醇产量迅速增加至 126t/d 稳产的水平，增产 5%左右，天然气单耗达到 1000m³/t 甲醇以下，最低达到 990m³/t 甲醇。随着生产的逐渐平稳，进入 5 月份以来，甲醇单耗一直稳定在 1050m³/t 甲醇以下，甲醇日产也在 125t/d 左右稳定运行。因此，综合利用厂装置投用了补碳、补氢以后，产量得到明显提高，能耗显著降低，对甲醇生产具有重要的意义，详见图 2. 2. 12。

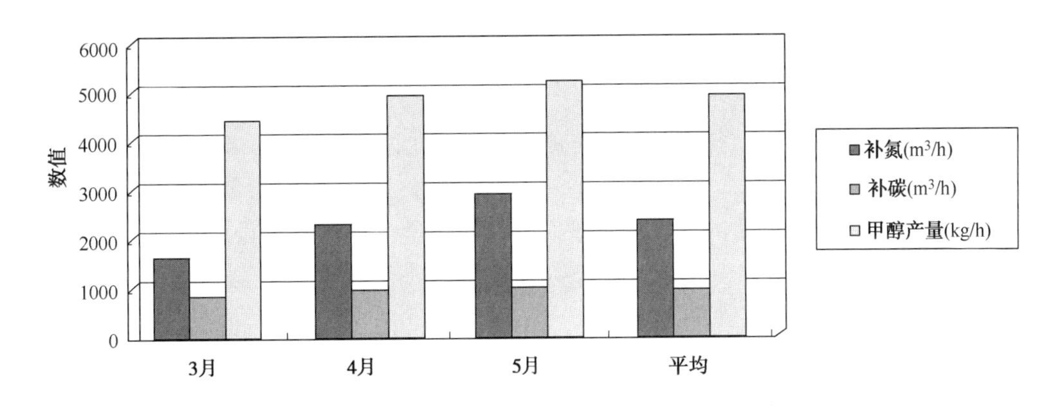

图 2. 2. 12　补碳、补氢效果图

在生产中还应注意，并非补氢越多越好，因为虽然氢气在合成系统的反应中起着关键作用，但是还需要适当的碳做保证，因此，调节适当的 H/C 也十分关键。合成反应过程中的 H/C 控制值得探讨，一般甲醇厂和设计单位大多认同新鲜原料气的 H/C 在 2. 05 左右，而在实际生产中发现，控制合成系统内的 H/C 更重要，控制合成塔入口 H/C 为 3、3. 5、4、4. 5、5 的试验表明：在合成系统提温的初期，可以控制较低的 H/C，而到了后期，应该相应的提高 H/C。也就是说 H/C 不是越高越好，因为系统氢气含量过高，会造成甲醇合成塔出口温度超高，使得热量被过剩的氢气带走，反应热量不能被炉水带出，而导致循环其温度高及甲醇水冷器负荷达等问题出现，不利于甲醇的增产以及系统设备等的平稳运行。

从废气利用方面讲，当不投用膜分离装置时，合成弛放气除 500m³/h 用于变压吸附制氢气以外，几乎全部去转化炉组燃料烧掉了。有时操作中还由于弛放气过剩，引起转化炉温度波动，必须通过放空释放掉一部分。这是由于弛放气中氢气含量在 75%以上，燃烧产生的热值远低于甲烷，所以才会对转化炉温度产生一定影响。而投用膜分离后，这个问题得到了解决，非渗透气中甲烷含量增加到 40%以上，氢气含量在 15%以下，整体转化炉然气中的甲烷含量增加，所以燃料气的燃烧热值提高了，有利于转化炉温度的控制。

4）装置耗能

通过膜分离回收氢气，每小时可以回收氢气 2000m³，用于合成甲醇理论上可得 0. 9t 精甲醇，整套装置从开车到运行运转顺利，能耗很低，每小时消耗蒸汽最大为 140kg。而且装置中没有运转设备，维修量小，不需要专人看护。补氢前后装置能耗对比见表 2. 2. 35。

表 2.2.35 补氢前后装置能耗对比

项目	膜装置不投用		膜装置投用	
	消耗	能耗	消耗	能耗
天然气（m^3/t 甲醇）	1185	39.434GJ/ t 甲醇	1024.11	34.274GJ/ t 甲醇
电（kW · h/t 甲醇）	555	0.762GJ/ t 甲醇	351.64	0.883GJ/ t 甲醇
循环水（t/t 甲醇）	303.5	6.575GJ/ t 甲醇	462.89	5.481GJ/ t 甲醇
合计		46.771GJ/ t 甲醇		40.438GJ/ t 甲醇

3. 曾经发生的问题及改进措施

1）原料气流量达不到设计流量

补氢操作依据主体装置运行情况，视合成系统氢碳比调节补氢量，因此，常常达不到膜装置设计要求的流量（4700m^3/h），但经过一年多的运行，现在流量参数，膜性能指标能够达到设计要求。随着生产负荷的进一步调整，原料气流量会逐渐接近设计流量，可以预计，膜的性能会有更好的效果。

2）原料气中甲醇、水含量高

投产初期，化验分析显示，原料气中甲醇、水含量较高，这样会在膜的表面形成液膜，严重影响膜系统的正常性能。为此，规定在过滤器下每半小时脱 1 次水，2004 年 9 月大检修期间，在入膜系统前加了一个立式气液分离器，彻底解决了这一问题。

4. 小结

综上所述，将补碳和膜分离补氢系统合理配合使用，控制膜分离系统的生产负荷，保证适当的系统补氢量，进而控制好合成适当的氢碳比，实现甲醇增产 15%以上，能耗大幅度降低。装置操作简单，弹性较大，维护方便，使用效果明显，对优化甲醇装置操作有重要意义。

第三节 催化裂化干气的回收利用

一、气体膜—吸附组合技术在干气中高效回收乙烯和氢气

1. 概况

高效吸附—膜分离组合工艺是将吸附分离和膜分离高效集成的一项全新的气体回收技术。从炼油厂干气中回收乙烯、乙烷和氢气并加以利用是该项技术比较重要的应用领域之一。

炼油厂干气主要来源于原油二次加工过程，如催化裂化、热裂化、延迟焦化、加氢裂化等，它是石油化工的一种重要资源，主要有氢气、甲烷、乙烯、乙烷、丙烯、丙烷等组分。随催化剂的不同，生产的催化裂化干气的组成略有不同，但大致约含 20%的氢气、30%左右的乙烯和乙烷、30%左右的甲烷、5%左右的碳三组分，以及 7%左右的氮气。除此之外，还含有少量碳四、部分重烃、水、二氧化碳和氧气。炼油厂干气中催化裂化的干气量最大，但因未找到有效的方法加以利用而常作为燃料气烧掉，造成了巨大资源浪费。20 世纪 80 年代，国外采用炼油厂干气作为原料的乙烯生产能力为 330×10^4t/a，占世界乙烯总生产能力的

6.4%，在我国乙烯装置多以石脑油和轻柴油作为裂解原料。近几年来，国内已有两套从炼油厂干气中回收乙烯、乙烷工业装置用于生产乙烯的裂解原料在运行；另有几套利用干气中乙烯和苯合成苯乙烯装置；相对而言，直接采用催化裂化干气回收氢气的装置稍多一些。但是总体上看，绝大部分炼油厂干气没有对其中的乙烯及乙烷回收利用。据不完全统计，我国炼油厂催化裂化生产装置有 90 多套，生产能力约 9800×10^4t/a，年产干气 430×10^4t，其中含有乙烯 77×10^4t、乙烷 76×10^4t、丙烯 11×10^4t、丁烯 4×10^4t、丙烷丁烷等烷烃 11×10^4t、氢气 11×10^4t。如能大部分回收利用，每年可节约生产乙烯的轻质油约 440×10^4t。另外尾气中氢气可回收利用，可节约生产氢气的轻质油约 100×10^4t，还能大幅度减少制氢原料，降低氢气成本，若能充分利用干气，不仅可减少我国原油进口近 600×10^4t，而且可减少我国碳排放数百万吨。因此，开发出一种组合工艺，同时分离回收炼油厂干气中的氢气和乙烯及乙烷，对实现资源优化意义非常重大。

由于催化裂化干气组成复杂，其中的氢气及乙烯和乙烷的含量相对较低，给回收利用带来了一定困难，成本高，各国均在研究一种高效低能耗的回收方式。炼油厂干气分离回收的主要方法有：深冷法、溶剂吸收法、吸附法、膜法。目前国内外主要研究和应用的重点是吸附法、膜法、吸附法—膜法组合工艺及浅冷—膜法组合工艺。

变压吸附气体分离技术是依靠压力的变化来实现物理吸附与再生，再生速度快、能耗低、操作简单、稳定，我国变压吸附工艺已经成熟，并已达到世界先进水平。

膜法分离回收乙烯、丙烯、轻烃、油气和氢气的技术也很成熟，我国在聚丙烯、聚乙烯、聚氯乙烯生产中采用气体膜分离回收尾气中丙烯、乙烯、丁烯的装置已有 100 多套，回收炼油厂尾气中氢气的装置近 30 套，近两年采用氢气膜技术在炼油厂低压（0.8~1.2MPa）干气中回收氢气已有应用实例，如中国石化镇海炼油化工股份有限公司、中国石油辽阳石化分公司和中国石油玉门炼油化工总厂。气体膜分离工艺具有占地面积小、能耗低、运行费用少、操作简单等优点。

炼油厂干气中主要含有氢气、氮气、甲烷、乙烯、乙烷、丙烯、丙烷等，同时含有少量重烃、CO_2、O_2、H_2S、NO_x 等杂质。针对催化裂化干气组成的特殊性及回收产品气的技术指标要求，必须在工艺技术路线中加入选择性脱除杂质的部分，使产品气体满足下游装置对原料的要求。

将吸附工艺和膜分离工艺集成起来，再结合成熟的除杂工艺，发挥各自的优势，是解决炼油厂二次加工尾气中乙烯、乙烷和氢气资源化利用的重要技术手段。在这方面，中国石油天然气股份有限公司联合中凯化学（大连）有限公司、中国膜工业协会石化专委会以及四川省达科特化工科技有限公司已经成功开发了一套变压吸附—膜分离—催化吸附精脱杂组合工艺（图 2.3.1），并已在大庆石化公司炼油厂催化裂化装置建成一套规模为 $20m^3/h$ 的“PSA-H_2”催化裂化干气回收中试装置。装置的运行结果表明：采用该技术回收的氢气收率和纯度都比较高，具有良好的经济效益和社会效益，推广应用前景广阔。

2. 组合工艺的开发历程

炼油厂干气中主要含有氢气、氮气、甲烷、乙烯、乙烷、丙烯和丙烷等，同时含有少量重烃、CO_2、O_2、H_2S 及 NO_x 等杂质。针对催化裂化干气组成的特殊性及回收产品气的技术指标要求，围绕工艺技术路线主要开展了如下几个方面的研究工作。

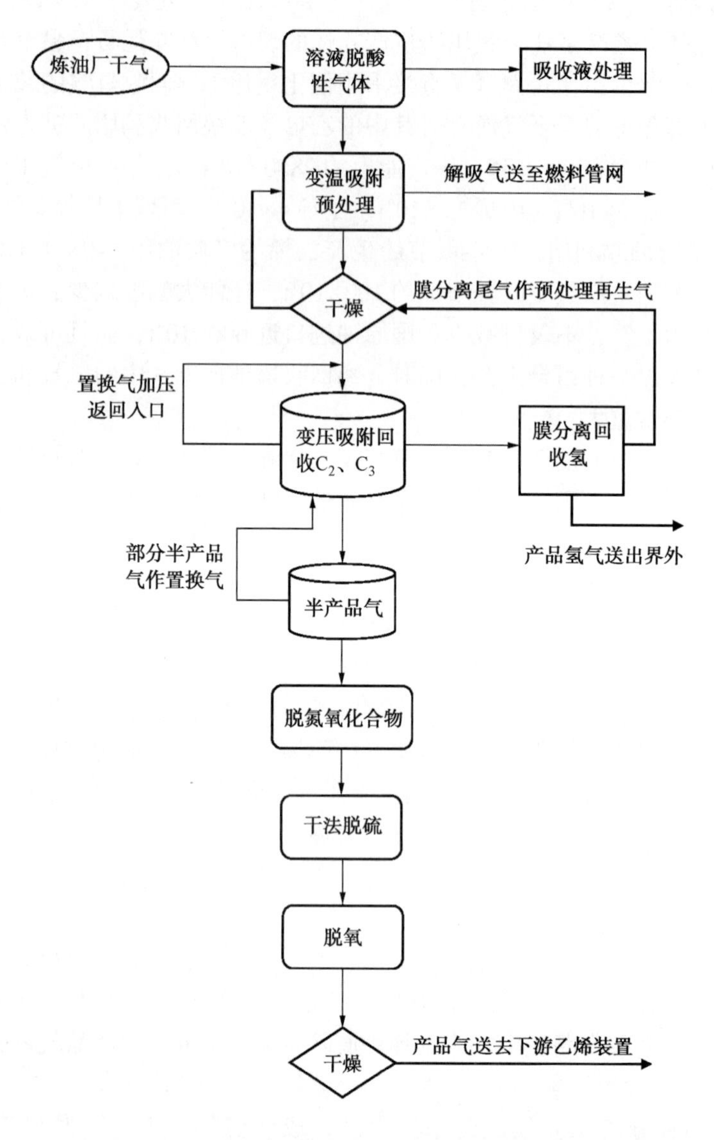

图 2.3.1　变压吸附—膜分离—催化吸附精脱杂组合工艺流程

1）变压吸附高效回收乙烯原料的工艺路线

我国于 1996 年在中国石化济南炼油厂开展了采用变压吸附法从炼油厂干气中回收乙烯的小型试验。2002 年中国石化上海石油化工股份有限公司建立了一套 4500m^3/h 干气回收乙烯工业试验装置。2005 年中国石化北京燕山分公司采用两段变压吸附法建成一套 24000m^3/h 干气回收乙烯、乙烷的工业装置，回收率不高。2005 年中国石油兰州石化公司采用变压吸附建成一套 20000m^3/h 干气回收乙烯、乙烷装置，回收率约 65%。近两年一些新的高效吸附剂相继研制成功，分别进行了工业试验。目前比较可靠的是“优选吸附剂的五塔连续真空带产品烃类置换流程”的变压吸附工艺路线，可保证乙烯、乙烷收率达 85%。

2）氢气膜的选型和回收氢气工艺路线

从含氢尾气中回收氢气的分离方法主要有膜分离、变压吸附和深冷分离。与变压吸附和深冷分离法比较，膜分离技术具有能耗低、投资费用少、占地面积小等特点，已广泛应用于合成氨驰放气、合成甲醇驰放气、炼油厂干气等含氢尾气中的氢气回收。我国在聚丙烯、聚乙烯、聚氯乙烯生产中采用气体膜分离回收尾气中的丙烯、乙烯、丁烯的装置已有 100 多套，回收炼油厂尾气中氢气的装置近 30 套，特别近两年来从炼油厂低压（0.8～1.2MPa）干气中回收氢气已有应用实例。

1978 年美国柏美亚公司的全世界第一套普里森膜分离装置建立后，到目前为止国内外已有几百套分离装置在运行，效果较好，可将催化裂化干气中的氢气有效回收利用。

3）精脱杂工艺技术和控制指标

炼油厂干气回收乙烯、乙烷和氢气工艺过程中，杂质脱除环节主要由二氧化碳的脱除、重烃的脱除、原料气干燥、氮氧化物的脱除、产品烃类精脱硫、产品烃类氧气脱除和产品烃类精干燥 7 个部分组成。

（1）二氧化碳脱除工艺技术。

气体中二氧化碳常用的脱除方法主要有溶液吸收法、吸附法和膜分离法等。由于二氧化碳的吸附能力相对较强，采用变压吸附虽然能脱除二氧化碳，但要损失大量的乙烯原料等有用资源。为尽量减少乙烯的损失，采用溶液吸收二氧化碳+变温吸附干燥和精脱碳的方式可将二氧化碳脱除到 10^{-6}级。采用吸收液脱除原料干气中的二氧化碳，技术成熟，与后面的预处理和干燥一起，可将催化裂化干气中的二氧化碳等酸性气体有效控制在技术指标规定的范围内。

（2）重烃脱除工艺技术。

炼油厂干气中含有一定量的重烃，而重烃由于沸点较高，在吸附剂上的吸附能力较轻烃强，若采用变压吸附方式吸附剂再生相对较为困难。因此，采用变温吸附工艺技术，将催化裂化干气中的少量重烃及其他有害物质通过常温吸附、高温解吸的方式，达到脱除重烃的目的，同时也可进一步吸附脱除前端溶液吸收工艺后残留的少量二氧化碳及硫化氢。

（3）干燥工艺技术。

由于采用溶液吸收法脱除二氧化碳等酸性气体，即使经过气液分离器除水后混合气中仍含有少量水，为满足吸附剂的吸附性能，须对原料气中的水分进行脱除。采用变温吸附法进行干燥，经过变温吸附预处理脱除原料气中的重烃后再用两塔变温吸附对原料气进行干燥，原料气的干燥与预处理工艺过程一致，只是所用的吸附剂不同，干燥过程采用干燥剂，可将原料中的水分脱除到 1×10^{-6}以下。

（4）氮氧化合物脱除工艺技术。

目前，国内外在干气、丙烯、乙烯等原料气中精除杂、除 NO_x的主要方法有吸收法、吸附法和催化还原法。为了简化流程，而又要保证 NO_x的脱除率，采用催化法和吸附法相结合的工艺。催化脱除氮氧化合物设计在变压吸附后回收的烃类出口，这样可使装置的处理量减少，降低装置的投资。产品烃类气体通过专用催化剂，达到脱除产品烃类 NO_x的目的，在催化脱除氮氧化合物过程中，也可同时催化脱除其中的氧气，由于产品烃类含有常量的氢气，其量远远大于烃类的 NO_x含量，有利于催化反应向脱除氮氧化合物的方向进行。在催化剂的作用下，氢气和 NO_x发生如下反应：

$$NO+\frac{5}{2}H_2 \xrightarrow{\text{催化剂}} NH_3+H_2O \qquad (2.3.1)$$

$$NO_2+\frac{7}{2}H_2 \xrightarrow{催化剂} NH_3+2H_2O \tag{2.3.2}$$

（5）烃类产品精脱硫工艺技术。

由于催化脱除氮氧化合物过程的催化剂含有一定的硫，为此，须将其中的硫化氢脱除。脱除硫化氢的方法是采用氧化锌，产品烃类气体通过氧化锌时，其中微量的硫化氢与氧化锌反应生成硫化锌，达到脱除产品烃类硫化氢的目的。其反应方程式为：

$$ZnO+H_2S \longrightarrow ZnS+H_2O \tag{2.3.3}$$

（6）烃类产品氧气脱除工艺技术。

经过催化脱除氮氧化合物和硫化氢后的烃类产品，其中还含有少量的氧气，为此，需要催化脱氧。催化剂采用先进的钯、锰或铜系催化剂，该催化剂可在常温下有效催化脱除微量的氧气，脱除后氧气含量小于 1×10^{-6}，其反应式为：

$$H_2+\frac{1}{2}O_2 \xrightarrow{催化剂} H_2O \tag{2.3.4}$$

（7）烃类产品精干燥工艺技术。

经过催化脱除氮氧化合物、硫化氢及氧气，均不同程度的生成少量的水分，因此，需在次将产品烃类进行变温吸附脱除其中的水分，其过程与预处理和原料气干燥一样，只是装填的干燥剂为高精度吸附脱水剂，通过变温吸附，可以将烃类产品的水分干燥到露点低于-80℃。

至此，回收的烃类产品中的杂质成分基本脱除，并保证 H_2S、H_2O、CO_2、O_2 均小于 1×10^{-6}，其中的氮氧化合物尽量脱除。脱杂后的烃类产品可直接送乙烯生产车间用作生产的原料气。

其中 NO_x 脱除至 20×10^{-6} 的控制指标是根据国际上把干气中 NO_x 脱除到 20×10^{-6} 作为参考标准，由于目前国内对于 NO_x 化合物的分析还未有专业分析方法，可根据上述流程和方案专门立项研制 NO_x 分析检测设备，以便重点突破关键技术，还可以作为一项单独技术进行成果推广。

3. 吸附剂的开发和脱杂催化剂的优选

组合工艺装置中需使用多种性能优良的吸附剂和催化剂，分别有回收乙烯和乙烷的专用吸附剂、预处理吸附剂、脱氧催化剂、脱除氮氧化合物催化剂、精脱硫剂和精干燥剂。

1）吸附剂的优选

（1）变压吸附回收乙烯、乙烷等乙烯原料的新型专用吸附剂。

四川省达科特化工科技有限公司拥有上百套吸附分离工艺装置的丰富实践经验。该公司根据甲烷和乙烯、乙烷等的分子特性，研发并生产了对碳二组分和碳三组分吸附能力强、分离系数高的新型吸附剂。该吸附剂在一定温度和压力下进行吸附，通过改变吸附压力，又可使其吸附的组分完全解吸，达到重复利用、连续吸附有效组分的目的。该吸附剂具有比表面积大、强度高、不易粉化，对甲烷与碳二和碳三组分分离系数高的特点，详见表 2.3.1。

表 2.3.1　新型专用吸附剂与 5A 分子筛的技术指标比较

参数	DKT-512	5A
粒度	ϕ2~3mm	ϕ2~3mm
磨耗率［%（质量分数）］	≤0.2	≤0.3
堆积密度（g/mL）	≥0.7	≥0.7
粒度合格率（%）	≥96	≥96

续表

参数		DKT-512	5A
抗压强度（N/颗）		30~35	≥30
静态水吸附量（以 H_2O 计，g/100g）		≥22	≥21.5
包装品含水率［%（质量分数）］		≤1.0	≤1.5
静态吸附量（mL/g）	乙烯	≥30.1	—
	乙烷	≥14.0	—
	丙烯	≥24.2	—
	丙烷	≥25.1	—
	甲烷	≤2.5	—

该型号的乙烯原料专用吸附剂是一种具有规则骨架结构的硅铝酸盐，其骨架的最基本结构单元（初级结构单元）是由一个硅原子和周围的四个氧原子按四面体的形状配位排列而成，每个氧原子桥联两个铝原子，硅以高价氧化态的形式采取 sp^3 杂化轨道与氧原子配位成键。而其中的硅原子可部分被铝原子所取代形成一定硅铝比的三维硅（铝）氧骨架结构，在这些格架中形成了很多空穴和孔道，具有较大的比表面积。当极性强的分子进入孔道，在空穴吸附力场势的作用下，极性强的分子被大量吸附，从而达到与极性弱的分子分离的目的。为了提高碳二和碳三与甲烷及氮气的分离选择性，在制作 DKT-512 专用吸附剂的过程中，类似于变压吸附制氢用的 5A 分子筛，将具有一定硅铝比的三维硅（铝）氧格架进行一系列特殊的离子交换、转晶、焙烧、活化等处理过程，从而形成相应的明显具备分离碳二、碳三与甲烷分离的独特的吸附特性。

乙烯专用吸附剂与常规使用的 13X、4A、5A 型分子筛同属于硅铝酸盐类的吸附剂，相应的物理特性基本一致，即具有较高的抗压强度，ϕ2~3mm 粒径的分子筛达到 30~35N/粒。因而在使用中不易破碎。其磨耗率小于等于 0.2%（质量分数），保证了吸附剂的使用寿命，详见表 2.3.2。

表 2.3.2 新型专用吸附剂与 5A 分子筛的吸附量和吸附比

参　数		传统 5A 吸附剂	新型专用吸附剂
吸附量（mL/g）	N_2	11.82	1.56
	CH_4	18.06	2.84
	$C_2^=$	28.20	33.99
	C_2^0	42.07	17.17
	$C_3^=$	18.59	27.21
	C_3^0	25.99	32.12
测试温度（℃）		40	100
测试压力（MPa）		0.0976	0.0976
吸附比	$C_2^=/N_2$	21.79	2.39
	$C_2^=/CH_4$	11.97	1.59
	C_2^0/N_2	11.01	3.56
	C_2^0/CH_4	6.05	2.33

续表

参数		传统 5A 吸附剂	新型专用吸附剂
吸附比	$C_3^=/N_2$	17.44	1.57
	$C_3^=/CH_4$	9.58	1.03
	C_3^0/N_2	20.59	2.20
	C_3^0/CH_4	11.31	1.44

通常的干燥、变压吸附提纯氢气的吸附剂也是此类硅铝酸盐吸附剂，已广泛应用于工业装置，其中也包括催化裂化尾气中氢气的分离与净化。实践表明，此类吸附剂具有很好的稳定性，使用寿命有的已超过 10 年，仍在继续使用。由此从理论上可以推断：新型专用吸附剂的使用寿命与变压吸附提纯氢气所用的 5A 分子筛具有相近的使用寿命。

（2）变温吸附脱除重烃专用吸附剂。

山西泰亨分子筛实业有限公司生产的专用吸附剂，其孔径和比表面积较大，吸附剂骨架结构较强，强度很高，有很强的耐高温和气体冲刷能力，其吸附和再生的重复性很好，可完全满足脱除催化裂化干气中重烃的要求，现已投入工业生产。

（3）精干燥吸附剂。

对于气体干燥用的吸附剂，目前在深冷行业应用最为广泛，技术也非常成熟，故本项目工业试验装置的干燥也是采用常规专门用于气体干燥的活性硅胶和 13X 以及 3A 等作为本工业试验的气体干燥吸附剂。

2）脱杂催化剂的优选

（1）脱氧催化剂。

从操作参数来看，传统的脱氧催化剂一般需在相对较高的操作温度下进行催化脱氧反应，相应的流程一方面在脱氧前需采用加热器将原料气加热至所需温度，待脱氧后再进行冷却操作。该脱氧工艺过程流程复杂，设备投资高，运行费用高，不利于节能降耗。

从脱氧反应过程原理而言，主要有两种脱氧方式，一是催化剂与氧反应到达脱出氧气的目的，二是催化剂催化介质中的少量氧气与大量的氢气反应生成水达到脱出氧气的目的。前者需要将催化剂进行频繁再生，交替进行，而后者可连续运行，操作简单。

同时，传统的催化剂一般都具有催化加氢功能，即在脱除烃类气体中的氧气过程中，也容易使产品烃类的不饱和烃，如乙烯和丙烯等，催化加氢生成相应的饱和烷烃。

综合各方面因素，本试验装置采用大连化物所研制的最先进的常温脱氧型催化剂，既可减少在脱氧前的加热和脱氧后的冷却，同时对脱氧过程采用催化氧气与氢气反应，没有副反应，可连续催化。此工艺流程短，设备少，操作简单。

（2）脱氮氧化物催化剂。

脱除氮氧化合物的催化剂规格较少，一般采用在介质中配入一定的氨，使之在催化剂的作用下并在一定温度作用下催化氨与氮氧化合物反应生产氮气和水，该催化过程中，因配入过量的氨而使催化脱出后的介质增加氨的含量。

北京化工研究院经过近 5 年的研究，研制出一种适合催化裂化干气催化脱除微量氮氧化合物的催化剂。

（3）精脱硫剂。

经过催化脱氮氧化合物，由于催化剂本身含有一定的硫，故催化脱除氮氧化合物后的气体再次含有微量的硫化氢，该硫化氢对后面的催化脱氧剂影响较大，故需将该产品烃类进行精脱硫。

精脱硫采用脱硫专用氧化锌，烃类气体在经过该氧化锌脱硫剂时，硫化氢与脱硫剂发生反应生成硫化锌，达到精脱除烃类气体中硫化氢的目的。经过该精脱硫后的气体含硫量低于 0.1×10^{-6}。

4. 工业试验装置的工艺流程设计研究与试验

炼油厂干气中大约含有22%的氢气、34%的甲烷和31%的 C_2 组分，其余还有氮、二氧化碳及少量重烃。对炼油厂干气中的各组分而言，C_2、C_3 组分在专用吸附剂上的吸附能力强于氢气、氮气、甲烷。要求对上述炼厂气回收的乙烯原料，其有害杂质氧气、二氧化碳、氮氧化物和水含量低于 1×10^{-6}；除氧气外，二氧化碳、氮氧化物和水的吸附能力均较强，根据PSA吸附特性，要从炼厂气中回收乙烯原料，其回收的产品只能从吸附相中抽真空获得。这样，上述的二氧化碳、氮氧化物和水易于混合在回收的乙烯原料中。为保证回收乙烯原料杂质含量符合要求，须对氧气、氮氧化合物及二氧化碳和水分别除去，为此，工艺流程可采取两种方式，一是先采用变压吸附从吸附相中获得乙烯原料，再将乙烯原料脱氧、二氧化碳和氮氧化物及硫化物，二是先除去上述物质，再采用变压吸附回收提纯乙烯原料；还有就是根据实际情况，分阶段脱除。由于原料中的二氧化碳和硫化氢含量较高，其吸附能力强，容易影响后续吸附分离效果，必须首先予以脱除，同时原料气中的水分由于会对吸附剂造成一定的中毒失效影响，也必须首先予以脱除。

炼厂气回收乙烯原料组分采用的流程为：原料气溶液吸收脱出酸性气体→原料气脱除重烃→原料气干燥→变压吸附回收乙烯原料→乙烯原料尾气回收氢气→乙烯原料催化脱出氮氧化合物及氧气→乙烯原料干燥等。

1）溶液吸收脱除酸性气体工艺流程

溶液吸收脱除二氧化碳是采用催化裂化干气与吸收液逆流接触，达到脱除二氧化碳的目的。从界外来的催化裂化干气自填料塔底部进入脱碳吸收塔，与经柱塞泵加压的吸收液逆流充分接触，达到脱除二氧化碳的目的，脱碳后的催化裂化干气从塔顶排出，并经气液分离器将其中的水分分离后送干燥系统进行干燥。吸收液从塔顶沿填料流入下部的吸收液缓冲器中，再经柱塞泵加压，循环使用，直到吸收液吸收二氧化碳的容量饱和后再更换吸收液。

2）重烃脱除工艺流程（简称预处理）

来自溶液吸收脱除酸性气体后的炼油厂干气直接进入两台TSA预处理塔组成的变温吸附预处理系统，经吸附剂选择吸附掉其中极易吸附而较难解吸的重烃等杂质后，送炼厂气干燥单元。吸附饱和后的吸附剂则利用干燥单元的再生气进行加热吹扫得以再生。

两台预处理塔交替进行吸附和再生，达到连续工作的目的。

预处理系统的吸附和再生过程如下：

（1）吸附阶段；

（2）预处理塔降压；

（3）加热脱附杂质；

（4）冷却吸附剂；

（5）预处理塔升压。

3）炼厂干气干燥工艺流程

炼油厂干气的干燥工艺过程与前面的预处理过程一致，只是预处理装填的是预处理吸附剂，以吸附重烃等物质，而干燥单元塔内装填的是专用干燥剂，以达到脱除原料干气中水分的目的。

4）乙烯原料（碳二+碳三）回收工艺流程

采用变压吸附工艺，流程采用“5-1-3”VPSA 工艺，即装置由 5 个吸附塔组成，其中 1 台吸附塔始终处于进料吸附状态，1 台吸附塔处于抽真空状态，其余 3 台吸附塔处于再生的不同阶段，其工艺过程由吸附、三次均压降压、置换、抽真空、三次均压升压和产品最终升压等步骤组成，具体工艺过程如下：

界区外来的炼油厂干气自塔底进入吸附塔中正处于吸附工况的吸附塔，在吸附剂选择吸附的条件下一次性除去二氧化碳及重烃物质，获得氮气、氢气、甲烷及碳二组分和少量的碳三组分的半产品气，从塔顶排出送净化工序。

当被吸附质的传质区前沿（称为吸附前沿）到达床层出口预留段某一位置时，停止吸附，转入再生过程。

吸附剂的再生过程依次如下：

（1）均压降压；

（2）顺放；

（3）逆放；

（4）产品气置换；

（5）真空解吸；

（6）均压升压；

（7）轻组分气升压。

经过以上过程后吸附塔便完成了一个完整的“吸附—再生”循环，又为下一次吸附做好了准备。5 个吸附塔交替进行以上的吸附、再生操作（始终有一个吸附塔处于吸附状态）即可实现气体的连续分离与提纯。

5）膜分离回收氢气工艺流程

由于膜分离工艺特殊要求，进入膜分离界区的原料气必须是经沉降处理后，且不含粒径大于 3μm 的固体颗粒、温度在 40～60℃之间。因此，膜分离前的预处理工艺非常重要，它也间接决定了膜工艺的分离效果和使用寿命。本项目中来自乙烯原料回收的吸附尾气经过换热后，将温度升高到 40℃，此时尾气压力大于等于 0.8MPa（表压），经稳流后进入过滤器。过滤器中装有高效过滤元件，过滤精度为 1μm，可除去大于 1μm 的粒子、可凝的液沫、雾滴及可能被夹带的固体粒子，除杂后的原料气再经过滤器过滤后气送入换热器加热至 40～55℃，使原料气远离露点并恒定膜分离系统的操作温度。经过以上预处理后进入膜分离设备，通过膜的渗透作用将该乙烯原料回收后的尾气分离成 85%纯度的氢气（氢气收率为 80%）。产品氢气直接送出界外，回收氢气后的尾气送炼厂气预处理单元作再生气源。

6）催化脱除氮氧化合物工艺流程（简称脱氮）

来自变压吸附回收的烃类气体先经一预热器，将脱氮后的高温炼厂气与入口原料气充分预热，一方面回收热能，另一方面将脱氮后的烃类温度降低，以满足后段脱硫和脱氧的要求；经预热后的烃类气体温度还不能满足催化脱氮的要求，再采用电加热器将原料气温度升高到 180℃后直接送脱氮催化塔，在此温度条件和催化剂的作用下，将原料中的氮氧化合物与烃类气中的氢气反应，使之产生氨和水，脱出氮氧化合物将达到 10^{-9}级。脱氮的烃类气气再经过原料预热器换热后送后续的脱硫和脱氧单元。由于本装置处理量较小，脱氮单元的电加热器直接设置于催化脱氮塔的外壁。

7）产品烃类气体精脱硫工艺流程（精脱硫）

经过催化脱氮氧化合物，由于催化剂本身含有一定的硫，故催化脱除氮氧化合物后的气体再次含有微量的硫化氢，该硫化氢对后面的催化脱氧剂影响较大，故需将该产品烃类进行精脱硫。

精脱硫采用脱硫专用氧化锌，烃类气体在经过该氧化锌脱硫剂时，硫化氢与脱硫剂发生反应生成硫化锌，达到精脱除烃类气体中硫化氢的目的，其反应方程式为：

$$ZnO+H_2S \longrightarrow ZnS+H_2O \tag{2.3.5}$$

经过该精脱硫后的气体含硫量低于 0.1×10^{-6}。

8）催化脱除氧工艺流程（简称脱氧）

来自精脱硫的烃类气体，直接进入装有脱氧催化剂的脱氧塔中，在脱氧催化剂的作用下，烃类气体中的氢气与微量的氧气充分反应，以达到脱除炼厂气中氧气的目的。经过催化脱氧后的烃类气体，其中的氧气含量低于 1mL/m^3，满足产品气中对氧气含量的要求。实际催化脱除氮氧化合物的催化剂也具有强烈的催化脱氧功能。

在催化脱除氮氧化合物、氧气和硫化氢的过程中，均不同程度的产生少量的水分。由于该烃类产品质量还有水分满足不了最终要求，故烃类产品还需进行干燥。

9）烃类产品精干燥工艺流程

对产品的干燥过程，与原料气的干燥过程相似，但处理规模很小，干燥剂的再生气源也采用少量的干燥后的产品气体，因此，采用精度更高的干燥剂。

5. 工业试验装置

1）装置概况

根据对炼油厂干气回收乙烯原料和氢气的研究，形成了完整的新工艺，并按照工艺流程图，最终设计加工出完整的试验装置，详见图 2.3.2。

图 2.3.2　工业试验装置总体图

按照工业试验装置工艺流程图的要求，针对变温吸附预处理单元和变压吸附回收乙烯原料单元进行了控制系统设计，实现了系统自动化控制操作，完全通过电脑控制系统操作及实时监控。相应的控制系统组态画面如图 2.3.3 和图 2.3.4 所示。

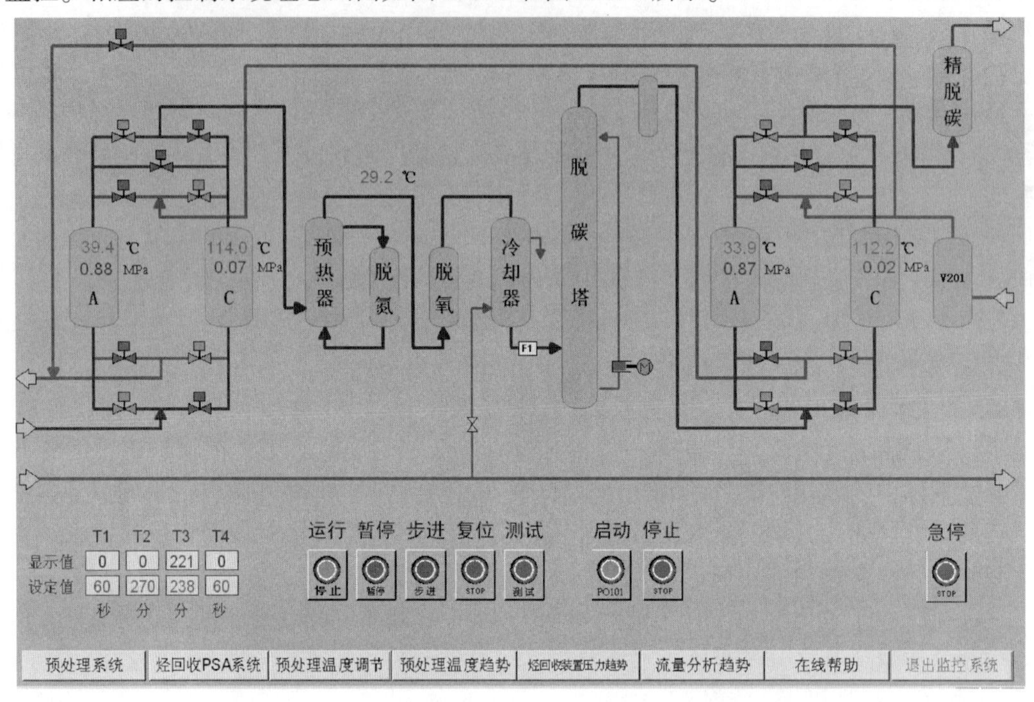

图 2.3.3　装置预处理的控制组态画面（软件截图）

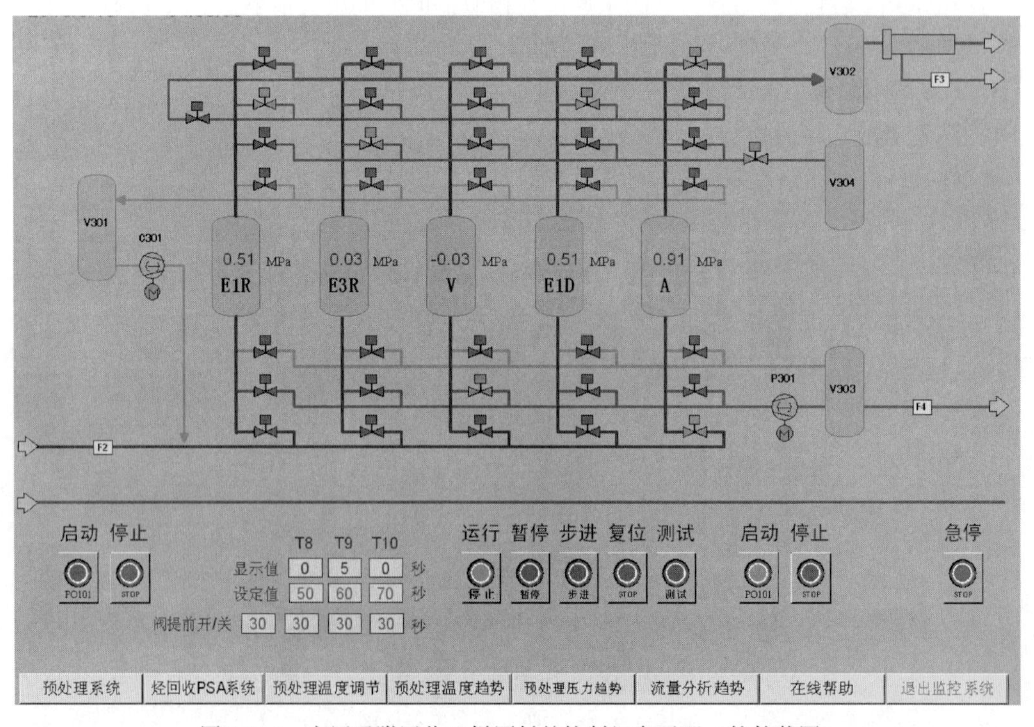

图 2.3.4　变压吸附回收乙烯原料的控制组态画面（软件截图）

2）装置运行情况

根据吸附/膜分离从炼油厂干气中回收乙烯原料与氢气工业试验工艺流程及设计加工的工业试验装置，以催化裂化干气作为原料气进行了大量的工业试验，其相应的各单元试验运行参数如表 2.3.3 所示。整个装置可分为 3 个部分，一是变压吸附回收乙烯原料，二是膜分离回收氢气，三是原料气预处理和回收乙烯原料产品气的精脱杂。3 个部分的运行情况分述如下。

表 2.3.3 试验运行参数记录表

序 号	操 作 名 称	单位	操作值
1	预处理吸附压力	MPa	0.97
2	预处理再生设置温度	℃	120
3	预处理再生操作温度	℃	120
4	预处理加热时间	min	360
5	预处理冷却时间	min	300
6	脱氮氧化合物温度设置	℃	250
7	脱氮实际操作温度	℃	
8	脱氧塔脱氧温度	℃	60
9	原料气流量	m^3/h	10~13
10	预处理后气流量	m^3/h	10~13
11	产品烃类流量	m^3/h	4
12	干燥吸附压力	MPa	0.97
13	干燥再生设置温度	℃	120
14	干燥再生操作温度	℃	120
15	干燥加热时间	min	360
16	干燥冷却时间	min	300
17	PSA 吸附压力	MPa	0.8~0.84
18	一均时间	s	40
19	二均时间	s	70
20	吸附周期	min	15
21	置换罐	MPa	常压
22	再生真空度	MPa	0.08
23	氢气膜入口压力	m^3/h	0.4~0.7

（1）变压吸附回收乙烯部分。

变压吸附回收乙烯原料试验于 2008 年、2009 年及 2010 年进行了共计 90 多天的试验（包括专用吸附剂的稳定性试验），其中所得的气体组分分析结果均来自大庆石化化验车间。在分析过程主要采用气相色谱进行气体成分含量分析，其中的无机物采用热导池（TCD）进行检测，有机物采用氢火焰（FID）进行检测。每次分析分别取 4 个不同地点的样品进行分析，即原料气组分分析、预处理后原料气组分分析、变压吸附产品烃类组分分析和变压吸附吸附尾气组分分析。其中的原料气组分每周分析两次。

对试验装置的流量检测，原料气及预处理气，因其压力和流量稳定，可由相应的流量计指示其瞬间流量。但对于产品烃类、产品氢气等，由于流量波动较大，只能通过其相应的累计量进行计算。由于存在流量测量的不准确性，故对装置的相应组分的回收率计算采用物料衡算的办法，通过相应组分的含量情况进行计算而获得。相应某组分回收率的计算公式为：

$$回收率=\frac{(原料中含量-尾气中含量)\times 产品中含量}{(产品中含量-尾气中含量)\times 原料中含量}\times 100\% \tag{2.3.6}$$

将3年的工业试验数据进行统计计算，得到表2.3.4所示结果。

表2.3.4　三年试验数据中的 C_2、C_2+C_3 组分的含量及对照表

试验时间	C_2 含量［%（摩尔分数）］	C_2 收率（%）	C_2+C_3 含量［%（摩尔分数）］	C_2+C_3 收率（%）
2008年	77.11	93.05	90.1	93.32
2009年	79.65	88.5	92.96	88.27
2010年	74.6	94.2	88.3	93.6
稳定试验最后10组分析数据平均值	76.6	94.78	93.34	95.33

总体来说，整个数据平稳，表明采用变压吸附回收干气烃类的专用吸附剂的吸附分离性能稳定。

（2）膜分离回收氢气部分。

炼油厂干气中的氢气采用膜分离的方式加以回收利用。进入膜分离装置的原料气为前端变压吸附回收乙烯原料的吸附尾气。膜分离试验于2008年和2009年前后进行了共计58天的连续试验。其中所有氢气的分析数据均来自大庆石化化验车间。氢气的分析方式为气相色谱法，以热导池为检测器（TCD）。试验分析测试了原料催化裂化干气、变压吸附装置的吸附尾气、膜渗透气（产品气）以及膜非渗透气中氢气的含量。运行过程中由于流量测量存在不准确性，氢气的回收率采用物料衡算的方式计算得到，相应的回收率计算公式为：

$$回收率=\frac{(原料中含量-非渗透气中含量)\times 渗透气中含量}{(渗透气中含量-非渗透气中含量)\times 原料中含量}\times 100\% \tag{2.3.7}$$

经2008年膜分离调整优化试验，总结分析测试数据，基本确定了膜分离运行参数，获得了优化的膜分离条件。以此为基础，于2009年连续开展了36天的膜分离试验。膜分离产品气中氢气的含量及变化趋势、氢气的回收率及变化趋势图如图2.3.5和图2.3.6所示。可以看出，膜分离产品气中的氢气含量在86%左右，且氢气的回收率基本保持在96%左右，二者的变化趋势较为平稳，波动情况不大，表明膜分离回收氢气部分已完全达到甚至超过技术指标要求。

（3）精脱杂部分。

针对炼油厂干气中所含有的 CO_2、H_2S、H_2O、O_2、NO_x、重烃等杂质，设计了相应的脱杂流程。原始的工艺流程路线为：原料气预处理脱重烃→原料气催化脱氮氧→原料气催化脱氧→吸收脱除酸性气体→原料气干燥→原料气精脱碳→变压吸附回收烃类→膜分离回收氢气等8个步骤。经2008年试验以来，发现该工艺流程有不合理的地方，主要问题如下：

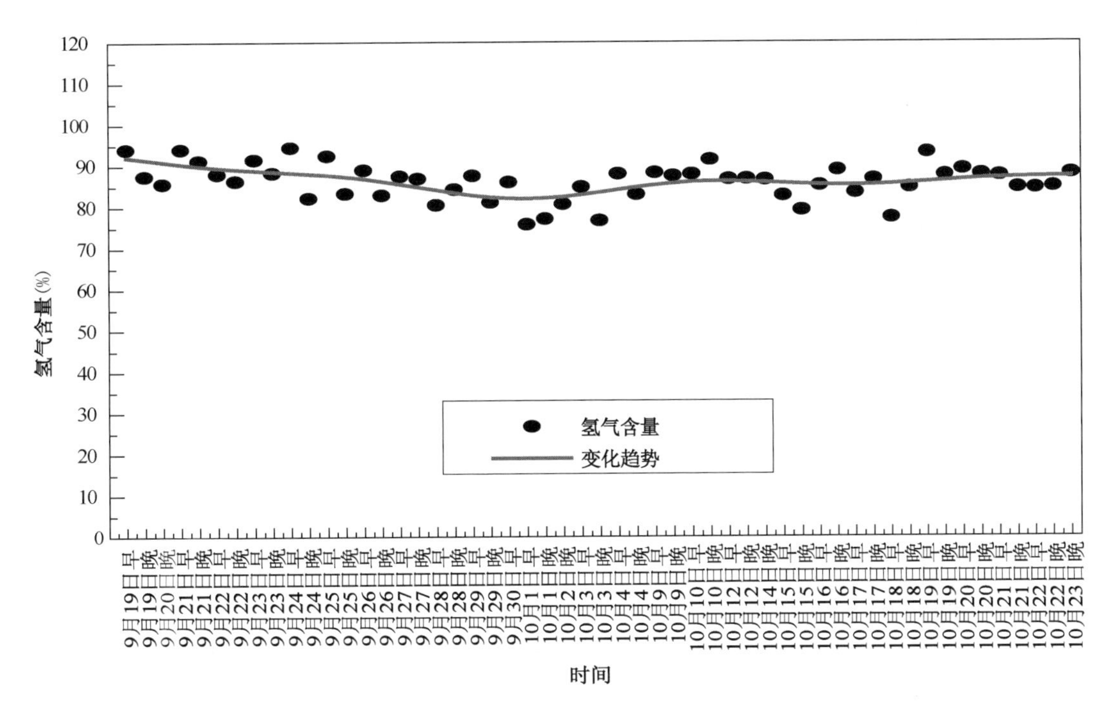

图 2.3.5 膜分离产品气中氢气的含量及变化趋势（2009 年）

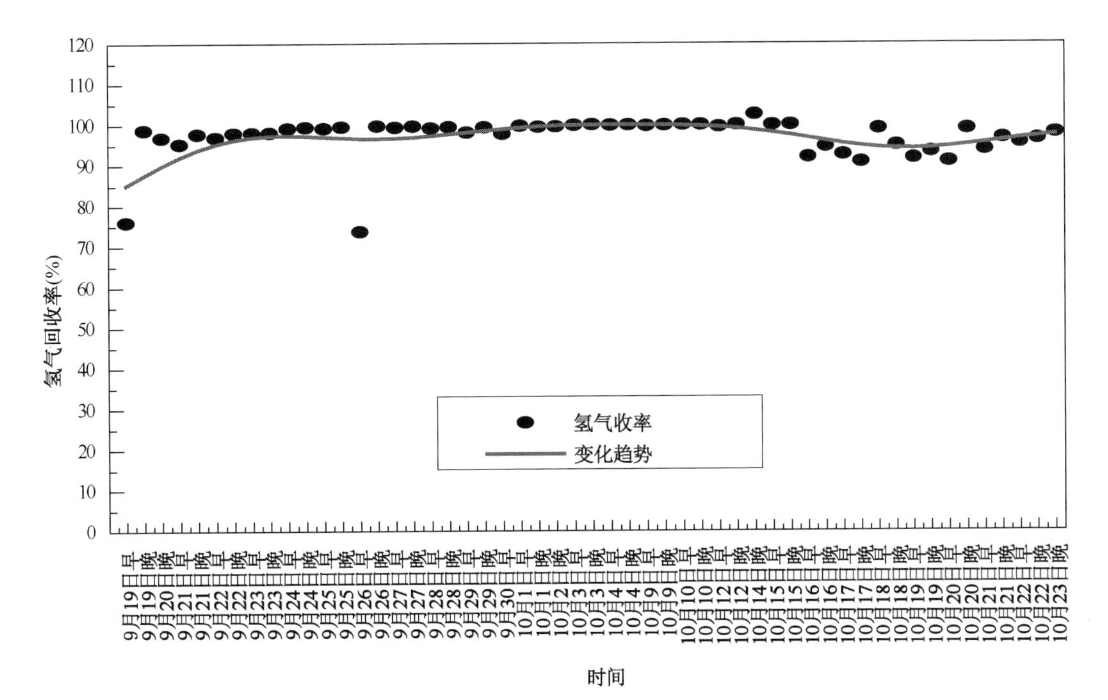

图 2.3.6 膜分离产品气氢气的回收率及变化趋势（2009 年）

①由于在原料气预处理中干燥了其中的水分，造成后面的溶液吸收脱除酸性气体单元因水分蒸发而易发生吸收液结晶堵塞；

②在吸附回收乙烯原料前，进行催化脱除氮氧化合物，装置所需的催化剂量大，装置投

资大；

③在变压吸附前进行催化脱氧和干燥，虽然原料气中水分含量达到露点低于-75℃，但通过变压吸附，其中的水分产生一定的富集，同时整个系统的微小泄漏均可造成产品气体中微量水分和氧气不能达到技术指标要求。

根据2008年的试验经验，改造了整个流程的布局，即整改后的工艺流程为：原料气吸收脱除酸性气体→原料气预处理→原料气干燥→变压吸附回收烃类→膜回收氢气→产品烃类催化脱除氮氧化合物→产品烃类催化脱除氧气→产品烃类精脱硫→产品烃类干燥等9个操作单元。改变流程后，溶液吸收也不易发生堵塞，产品中微量水分和微量氧气更易满足要求。

按照整改的工艺流程，2009年进行了相应的脱杂试验，通过在线配置的水分析仪和微量氧气分析仪检测水和氧气，结果显示烃类产品的水分含量均小于1×10^{-6}（实际显示露点均小于-75℃），氧气含量平均值为1×10^{-6}左右［实际在（0.1~1.5）$\times10^{-6}$］波动，产品气中微量水分和氧气的波动主要是由于变压吸附回收的烃类流量有一定波动）。

通过炼油厂化验车间的分析，产品中的二氧化碳和硫化氢均未检测出来，通过特定的检测管进行检测，无任何反应，表明其含量低于0.2mL/m^3。

对于催化脱氮氧化合物，2010年在北京化工研究院专家的协同下开展了试验，并将原料气和产品气取样送至北京化工研究院进行测试，检测结果显示干气及产品气中的NO_x含量分别为100mm^3/m^{3}和十几立方毫米每立方米。

综上所述，经过工艺设计的脱杂装置处理，回收的乙烯原料中的CO_2、H_2S、H_2O、O_2以及重烃含量均达到技术指标要求，详见表2.3.5。

表2.3.5　产品气杂质含量结果对比表

序号	项目	单位	现指标	预期指标
1	H_2S	cm^3/m^3	<0.2	≤1
2	H_2O	cm^3/m^3	<1	≤1
3	O_2	cm^3/m^3	<1	≤1
4	CO_2	cm^3/m^3	<0.2	≤1
5	NO_x	mm^3/m^3	<20	≤20

6. 组合工艺的应用总结

（1）高效吸附—膜分离组合工艺从炼油厂干气中回收乙烯原料与氢气的组合工艺，实现了催化裂化干气中的乙烯原料及氢气产品回收及精脱杂目标，除NO_x指标外（试验室检测指标），其余指标经现场试验检测均满足甚至超过合同指标要求，并形成了工艺包。

（2）研制了变压吸附、膜分离、催化吸附精脱杂（含脱NO_x）的组合全流程的工艺试验装置。

（3）筛选出回收原料的专用吸附剂，该吸附剂回收率高（≥90%）、纯度高（≥90%），远高于目前国内其他工艺装置的回收效果。

（4）组合工艺选用的专用吸附剂的稳定性试验（1000h以上），证明该吸附剂对回收乙烯原料稳定性好。

（5）采用催化、吸附精脱杂的研究试验，特别选用了国内自主研制的精脱 NO_x 催化剂（NO_x 含量小于等于 20mm³/m³）进行了现场探索性试验。由于现场缺少微量 NO_x 检测手段，因此，产品气送到北京化工研究院试验室进行检测，致使脱除微量 NO_x 试验仍不够完善。其指标达到考核要求，现已应用于工业化生产装置。

（6）完成了回收的乙烯原料气进入裂解装置分离系统具体位置的模拟核算，确认将原料气降温至 0℃，可不经冷箱进入脱甲烷塔，以保证装置的安全性。

二、催化裂化干气中烯烃提纯新方法

1. 目前烯烃分离提纯现状

在石油加工过程中，采用热裂化、催化裂化、焦裂化等技术，在获得汽油、柴油的同时，还副产大量含有烯烃的烃类气体和氢气。而在乙烯工业中，则是将乙烷、丙烷等轻烃、石脑油、柴油、重油等石油成分，经裂解而得到含乙烯、丙烯等烃类气体。为了获得所需的乙烯，丙烯产品，人们采用各种分离方法，将它们分离精制而加以利用。

目前国内外乙烯装置均采用深冷分离法来获得乙烯、丙烯，整个分离过程包括制冷、裂解气净化、精馏。在该工艺中为了脱除 H_2 和 CH_4，需要-140~-90℃的低温条件，需要很大的冷冻功耗。由于采用耐低温的材质，设备投资也很高。在乙烯精馏中，除了要低温冷源外，还因乙烯与乙烷相对挥发度低，需要大于 100 块塔板的精馏塔使其分离。而丙烯与丙烷的相对挥发度接近 1，精馏塔所需板数大于 150 块，还需要较大的回流比，已属于精密精馏。为了降低成本，提高效益，乙烯装置规模都很大，一般都在 30×10^4t/a 以上，建设投资极高，施工周期也长。

尽管深冷分离制乙烯现在技术已很成熟，同时大型化后装置投资和能耗有所下降，但若用于炼厂气的烯烃回收还存在很大困难。因为炼厂气规模比较小，无法大型化，此外，炼厂气中乙烯含量较低，仅 10%左右，里面含有 60%~70%的氢气和甲烷，在催化裂化干气中还含有 15%的 N_2，若采用深冷法，则在脱部分甲烷气时会耗费更大的投资和能耗，这在经济上是不合算的。

为了充分利用资源，降低成本，提高效益，人们一直为改进分离方法进行不懈的努力，美国 TENNECO 化学公司采用四氯化铝铜吸收技术，开发了回收乙烯的 ESEP 法。由于气体前处理比较复杂，配合剂对烯烃间的选择性较差，难以获取高纯度乙烯，故该法未能普遍推广。

日本神户制钢所曾对采用活性炭吸附分离法回收低浓度乙烯气体中的乙烯进行过研究，并进行了中试试验。由于得到的乙烯纯度和收率都较低，造成经济性差而难以实现工业化。

国内曾采用成熟的变压吸附技术，对石化企业中多种气源中的 H_2 进行回收提纯。后来国内有单位依托此技术，使催化干气经 PSA 装置，将混合气中的 H_2、CH_4、N_2、与 C_2~C_4的烯烃、烷烃分开，达到浓缩乙烯的目的。并且进一步提出了将浓缩烯烃馏分经精馏分离，得到纯乙烯、丙烯，以期能为催化裂化干气等炼厂气，开发出可行又经济的分离方法。但这种方法因同碳原子数的烯烃和烷烃难于分离而导致投资较大，工艺流程长，能耗较高。

2. 催化裂化干气的烯烃提纯新方法

在PSA分离技术中，其核心的技术之一就是所用的吸附剂。如在PSA空气分离制O_2中，采用5A分子筛，其N_2/O_2分离系数在3左右，而采用新型锂分子筛其N_2/O_2分离系数则可以达到6.5左右，采用后者就能大大降低能耗。

经研制、筛选，开发出一种新型的、能将烯烃与烷烃有效分离的吸附剂。经测试表明，该吸附剂对烯烃有很大的吸附能力，而对烷烃以及N_2、H_2、CO等的吸附能力都很低，烯烃与烷烃的分离系数，高达50~80，这就为采用PSA法分离烯烃，提供了一种更有效、更经济的方法。由于该吸附剂对烯烃和烷烃有极高的分离度，理论上对任何浓度的烯烃混合气都能有效回收烯烃，故本方法特别适用于烯烃含量低的尾气回收。

现在推广的催化裂化干气提浓的方法是采用一般吸附剂的PSA法，由于烯烃与烷烃不能有效分离，浓缩得到的产品气，仅是乙烯、乙烷、丙烯、丙烷等的混合气，一般乙烯浓度为50%左右，这就限制了该产品气的使用，此外，乙烯收率仅能达到60%左右使得资源利用率及效率都较差。若采用新吸附剂的PSA技术，就可一次将乙烯和丙烯分离出来，乙烯浓度可大于90%，乙烯收率可达90%以上。这不但充分回收资源，提高了效益，还为乙烯进一步加工创造了条件。

对于含丙烯尾气的分离，如果采用新的吸附剂，能有效地分离丙烯、乙烷、丙烷、氮气。由于分离系数较高，产品丙烯的浓度可达98%以上，收率可达98%以上，同时氮气纯气可达到99%以上。

3. 催化裂化干气中乙烯、丙烯、氢的分离与提纯

由于催化裂化干气中含有60%左右的H_2和CH_4，另外还含有约15%的N_2，乙烯含量仅为15%左右，采用传统的深冷分离方法，显然在投资及能耗上都是难以接受的，故如何经济而有效地回收催化裂化干气中的有用成分，一直是人们关注的焦点。

采用膜分离/PSA装置，可有效地将催化裂化干气中的H_2加以回收，产品H_2的纯度可达99.9%，收率可达90%。如果将该工艺稍加调整，可在提纯H_2的同时，将C_4以下的烃类也分离出，再采用新吸附剂的PSA法，将混合烃分离成烯烃和烷烃，进一步将烯烃中的乙烯、丙烯分离，得到最终产品——乙烯、丙烯。由于乙烯与丙烯的相对挥发度大，采用深冷分离会比乙烯与乙烷，丙烯与丙烷的分离要容易得多，能耗也会降低。而吸附分离出的乙烷、丙烷混合气，可以不用再分离，直接返回用作裂解的原料。

与传统的深冷分离过程相比，本工艺过程采用PSA技术，将催化裂化干气分离成含H_2、N_2、CH_4的轻馏分和含乙烯、乙烷、丙烯、丙烷的重馏分。这就摒弃了深冷法中投资最多，耗冷量最大的脱甲烷等不凝气体的分离部分。上述分离得到轻馏分，再经膜分离得到纯H_2，含乙烯、乙烷、丙烯、丙烷的重馏分，再经过新吸附剂的PSA装置分离成乙烯、丙烯和乙烷、丙烷两个馏分，虽然还要用精馏的方法将乙烯和丙烯分离并提纯，但省去了乙烯和乙烷、丙烯和丙烷这两组难度最大的精馏分离。由于PSA过程的能耗相当低，故采用本工艺过程的能耗仅占深冷分离过程的30%~40%，同时投资也大幅度降低，这就使得回收利用催化裂化干气能以实现，且经济效益明显，据初步估算，其投资利润率将超过100%。

从以上分析可知，该工艺过程也适用于炼油厂的其他裂解气的分离。该工艺的实现将为炼油厂的综合利用拓宽道路，有利于炼油厂更好地生存和发展。

催化裂化干气中乙烯、丙烯、氢气的分离与提纯装置的工艺流程见图 2.3.7。

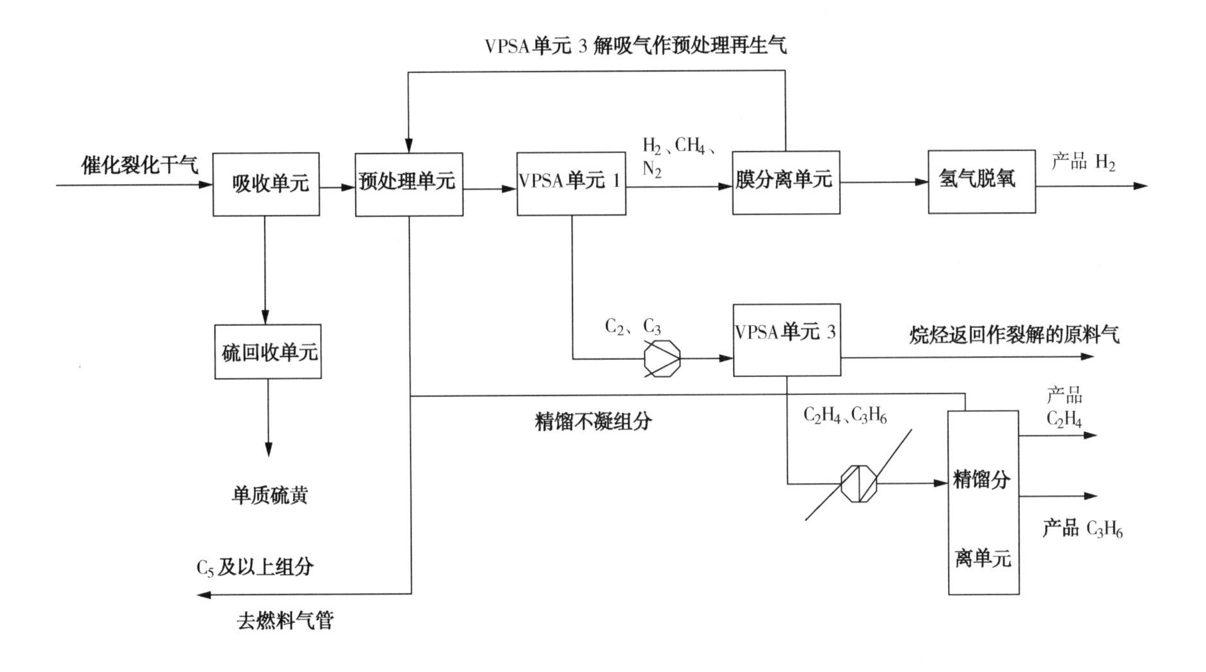

图 2.3.7　分离纯化工艺流程图

催化裂化干气首先进入吸收单元，在该单元中将催化裂化干气中的酸性气体（H_2S）基本脱除，并将脱出的硫以硫泡沫形式排除，再在熔硫釜内熔为单质硫产品。

脱除了酸性气体的催化裂化干气进入预处理单元，该单元为一套变温吸附装置，经过吸附、解吸等工艺过程，预处理塔出口的催化裂化干气中的 C_5 以上组分被脱出，其再生过程的再生气为氢提纯（VPSA 单元 3）后的解吸气。

净化后的催化裂化干气进入 VPSA 单元 1。经过该单元，催化裂化干气被分为轻馏分和重馏分，其中轻馏分富集有 H_2、N_2 和 CH_4，重馏分富集有乙烯、乙烷、丙烷、丙烯、丙烷等组分。

经过 PSA 单元 1 后的吸附尾气（从塔顶排出）进入膜分离单元，经过该单元后 N_2、CH_4 被分离出，得到氢气，在氢气中含有部分氧气，故该氢气再经过脱氧后成为产品氢气送出界区。

重馏分（VPSA 单元 1 的解吸气）进入 VPSA 分离单元 3，经过该单元乙烷、丙烷被分离出，得到含乙烯、丙烯的馏分，乙烷、丙烷馏分返回作裂解的原料，乙烯、丙烯馏分送入精馏塔作进一步分离。

乙烯、丙烯馏分进入精馏分离单元，从塔顶得到纯乙烯产品，从塔底得到纯丙烯产品。

4. 工艺过程各结点物料衡算

工艺过程各结点物料衡算见表 2.3.6。

表 2.3.6　工艺过程各结点物料衡算表（以催化裂化干气 14.8×10^{4}t/a 计算）

物料点	组分	CH_4	C_2H_6	C_2H_4	C_3H_8	C_3H_6	C_4	H_2	N_2	O_2
(2)	含量［%（体积分数）］	27.02	10.41	15.80	0.11	0.38	0.02	28.42	17.21	0.63
	流量（m^3/h）	6268.6	2415.1	3665.6	25.5	88.2	4.6	6593.4	3992.7	146.2
	总计	23200m^3/h，14.8×10^{4}t/a，硫含量 50mg/m^3								
(3)	含量［%（体积分数）］	27.03	10.41	15.80	0.11	0.38	0.00	28.43	17.21	0.63
	流量（m^3/h）	6268.6	2415.1	3665.6	25.5	88.2	0.0	6593.4	3992.7	146.2
	总计	23195m^3/h，14.8×10^{4}t/a								
(4)	含量［%（体积分数）］	36.45	0.00	0.00	0.00	0.00	0.00	39.55	23.70	0.3
	流量（m^3/h）	5955.2						6461.5	3872.9	48.9
	总计	16338.5m^3/h								
(5)	含量［%（体积分数）］	0.2	0.00	0.00	0.00	0.00	0.00	98.7	0.60	0.2
	流量（m^3/h）	12.1						5944.6	36.1	12.1
	总计	6022.9m^3/h								
(6)	含量［%（体积分数）］	0.2	0.00	0.00	0.00	0.00	0.00	99.2	0.60	0.0
	流量（m^3/h）	12.0						5920.4	36.1	0
	总计	5968.5m^3/h								
(7)	含量［%（体积分数）］	0.2	0.00	0.00	0.00	0.00	0.00	99.2	0.60	0.0
	流量（m^3/h）	313.4	2415.1	3665.6	25.5	88.2	0.0	131.9	119.8	97.3
	总计	6856.8m^3/h								
(8)	含量［%（体积分数）］	0.1	1.1	96.3	0.05	2.3	0.00	0.05	0.05	0.05
	流量（m^3/h）	3.7	40.6	3555.6	1.8	86.4	0.0	1.8	1.8	1.8
	总计	3693.7m^3/h								
(9)	含量［%（体积分数）］		0.1	99.9						
	流量（m^3/h）		32.5	3377.8						
	总计	3410.3m^3/h，34126t/a								
(10)	含量［%（体积分数）］				0.05	2.3				
	流量（m^3/h）				1.4	82.1				
	总计	83.5m^3/h，1253.5 t/a								
(11)	含量［%（体积分数）］	9.8	75.1	3.5	0.7	0.1	0	4.1	3.7	3.0
	流量（m^3/h）	309.7	2374.5	110	23.7	1.8	0	130.1	118	95.5
	总计	3163.3m^3/h								
(12)	含量［%（体积分数）］	57.5	0	0	0	0	0	5.0	37.1	0.4
	流量（m^3/h）	5943.1	0	0	0	0	0	516.9	3836.8	36.7
	总计	10333.6m^3/h								
(13)	含量［%（体积分数）］	57.5	0	0	0	0	0.04	5.0	37.1	0.4
	流量（m^3/h）	5943.1	0	0	0	0	4.6	516.9	3836.8	36.7
	总计	10338.2m^3/h，硫含量 112mg/m^3								

5. 装置经济效益分析

本装置经济效益分析基于如下数据：

14.8×10^4t/a 的干气按上述过程分离提纯氢气、乙烯、丙烯装置。

总投资：6500 万元；

电价：1.0 元/（kW·h）；

蒸汽：200 元/t；

装置折旧按 10 年计；

设备按 20 人操作计，年操作人员费用为 100 万元；

年检修费用按 300 万元（装置投资的 5%）计；

产品乙烯和丙烯按增加值 3000 元/t，产品氢气的增加值按 1 元/m^3计；

装置年运行时间按 8000h 计算，则装置年操作费用如表 2.3.7 所示。

表 2.3.7　装置经济效益分析

序号	费用名称	单耗	年消耗	费用（万元）
1	电耗	450kW·h/h	360×10^4kW·h	360
2	蒸汽	3t/h	24000	480
3	设备折旧			650
4	操作人员费用			100
5	年检修费用			300
6	合计			1890

装置运行后生产乙烯和丙烯产品的增加值为：

乙烯：34126×3000/10000＝10237.8 万元

丙烯：1253.5×3000/10000＝376.05 万元

氢气：5968.5×8000/10000＝4774.8 万元

装置投运后年净利润为：

10237.8+376.05+4774.8−1890＝13498.65 万元

则装置投资回报期为：

6500/13498.65＝0.48 年，即 175.2 天。

若采用干气提纯乙烯和丙烯的增加值为 2000 元/t，则装置运行后年利润为 9960.7 万元，装置投资回报期为 0.65 年，即 237.25 天。

6. 回收烯烃的利用

国内大约有 150 家炼化企业，具有烯烃加工能力的大约占 10%。采用以上方法即可把回收的烯烃气返回到烯烃加工厂增产烯烃。对于其他 90%左右没有烯烃加工能力的炼化企业，通过合作开发的形式，开发出以下几项成熟技术：

（1）用回收的乙烯、丙烯同时生产双醛，即丙醛、丁醛，目前铑磷水溶性催化剂已在工业装置获得成功应用，此技术我们认为非常成熟。丙醛、丁醛可生产正丙醇、丙酸、丙酸盐、正丙胺、丙酸酯、甲基丙烯酸酯、丁醇、丁辛醇等化工精细产品和合成药物的重要中间体。

(2) 用回收的乙烯生产环氧乙烷、乙二醇、碳酸乙烯酯，通过与中国石化、天津大学石油化工技术开发中心合作，已完成形成完整的工业装置设计技术，技术完全没有障碍。如从环氧乙烷及乙二醇工艺路线出发，下游可生产多种高附加值的精细化工产品。

(3) 用回收的乙烯可生产燃料级的乙醇，此工艺在技术上没有难度。回收 1t 乙烯可生产 1.8t 燃料级乙醇。

(4) 回收的乙烯原料可生产高相对分子量聚合乙烯产品，附加值可比高密度的乙烯提高 20%~30%左右，此技术工业化中试装置已获得成功。

(5) 用回收的乙烯生产 α-烯烃，目前此技术还正在开发之中，上述前 4 种工艺路线都较为成熟，工艺生产路线供用户根据实际情况和区域的特点加以选用。

7. 小结

由于所用的吸附剂对烯烃和烷烃有很高的吸附分离能力，因此，对各种烯烃含量低的放空气和尾气中的烯烃，都能有效回收。如丙烯聚合的放空气中含有丙烯及部分丙烷和氮气，现一般采用将放空尾气加压部分冷凝后，再用膜分离的方法来回收。该法不但收率不高，而且回收的丙烯纯度无法达到聚合原料的要求，无法返回直接使用。若采新吸附剂的 PSA 技术，不仅可直接将放空气，不用加压直接进到吸附塔，经吸附分离后可以得到浓度大于 99%聚合级的丙烯，而且可达到 95%以上收率。

又如乙烯厂的火炬气中乙烯回收，乙烯厂火炬气体的主要组成为氢气、甲烷、乙烯，该火炬气通过本 PSA 装置，就能有效地将其中的乙烯回收利用，对年产 30×10^4t 乙烯厂而言，一般气体的排空量为 1000kg/h。若能将乙烯有效回收，一年就可回收乙烯近万吨，年增加经济效益数千万元。

由上可知，以 PSA 分离技术为主的气体分离过程和与之配套的工业生产装置，因其技术成熟，操作稳定、收率高、能耗低、投资小，建设周期短、效益特别好等特点，确实是一种新型、先进的分离生产方法，它的运用和推广，必将会为企业带来可观的经济效益和社会效益。

第四节　有机气及排放油气的回收应用

一、概述

有机气为 Volatile Organic Compounds（挥发性有机组分，简称 VOCs）的简称，指具有一定挥发性的有机烃类化合物，如各种脂肪族、芳香族烯烃、烷烃等。在石油化工生产过程的许多环节都有一些有机不凝气和弛放气的排放，处理方法大多是破坏法，直接排到火炬烧掉，造成了资源的巨大浪费和环境污染。因此如何回收和利用这些有价值的组分具有非常重要的意义。20 世纪末出现的有机蒸气分离膜技术，为这些有机组分的回收提供了有效的办法，并在实际的工业应用中获得了巨大的成功。目前在国内外已经有 400 多套的有机蒸气回收装置投入商业运营。主要用于乙烯、丙烯、氯乙烯生产过程和石油炼制、天然气加工过程中的有机气的回收及汽油储运过程排放油气组分的回收等过程。

二、有机蒸气分离膜的原理

气体透过高分子有机膜的过程一般遵循溶解—扩散机理：气体首先溶解到膜材料内，然后在膜两侧建立浓度梯度，从而导致膜两侧的气体化学位出现差异。在这一化学势差的驱动下，气体将由化学势高位（上游侧）向化学势的低位（下游侧）方向扩散传递。最后在膜的下游侧解吸。

有机蒸气膜分离过程多采用橡胶类分离材料。在分离机理上属于溶解选择性控制，即易溶于膜材料的有机蒸气（如乙烯、丙烯、氯乙烯、重烃组分等）在膜内的渗透速率相对较快，从而实现与在膜材料溶解度小的气体（如氮气、氢气、甲烷等）的分离。

橡胶类膜材料是迄今为止工业应用的气体通量最大的膜材料，通量大意味着相同条件下，可以用较小的膜面积获得较大的气体处理量。因此，工业上多将膜制备成平板膜形式，膜组件也相应地采用螺旋卷式膜或叠片形式，而较少采用中空纤维膜组件形式。

三、有机蒸气分离膜在石油化工行业的应用

在以乙烯、丙烯等原料为石油化工生产过程以及环氧乙烷、聚氯乙烯、液化气等化工产品的生产环节，原料的精制、反应过程和产品的纯化过程往往会产生含大量有机蒸气组分的弛放气。如聚丙烯和聚乙烯过程中聚合物纯化过程的排放气；环氧乙烷合成过程中，为了防止氩气等惰性气体累积而产生的排放气；炼油厂液化气生产、氯乙烯生产过程及天然气加工过程产生的各类有机蒸气。下面根据各个应用过程分别加以介绍。

1. 聚烯烃生产过程中烃类的回收

在聚烯烃的聚合反应过程中为了防止惰性气体在反应器内的累积，必须将一部分气体作为弛放气排掉。此股气中含有一定量的烯烃单体，造成了烯烃单体的损失。同时，粉料在脱气仓内精制过程，用氮气将粉料中吸附的烃类除去，也会产生含有大量烃类的脱仓尾气。传统工艺多采用压缩冷凝的办法来回收其中的烃类，但因受到气液平衡的限制，在排放的不凝气中仍然含有大量的有机蒸气组分。这些组分可以利用有机蒸气膜分离技术得到进一步的回收利用。

1）在聚丙烯生产过程的应用

在小本体聚丙烯生产工艺中，传统方式采用压缩冷凝工艺对弛放气中丙烯单体进行回收，降低生产的单耗。但由于受压力及冷凝温度的制约，不凝气中仍含有大量浓度高达50%~80%（体积分数）的丙烯单体无法回收。在BP-Amoco气相丙烯聚合工艺中，树脂脱气的排放气中含有20%的丙烯，造成了烃类的大量浪费。采用压缩冷凝和膜分离单元的耦合过程可以将这些排放气中99%以上的丙烯回收利用。工艺流程如图2.4.1所示。

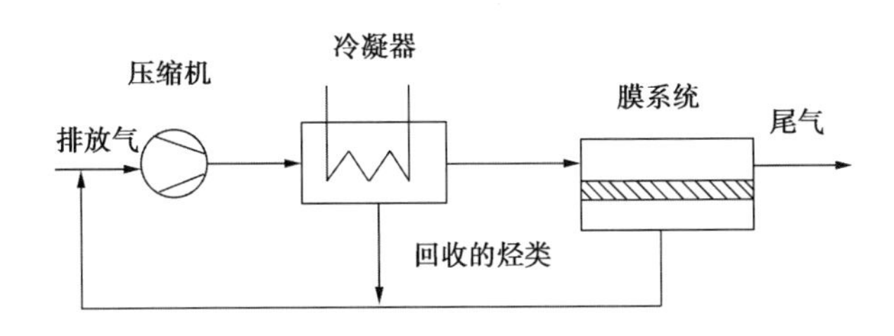

图2.4.1　膜分离与压缩冷凝结合工艺回收丙烯

在线型聚乙烯生产过程中，不凝气中含有4%~8%的丁烯。采用有机蒸气分离膜技术可以将这些排放气中85%以上的烃类回收，同时将氮气纯化，循环使用。流程如图2.4.2所示。

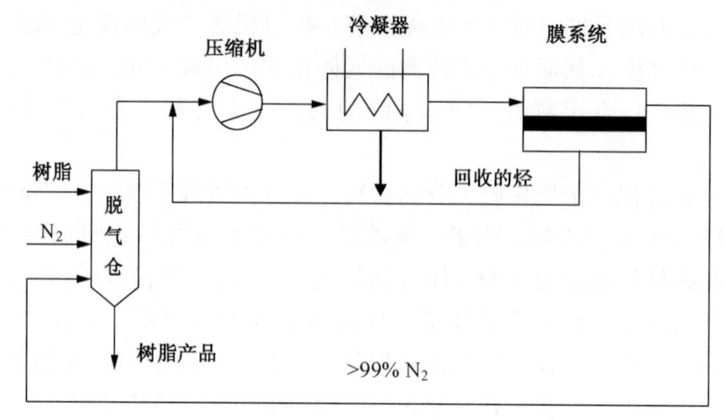

图2.4.2 树脂脱气过程中烃类和氮气的回收

从2001年起气体膜分离技术开始在国内推广使用。目前近90%的小本体聚丙烯企业采用了膜分离丙烯回收装置，使得小本体生产工艺可降低单耗30~40kg/t（丙烯/聚丙烯）。另外，在其他各种聚丙烯生产工艺中（如BP-Amoco，Novolen和三井等）膜技术也得到很好的应用，极大地增强了这些工艺的竞争性。例如采用三井油化工艺生产过程时，为防止惰性气体（氮气等）累积也需要排掉驰放气。采用有机蒸气膜回收技术，可降低单耗10kg/t（丙烯/聚丙烯）。若应用于其低压尾排过程，还可回收大量己烷。

在BP-Amoco和Novolen工艺的过程中，PP树脂脱气产生的尾气如采用压缩冷凝和膜分离单元的耦合过程可以回收其中90%以上的丙烯和50%以上的氮气，经济效益显著。

2）在聚乙烯生产过程的应用

（1）从高压反应器的驰放气中回收乙烯和烃类。

在BP-Innovene工艺、Lupotech G等工艺合成聚乙烯的过程中，氮气被加入到反应器来控制乙烯的分压。当氮气从反应器排出的时候，大量的乙烯和共聚单体随之一起排出，送到火炬白白烧掉。以采用BP-Innovene工艺的某厂为例，该厂共有两条生产线，单线的生产能力为6.5×10^4t/a，每年从反应弛放气中损失的乙烯及共聚单体近1000t。图2.4.3为嵌入了有机蒸气膜分离单元的流程示意图。

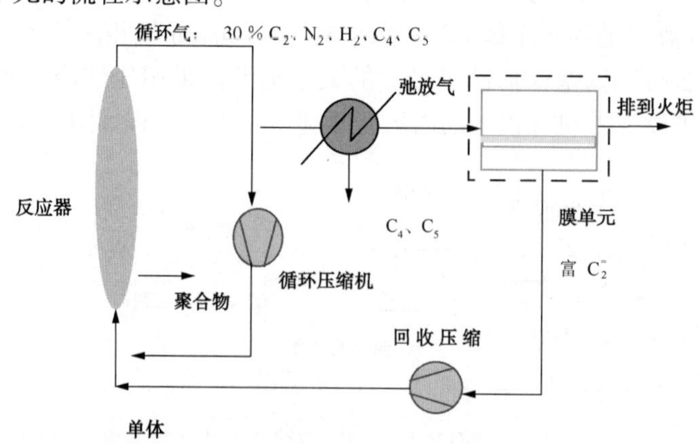

图2.4.3 反应驰放气中乙烯及共聚单体的回收

有机蒸气膜分离单元的作用是排放掉一定数量的氮气，同时将富集的乙烯和其他烃类返回到反应器。反应弛放气的压力一般在20atm左右，提供了膜分离过程的推动力，无需增加额外的动力设备。反应弛放气首先经过冷凝器，回收一部分高沸点的 C_4、C_5 等烃类，然后进入到膜分离单元。渗透侧富集的乙烯和共聚单体通过现有的回收压缩机返回到反应器，尾气侧排放掉一定数量的氮气，送到火炬。

下面以该厂反应弛放气的膜法回收过程为例，来说明有机蒸气膜分离过程。膜分离单元的性能及回收的经济效益见表2.4.1。

表2.4.1 某乙烯厂反应驰放气的工艺参数

项　目		HD 5070EA	HD5010	LL0209AA
流量（kg/h）		175	175	175
气量（m^3/h）		176.1	153.6	131.8
压力［MPa（表压）］		2.3	2.3	2.3
温度（℃）		40~90	40~90	40~90
组成［%（摩尔分数）］	H_2	23	10.5	6.5
	C_2H_4	31	31	31
	N_2	34	52.5	47
	C_2H_6	12	5.5	3.5
	C_4H_8	0	0.5	12
需排放氮气（m^3/h）		68.42	92.16	70.80

按照该厂两条生产线，年产 13×10^4t 的规模，每年可以从反应弛放气中回收乙烯及共聚单体近1000t，经济效益近1000万元。

（2）从低压放空气中回收烃类和氮气。

在Unipol、Phillips 、Hostalen聚乙烯工艺中，合成的聚乙烯树脂需要在脱气仓中用氮气精制，脱出粉料中夹带的烃类，产生的脱仓尾气中含有大量的烃类。目前采用压缩冷凝的办法来回收其中的烃类。但受热力学平衡的限制，在不凝气中仍然含有大量的烃类和几乎全部的氮气，被送到火炬烧掉。采用压缩冷凝与有机蒸气膜分离单元的有机结合可以实现不凝气中烃类的回收和氮气的纯化。

①Unipol工艺。

目前国内有8套Unipol工艺生产聚乙烯的装置，总规模达到 130×10^4t/a。结合该工艺的实际情况，嵌入有机蒸气膜单元的流程示意图见图2.4.4。

一级膜分离单元的作用是将压缩冷凝过程产生的不凝气中的烃类（主要是丁烯1-和异戊烷）在膜的渗透侧提浓，然后返回到现有的压缩机入口，通过压缩冷凝进一步加以回收。二级膜分离单元的作用是纯化氮气，将氮气的纯度提高到98%以上，返回到脱气仓重复利用，渗透侧的气体排放到原有的火炬系统。

下面以某石化公司 12×10^4t/a 规模的Unipol工艺的聚乙烯装置为例，来说明有机蒸气分离膜在该工艺的应用。表2.4.2为该装置原脱气仓尾气的工艺条件。现该装置目前只采用一级膜分离过程，主要回收丁烯1-和异戊烷。

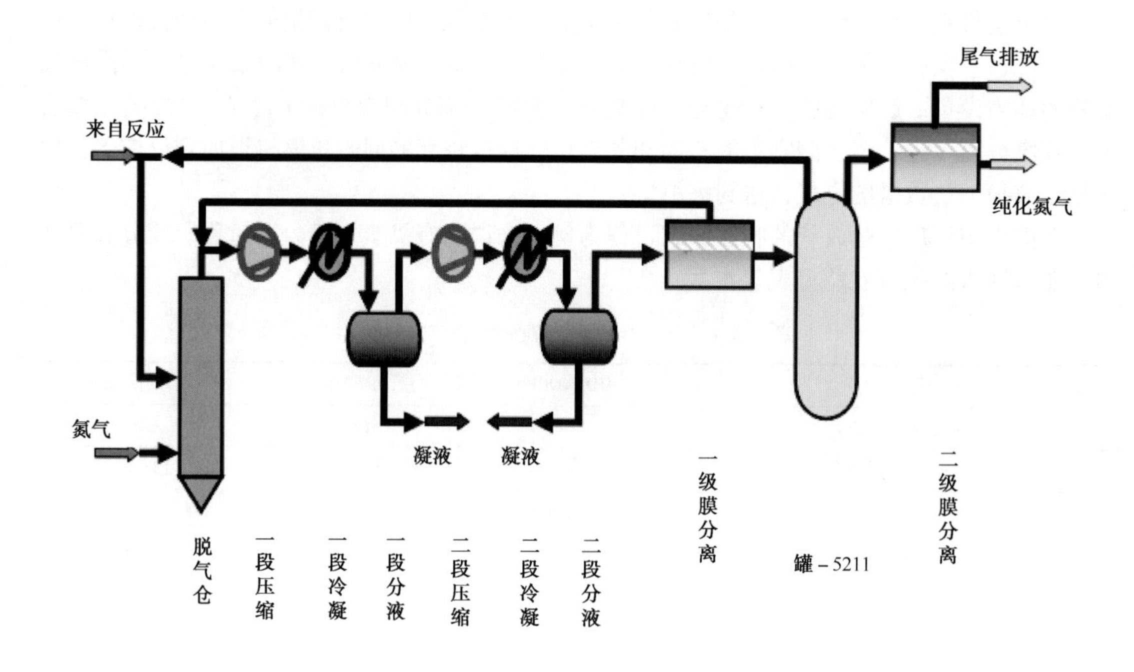

图 2.4.4　Unipol 工艺膜法脱仓尾气中烃类回收和氮气纯化

表 2.4.2　脱气仓尾气的工艺条件

参　　数		数　　值
流量（kg/h）		2542.2
气量（m^3/h）		1393.2
压力［MPa（表压）］		0.03
温度（℃）		90
组成［%（摩尔分数）］	H_2	4.2806
	CH_4	1.138
	N_2	45.11
	C_2H_4	7.428
	C_2H_6	1.871
	C_4H_8	19.262
	C_4H_{10}	3.891
	i-C_5	17.016

原脱仓尾气是经过压缩冷凝后的不凝气，其中一部分用于出料，另一部分直接排放到火炬，损失了大量未冷凝的1-丁烯和戊烷。嵌入膜分离单元后，将膜分离单元尾气侧的一部分气体排放到火炬，通过比较两种情况下去火炬损失的烃类，就可得出嵌入膜分离单元后增加的回收量，具体的结果见表 2.4.3。

表 2.4.3 原过程与嵌入膜分离单元的烃类损失量的比较

组分	原过程不凝气损失的量（kg/h）	膜分离单元尾气侧损失的量（kg/h）	回收的量（kg/h）
C_2H_4	45.20	40.13	5.07
C_4H_8	52.12	20.34	31.78
i-C_5	9.03	3.23	5.80
合计	106.35	63.70	42.65

从表 2.4.3 的数据可以看出，膜分离单元的嵌入可以回收原不凝气中 60%以上的 1-丁烯，每吨聚乙烯的丁烯单耗可以下降 2kg。从该石化公司实际运行的情况来看，膜分离单元投用后每吨聚乙烯丁烯的单耗可以下降 2kg 左右，同时节约部分异戊烷。如果压缩机的余量能够进一步增加，允许返回的渗透气量更多一些，则回收的效果将更加显著。

②Phillips 工艺。

Phillips 工艺生产高密度聚乙烯（HDPE）过程中，树脂脱气的驰放气中含有大量的异丁烷和氮气。采用压缩冷凝和膜分离单元相耦合的办法可以实现在循环水冷却的情况下实现回收 95%以上的异丁烷，同时得到纯化的氮气。嵌入有机蒸气膜单元的流程示意图见图 2.4.5。

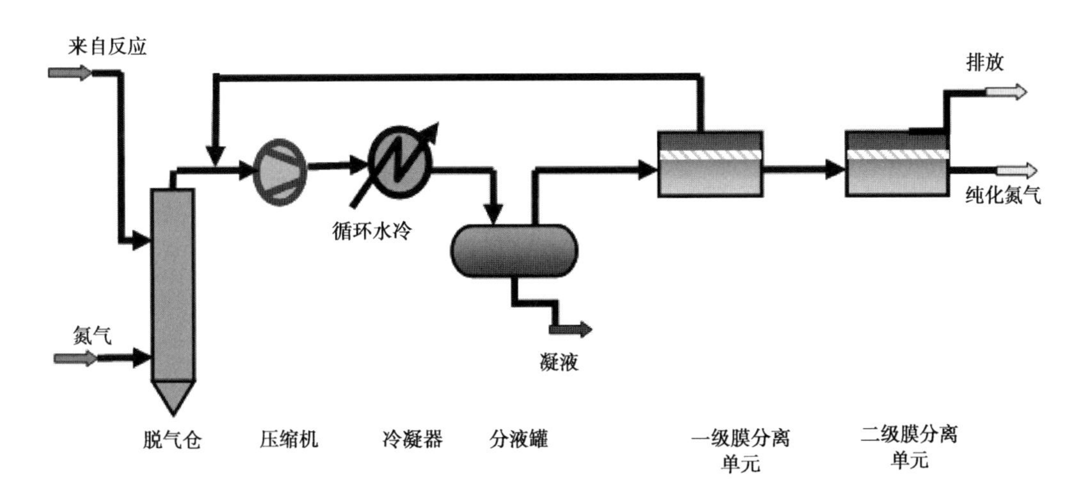

图 2.4.5 Phillips 工艺膜法脱仓尾气中烃类回收和氮气纯化

一级膜分离单元的作用分离和富集异丁烷，二级膜分离单元的作用是纯化氮气。根据 Phillips 工艺的特点，采用图 2.4.5 所示的流程，系统的性能见表 2.4.4。

表 2.4.4 Phillips 工艺回收系统的性能

参数	数值	参数	数值
流量（kg/h）	8200	i-C_4H_{10}（kg/h）	4740
压力［MPa（表压）］	0.03	H_2O（kg/h）	20
温度（℃）	~40	回收的 i-C_4H_{10}（kg/h）	4647
N_2（kg/h）	3240	i-C_4H_{10}的回收率（%）	98
CO_2（kg/h）	160	回收的 N_2（kg/h）	1680
O_2（kg/h）	40	N_2的回收率（%）	51.8

从表 2.4.4 可以看出，在采用循环水冷的条件下由于膜分离单元的嵌入，仍然可以实现异丁烷的高回收率，同时回收 50%以上纯度为 99%的氮气。

③Hostalen 工艺。

德国巴塞尔公司的 Hostalen 低压淤浆法生产聚乙烯工艺，树脂脱气尾气中主要含有已烷和氮气，采用压缩冷凝和膜分离单元相耦合的办法可以实现在循环水冷却的情况下实现回收 99%以上的已烷，同时得到纯化的氮气。嵌入有机蒸气膜单元的流程示意图见图 2.4.6。

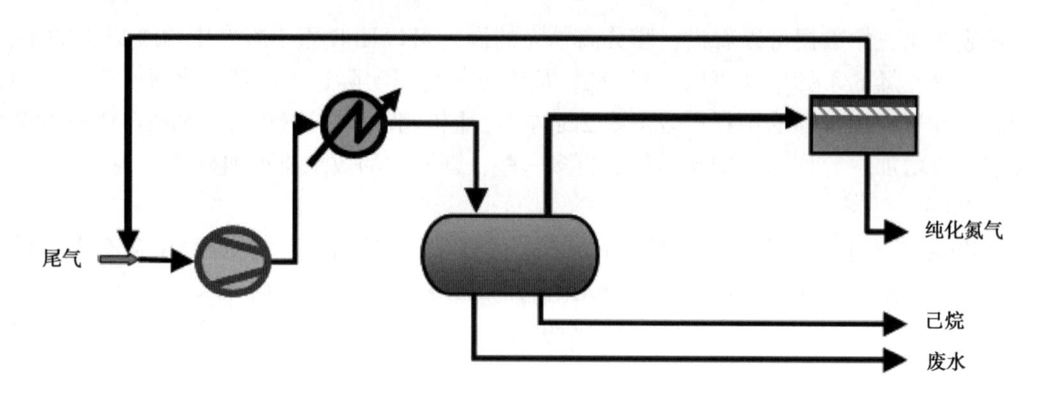

图 2.4.6　Hostalen 工艺膜法脱仓尾气中己烷回收的氮气纯化

根据 Hostalen 工艺的特点，采用图 2.4.6 所示的流程，系统的性能见表 2.4.5。

表 2.4.5　Hostalen 工艺的膜单元的性能

参数	数值	参数	数值
流量（kg/h）	1022	C_2H_4（kg/h）	0.10
压力［MPa（表压）］	0.02	C_4H_{10}（kg/h）	0.05
温度（℃）	50	回收的 C_6H_{14}（kg/h）	419.83
N_2（kg/h）	550	C_6H_{14}的回收率（%）	99.9
C_6H_{14}（kg/h）	420	回收的 N_2（kg/h）	546.86
H_2O（kg/h）	50	N_2的回收率（%）	99.5

由于 Hostalen 工艺树脂的脱仓尾气中主要含有已烷、氮气和水，其他的组分都是微量的，所以压缩冷凝和膜分离耦合的工艺，可以实现已烷和氮气近 100%的回收，树脂脱气过程的氮气可以实现自给的循环利用。

2. 环氧乙烷合成过程中乙烯的回收

在乙烯气相反应合成环氧乙烷过程中，乙烯的单程转换率一般都小于 100%，未反应的乙烯单体经循环压缩机送到反应器内进一步反应。为了防止氩气和其他惰性气体的累积，须将一部分循环气作为弛放气排掉，来控制反应系统中氩气和其他杂质的浓度。在排放气中含有 25%左右的乙烯，从而造成大量的乙烯损失。以生产规模为 10×10^4t/a 环氧乙烷装置计算，每年损失乙烯约 300t。采用有机蒸气膜分离技术可在保证排放掉等量氩气等惰性组分的同时，回收弛放气中 90%的乙烯。将其通过原装置尾气压缩机返回反应系统继续合成环氧乙烷，如果采用甲烷致稳的工艺还可节约 40%~50%的甲烷。

采用有机蒸气膜可以同时实现排掉惰性气体和回收乙烯单体。循环排放气进入膜分离单元，渗透侧得到富集乙烯气流，通过原装置尾气压缩机返回系统继续合成环氧乙烷，实现乙烯的回收。而膜的截留侧为富集的氩气等惰性组分，排放到原放空系统。

在此回收过程中由于富乙烯的气流返回到原尾气压缩机的入口，会增加其工作负荷，所以在膜过程的设计要充分考虑设备能力的限制。一般情况下，膜可以使乙烯单体的回收率达到85%以上。当采用甲烷致稳时，在回收乙烯同时，可回收40%~50%的甲烷。

目前国内已经有8套EO/EG（环氧乙烷/乙二醇）装置采用有机蒸气膜分离技术，除一套采用进口装置外，其余的7套装置都是由大连欧科膜技术工程有限公司提供的，为EO/EG装置的节能降耗起到了积极的作用。

3. 炼厂气中液化气的回收应用

在炼油厂各装置的放空气中（如催化裂化、催化重整、异构化、加氢裂化）均含有C_3^+的液化气组分，通常作为燃料气使用。若能回收其中液化气组分，其价值远高于将其作为燃料气烧掉。有机蒸气分离膜结合炼油厂原有的吸收工艺或者采用压缩冷凝工艺可以很好的实现这些液化气组分的回收利用。流程如图2.4.7所示。

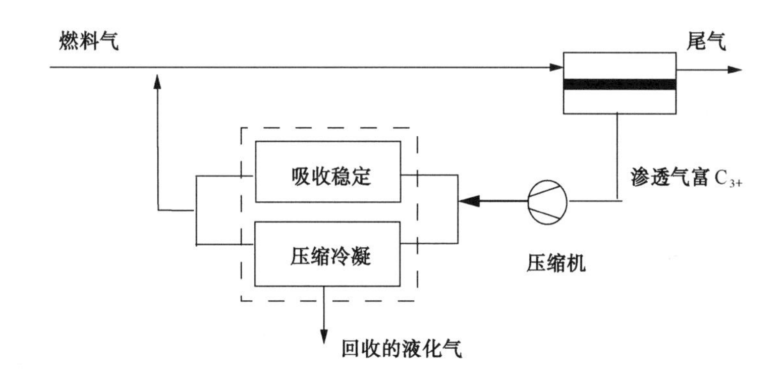

图2.4.7 膜法液化气回收工艺

经过有机蒸气分离膜富集的液化气组分，用压缩机返回到吸收稳定系统或者采用直接冷凝的办法将液化气组分加以回收，可以实现80%以上液化气组分的回收。2003年，大连欧科膜技术工程有限公司为大庆炼化提供了一套膜法液化气回收装置，至今一直运行稳定，并取得了显著的经济效益。该工艺还可以将燃料气中的氢气在膜的截留侧富集，再结合其他的氢气纯化工艺来回收利用氢气。

4. 聚氯乙烯工业中氯乙烯的回收应用

我国52%左右的氯乙烯合成路线是采用电石法工艺。在氯乙烯精馏提纯过程中分离出精馏尾气时，由于受尾冷器操作的压力和温度的限制，排空尾气中一般含有6%~25%的氯乙烯单体。这不仅污染周围大气环境，而且造成电石消耗定额升高和原料的浪费，增加聚氯乙烯生产成本。同时氯乙烯聚合反应过程中未反应的氯乙烯在采用压缩冷凝回收后，其不凝气中仍然含有40%的氯乙烯。

1）膜法精馏尾气中的氯乙烯的回收应用

膜工艺在此过程的应用路线为：将产生的精馏尾气导入膜系统，氯乙烯在膜内优先渗透，这样富集的氯乙烯返回到前面的合成系统，再经过压缩冷凝、精馏等过程来回收氯乙烯。2002年，大连欧科膜技术工程有限公司在河南神马建成国内第一套PVC装置氯乙烯单体回收工业试验装置，一次开车成功，运行稳定。2003年，齐化集团建成国内第一套PVC装置氯乙烯单体回收的工业装置，运行状况良好，据齐化集团统计，原精馏尾气中氯乙烯的含量平均为18.5%（体积分数），膜系统尾气中氯乙烯的含量平均为0.8%（体积分数），氯乙烯的回收率达到98%。投入膜法氯乙烯回收装置以前，2002年PVC装置电石单耗为1.429t/t PVC，2003年膜回收系统投用后平均电石单耗为1.383t/t PVC，电石单耗降低46kg/t PVC。由此可见膜法精馏尾气中氯乙烯的回收效果非常显著，为厂家带来了可观的经济效益。目前国内已经有近20家采用了该项技术。

2）膜法未反应的氯乙烯回收

PVC生产工艺大多将氯乙烯的最终转化率控制在85%~90%，此时加入终止剂，结束聚合反应。这样PVC生产过程中将有10%~15%的氯乙烯未参加反应，需要回收利用。目前主要采用压缩冷凝的办法来回收这部分的氯乙烯单体。由于含有氮气等不凝组分，冷凝后排放的不凝气中尚含有浓度为20%~75%（体积分数）的氯乙烯单体。采用有机蒸气膜将不凝气中的氯乙烯富集后返回到压缩机前进一步回收，可以将不凝气中95%的氯乙烯回收，同时将最终排放气中氯乙烯的浓度降到1%以下，大大降低了对环境的污染。目前国内已经有3家企业采用了膜法回收未反应氯乙烯的技术。

5. 有机硅生产过程中氯甲烷尾气回收

直接法合成甲基氯硅烷是以氯甲烷和硅为原料、铜为催化剂合成甲基氯硅烷的生产工艺，它是有机硅工业的基础。生产过程中未反应的氯甲烷气流还包括N_2、CH_4及少量的C_2H_4、C_2H_6、C_3H_6、C_3H_8，气流在0.8MPa压力下，经水、盐水和乙二醇三段冷凝回收液态氯甲烷后，不凝气中约含有35%氯甲烷。膜分离系统回收氯甲烷工艺与丙烯回收过程类似，但设计时除考虑回收氯甲烷外，还应注意环保对氯甲烷排放要求以及系统中碳二以上惰性组分积累问题。

具体工艺流程见图2.4.8，原料气首先经过多级过滤器，除去气源里的固体颗粒以及气

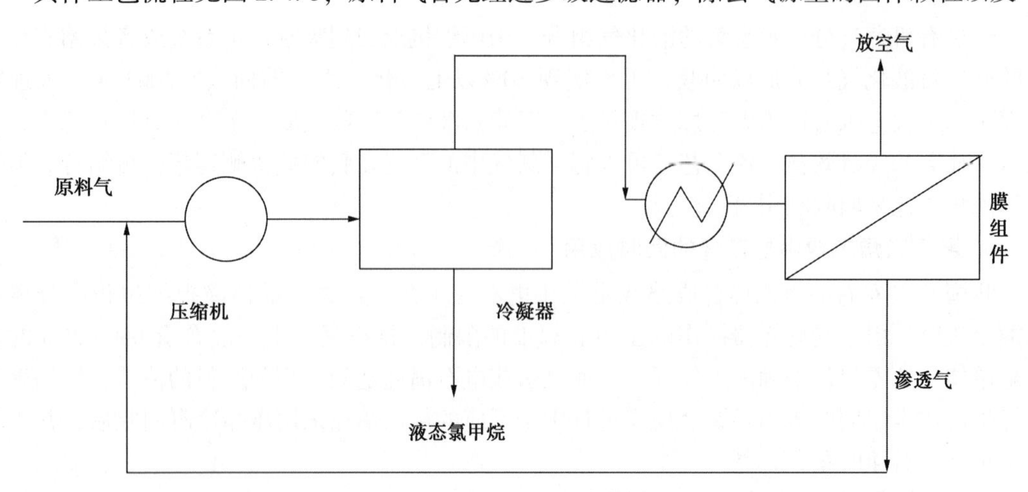

图2.4.8　氯甲烷尾气回收工艺

雾状油，经预热器后，膜原料气进入膜分离系统。膜分离系统的渗透气返回压缩—冷凝系统回收液态氯甲烷，尾气直接排入大气。

膜分离系统操作压力为0.7MPa，操作温度为20℃。放空气中氯甲烷浓度低于2%（体积分数），氯甲烷回收率大于90%。

6. 小结

1995年美国MTR公司在纽约化学工艺工业博览会上展出“从聚烯烃装置放空物流中回收乙烯和丙烯的新型闭合回路的薄膜系统”，该系统能够使普通的聚烯烃装置从原料、进料单体和脱出尾气中节约100万美元/a。正如该技术发明者理查德博士所言：“蒸气分离单体回收系统是从聚烯烃装置放空气中回收乙烯和丙烯的最好经济手段。”此后，膜分离回收烯烃技术备受科学界和工业界关注。

我国从1997年开始研制从聚合物合成系统中分离、回收烯烃技术，在中国科学院重点项目基金支持下，1998年大连化物所成功研制出我国第一套烯烃/氮气膜分离器及装置，并在吉林石化公司聚乙烯装置上成功进行了工业试验。从此以后，我国膜分离回收烯烃技术取得了长足发展。综合技术性能、装置运行性、安全性、建设费、运行费等因素，膜分离法明显优于传统分离技术，可以预见，膜分离技术的应用必将扩展到化学工业其他领域，将产生巨大的经济与社会效益。表2.4.6为有机蒸气膜分离技术可以应用的领域。

表2.4.6　有机蒸气膜分离技术的应用领域

领域	典型可回收有机溶剂
石化、天然气工业	烯烃、苯、汽油、NGL、丙酮等
用户储罐、油槽车	汽油、苯、甲苯等
合成纤维工业	丙酮、甲苯等
合成树脂工业	烯烃、THF、MEK、醋酸乙酯、甲苯、二氯甲烷等
合成橡胶、天然橡胶工业	正己烷、苯等
胶片工业	THF、IPA、醋酸乙酯乙醇、氯甲烷等
胶黏带工业	MEK、IPA、乙醇、二氯甲烷、醋酸乙酯、甲苯等
磁带工业	MEK、IPA、醋酸乙酯、甲苯等
加油站	汽油等
涂装工业	MEK、丁醇、正己烷、甲苯等

四、排放油气的回收应用

1. 在汽油储运过程中的应用

1）概况

2013年初，饱受雾霾天气困扰的北京“抢先”实行了基本等同于“欧Ⅴ”的机动车尾气排放控制标准。机动车油品含硫量过高被认为是造成华北、华东地区大范围雾霾天气的罪魁祸首。实际上，自从2004—2005年珠江三角洲地区出现严重灰霾天气，一系列研究就已经得出了2个重要结论：PM2.5浓度异常是造成灰霾天气的重要原因；VOC（Volatile Organic Compound，挥发性有机物质）是光化学反应的决定性前体物，同时也是PM2.5中的二次有机颗粒的重要来源。对雾霾天气贡献最大的，不是源于油品的高含硫量，而是油品从炼化、储藏、运输，一直到使用全过程中的油气中含有的 VOC 类物质的排放（油气主要成分为烯烃、烷烃和芳烃等有机挥发物质，是重要的 VOC 来源）。

在原油装卸、组分油输转、成品油的储存、转运、灌装以及汽车加油等环节，油品损失非常严重。据国家统计局统计，2012 年全国共生产汽油约 9000×10^4t。如按文献报道的油品损失率 6‰计（槽车装卸油、汽车加油过程的挥发损失保守估计），仅 2012 年一年，挥发到大气中的油品就达 54×10^4t，折合人民币约 52 亿元（按 9700 元/t 计算）。由此可见，油品的蒸发损耗在带来巨大的环境污染同时，也造成了十分严重的经济损失。

此外，实测数据表明，在油罐车加油时，由油罐呼吸口排出的油气浓度可达 35%～50%（体积分数）（1074～1532g/m^3），远高于国家规定的作业现场空气中油气的最高允许浓度 350mg/m^3，所以工作场所油蒸气的存在，已严重损害操作人员的身心健康。而且，油气为易燃易爆可燃源，遇到明火和静电，极易引发火灾及爆炸事故，存在极大安全隐患，严重威胁生产安全。

随着国家对环境保护及可持续发展的重视程度不断提高以及相应的环保政策的陆续推行（如 2012 年底颁布实施的“蓝天科技工程”，旨在针对我国大气污染突出问题和改善环境空气质量需求，统筹大气环境保护技术研发、示范应用、成果转化等科技创新活动，促进节能环保战略性新兴产业发展），油气回收技术的市场潜力必将得以释放。同时，随着市场不断扩大，对油气回收膜国产化的市场需求也会越来越强烈，这就为本项目自主开发具有国际先进水平的油气回收膜、研制国产化油气回收成套设备创造了非常有力的外部条件。

国外油气回收膜及膜过程的开发较早。20 世纪 80 年代末膜法油气回收技术进入市场，主要集中在欧美日等发达国家。第一套用于油库的油气回收的膜装置是由日本公司在 1988 年建造的。此后，德国和美国也相继开发了各自的油气回收膜，目前已经有数百套膜法油气回收装置在世界各地运行，以德国应用最广。

我国膜技术用于油气回收领域起步较晚，大连欧科公司于 2003 年在上海率先引进了一套膜法油气回收装置，成为国内第一套投入商业运行的加油站膜法油气回收装置。2008 年北京奥运会，这一技术获得较大的发展契机。但从全国范围来看，目前，只有北京、上海、广州等大城市开始采用这一技术，总计只有 100 多套，而且全部采用进口膜片制造。按截至 2012 年 8 月统计的全国共有加油站 9.2 万座来计算，这一技术的采用率还不足 2‰。这其中固然有环保意识不足的因素，另外一个更重要的原因是由于目前膜法油气回收设备的关键部件——高分子油气回收膜片受控于国外技术垄断，需要进口，客观上限制了油气回收技术的推广应用。

2）技术原理

膜分离回收油气的原理是利用高分子膜材料对油气分子和空气分子的不同选择透过性实现两者的物理分离。油蒸气/空气混合物在膜两侧压差推动下，遵循溶解—扩散机理，使得混合气中的油蒸气优先透过膜得以富集回收，而空气则被选择性地截留，从而在膜的截留侧得到脱除油气的洁净空气，而在膜的透过侧得到富集的油气，达到油蒸气/空气分离的目的。同其他传统技术相比，膜技术最大的优点在于其生产过程清洁环保，不产生二次污染，操作简便，占地面积小。

油气回收过程用膜宜采用辛甲基硅橡胶（POMS）材料制备，因其比二甲基橡胶

（PDMS）材料在气体选择性方面（氮气相对于烃类）及化学耐受性方面更具有优势。图2.4.9给出了两种材料的对比选择性（烃类对氮气），由图2.4.9可知，POMS材料比PDMS材料的烃类对氮气的选择性明显要高。

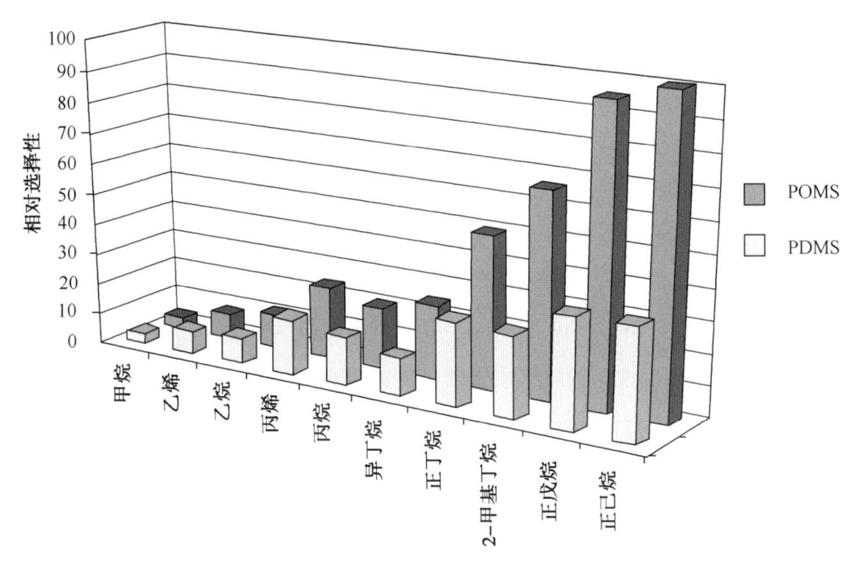

图2.4.9　POMS膜与PDMS膜选择性对比

此过程的膜组件形式推荐采用叠片式。因其渗透侧具有较短的流道和较小的气体阻力，因而易于获得较高的真空度，从而在同等条件下减小真空泵的功耗。

挥发气中的油气浓度与温度、压力及汽油的装卸过程有关，一般为30%~50%的烃类组分，其余为空气。

膜法油气回收集成设备由三部分组成（图2.4.10）。第一部分是由液环压缩机与吸收塔构成的传统压缩/冷凝、吸收单元；第二部分为膜分离单元；第三部分为变压吸附（PSA）单元。可根据不同的排放要求，选择不同的工业组合。油气经压缩机增压后送入吸收塔用汽油吸收。压缩机采用液环式，循环液体为汽油，在增压的同时也可以起到降温的作用。压缩后的油气为过饱和的气液混合物，在吸收塔内被由上喷淋而下的汽油吸收掉其中的液相组分。吸收塔内冷的汽油与热的油气直接接触实现传质过程直接换热，提高了换热效率。回收的汽油由吸收塔塔底流出。从吸收塔顶流出的饱和油气/空气混合物流入膜分离单元，进一步回收其中的油气。经过膜分离器后，产生两股物流：富集油气的渗透气，返回压缩机前循环；另一股为净化后的空气，其中含有少量的油气（$10g/m^3$），可以满足欧洲94/63/EC排放标准（$35g/m^3$）和GB 20950—2007（$25g/m^3$）的要求。若在膜分离后采用变压吸附工艺，可进一步将其油气浓度降至$120mg/m^3$。

该流程充分发挥了各种工艺的优点，首先利用压缩/冷凝及吸收工艺将原料气压力升高，这样既可以借助冷凝、吸收工艺回收其中的部分油气，也为吸收和膜分离操作创造有利条件。因为压力越高冷凝、吸收的效果越好；同时膜是以压差为推动力的，膜的进料压力和渗透压力相差越大越利于膜的分离操作。经过前两个单元处理后，由膜尾气侧排出的油气含量已经可达$10g/m^3$，如果在膜单元后接入变压吸附单元，可将尾气浓度进一步降低。由于大部分的油气在进入变压吸附前已经被回收，这就使变压吸附单元的负荷大大降低，从而可以

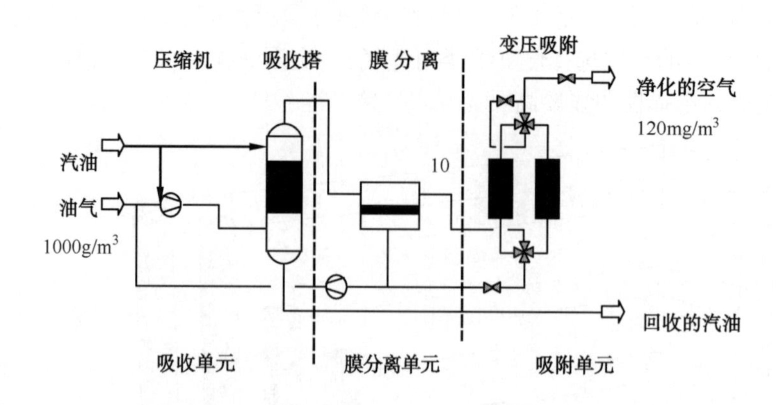

图 2.4.10 膜分离与吸收和吸附的耦合工艺

降低 PSA 投资和维护成本，提高其使用寿命，最终使整个油气回收流程得以优化。

2. 在加油站的应用

1）概况

在我国，绝大部分加油站未安装油气回收装置，汽油储罐大多采用通气管高空排放方式，当槽车往油罐内卸油时，产生了大量饱和度很高的汽油蒸气通过呼吸帽排出。另外，汽车加油的过程中也会有大量的油气从汽车油箱内挥发出来。因此，进入加油站内总是弥漫着刺鼻的汽油味。由于油气属于易燃易爆气体，遇火星或静电易爆炸，如不采取适当措施会构成严重的安全隐患。

在目前国内的加油站没有任何油气回收设施的情况下，一个年加油量达 7000t 的加油站，一年的油气挥发率为 5‰以上，即每年有 35t 汽油被白白挥发掉，每年损失高达 34 万元（按 9700 元/t 计算）。

另一方面，油气中含有的丁烷、戊烷、苯、二甲苯、乙基苯成分，多属致癌物质，对人体造成的危害不能忽视。油气被紫外线照射以后，会与空气中其他有害气体发生一系列光化学反应，形成毒性更大的污染物。这对在加油站的操作人员的身体危害非常严重，也影响进入加油站的人群的身体健康。同时也对油站周边的大气环境造成严重的污染，在闹市区尤其严重。

发达国家对油气挥发造成的环境污染问题十分重视，相继颁布了各自的排放标准。如对油库等油气排放量较大的地方，欧美等国家规定油气排放浓度为 120 ~ 150mg/m^3。GB 20950—2007《油库大气污染物排放标准》标准规定的油气排放浓度为 25g/m^3。

加油站分布较分散，装卸油量较小，场地有限。采用传统的油气回收工艺尽管可以达到较高的排放标准，但综合考虑各种技术对加油站的适用性，油气排放标准规定较低。如欧盟 94/63/EC 规定为 35 g/m^3；美国要求加油站必须安装油气回收系统并控制油气回收泵的气/液比小于 1 或在安装排放处理设备后允许将气/液比增至 1.3。德国规定对尾气处理装置要求其回收率大于 97%。我国也参考国际标准及自己的国情，制定了 GB 20952—2007《加油站大气污染物排放标准》规定排放尾气有机蒸气小于 25g/m^3。

2）加油站油气回收技术发展

加油站的油气排放主要集中在两处：呼吸口和汽车油箱口。传统的加油站均为敞口式，槽车卸油时（卸油指槽车向地下储油罐注油过程），储油罐内液位上升，压力升高，必须从呼吸口排出油罐上部的油气以平衡罐内压力；另外，汽车加油时，油罐液位下降会导致呼吸口吸入空气，这部分空气很快被罐内的油气饱和，当罐内压力高于外界气压时（如槽车卸油、罐内温度、压力波动等）又会携带油气从罐内排出。如此循环反复的“呼吸”损失掉大量的汽油组分。在汽车加油过程，同样也会由于油箱液位的上升，从汽车油箱挥发出大量油气。

国外对加油站的油气回收经历了 3 个阶段：槽车卸油管路平衡系统（Stage I vapor recovery system），汽车油箱挥发油气收集系统（Stage II vapor recovery system）和加装尾气处理系统。第一阶段主要通过改造槽车和储油罐，将卸油时油罐排出的油气重新引回槽车。第二阶段是在第一阶段改造的基础上将汽车加油时油箱挥发出的油气进行回收。其原理是将整个系统封闭，采用双通道加油枪和连接管（一个通道用于加油，另一通道利用真空度用于将挥发的油气收集）将挥发油产生的油气抽回油罐来平衡油罐因发油过程导致的压力下降。此系统一般需借助真空泵强化油气的收集。因为抽气过程不可避免地要吸入空气，为防止油罐压力过高造成油气释放，必须要求抽气泵抽回油气的体积速率与油枪加油的体积速率的比值小于 1，即气/液体积比小于等于 1。这样，返回油罐的气体体积与发送的汽油体积相等（或略小），可保持油罐轻微的负压，防止油气挥发。但是，据美国加州大气资源委员会（the California Air Resources Board）测试，此类系统 90%是泄漏的，德国环保部门（Welbundesamtes Berlin）评测的结果也显示，此类系统的效率只有 74.9%。表 2.4.7 给出了安装了第一阶段油气系统的加油站在各种操作条件下的油气挥发损失数据。我国绝大部分城市没有安装此类平衡系统，因此，油气挥发的损失会更大。

油气的回收率与油枪操作时的气/液体积比有关。在保证回收油气无二次挥发损失的情况下，气/液体积比越大则油气的回收率越高。从表 2.4.7 可以看出，如不采用真空泵抽气（气/液体积比为 0），则每发售 1 L 汽油将损失 1350mg 的油气。如果将气/液体积比增到 1.0，可以回收 56%（质量分数）的挥发油气；要取得更大的油气回收率，需要采用较高的气/液体积比（如 1.5）。但是，气/液比大于 1 意味着吸入的油气量大于发出的汽油量，如果系统封闭，储油罐的压力将升高，会产生安全隐患，此时就又需要重新开发体系向系统外排气。但是还要保证油气的回收率，就只能采用尾气处理装置（即油气回收装置）来控制系统的油气排放，使之尽可能将吸入罐内的多余的空气排掉而少排油气成分。这样就既可以降低油罐压力，又可以采用高气液比操作，得到较高的回收率。采用这样的系统可以将油气的回收率增至 93%。这也就是当前国外较为流行的第三阶段油气回收技术。

表 2.4.7 加油站的油气挥发损失

气/液体积比	汽车加油	油罐呼吸	油罐加油	溅液	总计
0（无油气回抽系统）	1000mg/L	300mg/L	10mg/L	40mg/L	1350mg/L
1.0	250mg/L	300mg/L	10mg/L	40mg/L	600mg/L
1.5	48mg/L	4~6mg/L	—	40mg/L	92~94mg/L

3）膜技术用于加油站的油气回收工艺

采用膜分离技术作为尾气排放处理设备可将油气回收泵抽进油罐内的多余的空气经膜回收装置排掉，维持油罐的压力平衡。可以将油气回收泵的气/液体积比提高到 1.5，因而可使系统的油气回收效率增至93%以上。图2.4.11给出了膜分离方法用于加油站油气回收过程的示意图。

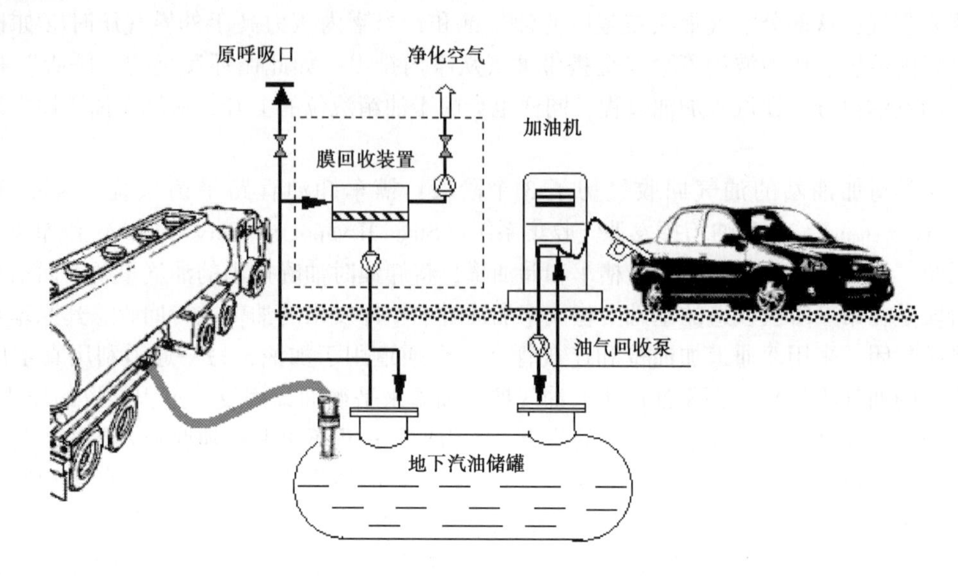

图2.4.11　膜法加油站油气回收流程示意图

膜法油气回收装置通过监测油罐的压力来控制回收系统的间歇式自动操作。汽车加油时，利用特制的加油枪将加油时挥发出的油气抽回油罐。由于抽气的速率大于油的挥发速率，油罐的压力将上升。当油罐压力升高到一定值时，膜分离装置自动启动。油罐排放出来的油气排入膜分离装置，油蒸气优先透过膜，在膜的渗透侧富集，再经真空泵返回油罐。脱除油气后的净化空气则直接排入大气。随着油罐中空气的排放，油罐的压力不断下降。当油罐的压力降低到正常水平，膜分离装置将自动停止运行，整个系统密闭。如此往复，完成油气回收过程。

上海灵广加油站的膜法油气回收装置于2003年11月正式开车，至今运行状况良好，体现了该技术的可靠性。整套膜分离装置占地仅1000mm（长）×500mm（宽）×1000mm（高），这是其他传统油气回收技术很难做到的。由于膜片借助汽油蒸气和空气在其内部的透过速率的差异实现分离，膜本身并不吸附油气分子，因此，并不存在类似活性炭等吸附装置的二次污染问题。膜分离器的排放配有油气浓度在线监测装置，每间隔2s采样分析。安装膜分离装置后，一个最显著地变化就是加油内的空气质量显著提高，原来刺鼻的油气味明显消失。经测定，膜处理装置排放气中的油气浓度低于25 g/m^3，有效减轻了对环境的污染，可以满足国家现行标准。同时渗透过膜的油气提浓后返回汽油储罐回收，膜回收装置的回收率可达98%以上。

4）应用潜力

尽管有许多技术均可用于油气回收过程，但各自的优缺点又使它们的应用具有最佳点，尤其是对于油气挥发量较小，场地有限的加油站来说。国内外的应用经验表明，膜分离技术具有较好的优势。现场试验也证明，膜分离方法具有占地面积小，操作灵活、简便，性能可靠，油气回收率高，无二次污染等其他技术无法比拟的优点，尤其适用于加油站的油气回收。更尤为重要的是，该技术不仅具有可观的经济效益还具有重大社会效益。现场实验数据显示，膜法油气回收装置可为加油站每年减少7‰的汽油损失，高于储运过程的挥发损失。

随着我国工业发展和人民生活水平的不断提高，对环境保护的要求的越来越严格。原油价格上涨以及我国的能源战略实施，也对能源的充分利用，减少浪费提出更高的要求。这必将使膜法油气回收技术在国内迎来广阔的发展前景。

与传统化工分离技术相比，膜分离技术所代表的清洁生产、环境友好的发展方向顺应了国家节能减排、绿色环保、建设循环经济的战略要求，具有较高的先进性和非常强大的市场竞争力。但就目前国内应用情况来看，仅在北上广等大城市采用稍多。

针对日益严重的大气污染现状，2012 年 7 月，国家环境保护部、科学技术部颁布实施蓝天科技工程“十二五”专项规划。同年底，国家环境保护部与国家发展和改革委员会公布的《重点区域大气污染防治“十二五”规划重点工程项目》中，涉及“重点行业挥发性有机物污染治理项目”和“油气回收治理项目”，其中前者 1311 个项目将投资 400 亿元，后者共 281 个大项将投资 215 亿元，市场需求量可达 615 亿元。油气回收膜成套技术的经济和社会效益显著，在未来国家政策和配套财政措施的共同影响下，市场潜力必将得以释放。

五、应用实例

1. 膜法丙烯回收在广西东油沥青有限公司的应用

1）项目概述

广西东油沥青有限公司在聚丙烯生产过程中，聚合反应过程后会放出含有大量丙烯的放空气，通过压缩—冷凝流程可以将部分丙烯进行回收。但受压缩—冷凝的条件限制，仍有部分气体需要放空（放空气中丙烯含量根据季节、温度不同可达 50%～70%），不仅浪费大量的丙烯，还造成环境污染。膜分离是通过膜材料对丙烯和氮气不同的选择性透过性能，将此部分放空不凝气中的丙烯进行回收，是传统分离工艺所不能实现的新型技术。

有机蒸气膜分离回收系统采用选择性高分子复合膜。由于不同气体分子在膜内的溶解扩散性能的差异，在膜两侧压差的推动下，可凝性有机蒸气（如乙烯、丙烯、氯乙烯、氯甲烷、油气等）比惰性气体（如氢气、氮气、氧气、甲烷等）优先吸附渗透，从而实现气体分离的目的。

天邦公司采用的是自主研发生产的有机蒸气分离膜，具有高分离性能、耐有机溶剂、耐高压，可以保证膜材料的长期稳定运行。

2）工艺流程

膜分离装置工艺流程简图如图 2. 4. 12 所示。

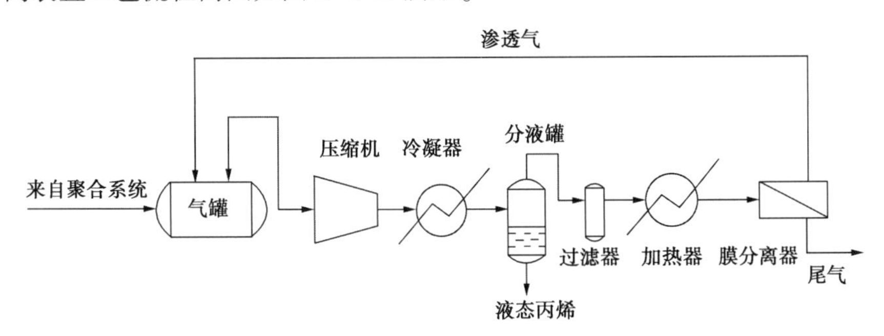

图 2. 4. 12 膜分离装置工艺流程简图

来自聚合系统的尾气经过分离后进入气罐，再经过压缩、冷凝后进入分液罐，罐底得到液态丙烯。罐顶不凝气经过过滤器、加热器后进入膜分离系统。

膜分离系统在一定渗透推动力（压差）的作用下，有机蒸气与氮气通过高分子膜的速率不同（有机物的通透速率比氮气高）。将有机蒸气与氮气混合物通过膜分离器，可以达到把有机物与氮气分离的目的。

渗透气富集丙烯，返回至气罐，尾气中丙烯含量很低，送往火炬系统。

3）设计概要

膜分离装置的设计处理能力为400m^3/h，回收率90%，操作弹性为40%~110%。

膜分离器组由ϕ108mm×1500mm螺旋卷式膜分离器并联组成，每根分离器均可用阀门切断或接通，根据不同的处理量调整回收丙烯的纯度和回收率。

膜分离装置的进料气为冷凝器后分液罐顶部不凝气。进料气（定压1.8MPa）首先经过多级过滤系统，除去其中的固体颗粒、滤液、气雾状水后进入膜分离器进行分离回收，渗透侧气体返回至压缩机前气罐。处理后的尾气中丙烯含量一般小于10%，排放到火炬系统。

4）主要设备

该套装置采用天邦公司自主研发生产的VOC6040型有机蒸气膜组件，整套装置为撬装式，占地面积仅为8000mm×2280mm×2300mm（长×宽×高）。主要包括：

（1）高效过滤器：分为两级。第一级过滤器为SF型，采用折叠式不锈钢丝毡滤芯，过滤精度为10μm；二级过滤器为MF型，采用超细玻璃纤维滤芯，过滤精度小于1μm，可有效的捕集亚微米级粒子，保证进膜气体的洁净度。

（2）加热器：用于将过滤后的气体温度提高5~10℃，远离露点，以避免在膜分离过程中有液态的丙烯冷凝在膜表面，影响分离效果。

（3）膜分离器：该装置为膜分离单元的核心设备，由钢制外壳及高分子膜芯组成。膜分离器的芯部是螺旋卷式膜组件组成。膜分离的基本原理是以膜两侧气体的分压差为推动力，利用不同气体渗透速率的不同进行分离，氮气渗透速率低于丙烯等气体。传质过程为：上游气相中气体分子首先溶解于膜，然后扩散过膜，最后在下游气相中解吸。通过这个过程，丙烯在膜分离器渗透侧富集，氮气等在尾气侧富集。

5）膜回收装置的运行情况

天邦公司提供的膜分离装置于2006年在广西东油沥青有限公司投用，运行数据见表2.4.8。

表2.4.8 膜分离装置运行数据

序号	分液罐不凝气丙烯含量（夏季）	膜分离装置尾气丙烯含量	丙烯回收率
1	68.55%	5.41%	99.42%
2	69.32%	6.22%	99.21%
3	63.05%	4.41%	99.44%
4	67.54%	3.12%	99.43%
5	59.43%	3.11%	99.01%
6	61.53%	4.08%	99.43%
7	67.81%	2.55%	99.64%
8	69.18%	7.41%	99.12%

膜分离装置尾气中的丙烯含量基本在10%以下，回收率达99%以上，达到设计值。

6）社会和经济效益

以该公司为例，膜分离设备处理能力为200m³/h，丙烯回收率为99%，每年可回收丙烯400t。以每吨丙烯10000元计，每年可回收约400万元，除去设备操作费用（蒸汽、电等）及设备折旧，每年可创造经济价值约300万。同时大幅降低了排放火炬的可燃气体量，具有显著的社会环保效益。

2. 膜法轻烃回收在中原石油化工有限责任公司的应用

1）项目概述

我国聚乙烯（PE）装置中气相法聚合工艺占有十分重要的地位。自20世纪70年代起，我国先后引进了9套Unipol工艺气相流化床PE生产装置，现有生产能力超过900kt/a。因此，搞好Unipol工艺PE装置的节能降耗意义重大。

工艺的技术进步是节能降耗的主要途径，然而仍然不可避免Unipol工艺的气体排放。所以，如能将这部分气体进行回收可更好地降低成本，减少环境污染。

膜分离技术是近代石油化工学科中分离科学的前沿。具有投资小、见效流程简单、回收率高、能耗低、无二次污染的特点，早在20世纪90年代美国就将有机蒸气/气体分离用于从冷冻剂制造厂排放的全氯氟烃（CFC）和氢氟氯烃（HCFC）中回收卤代烃。同时期，欧洲也有大量这类装置用于从空气中回收碳氢化合物。近年来这类回收系统多用于从石油化工和炼厂气中回收高价值的VOC。典型的应用实例就是回收氯乙烯、丙烯或乙烯单体，而回收丁烯和异戊烷的应用正在起步。

中原石油化工有限责任公司（以下简称中原乙烯）采用天邦公司膜分离技术将Unipol工艺PE装置排放的尾气中的丁烯和异戊烷进行富集，返回上游再压缩、冷凝回收。达到了清洁生产，节能降耗的效果。

中原乙烯PE装置采用美国联合碳化物公司（UCC）的Unipol工艺，于1996年建成投产。装置设计能力为12×10^4t/a，操作时间为7200h，2000年经过技术改造生产能力达到18×10^4t/a。

本套膜分离装置于2006年3月上旬一次性开车成功，开车以来装置运行稳定，各项指标达到设计标准，为企业创造了可观的经济效益。

2）工艺流程

膜分离装置工艺流程简图如图2.4.13所示。

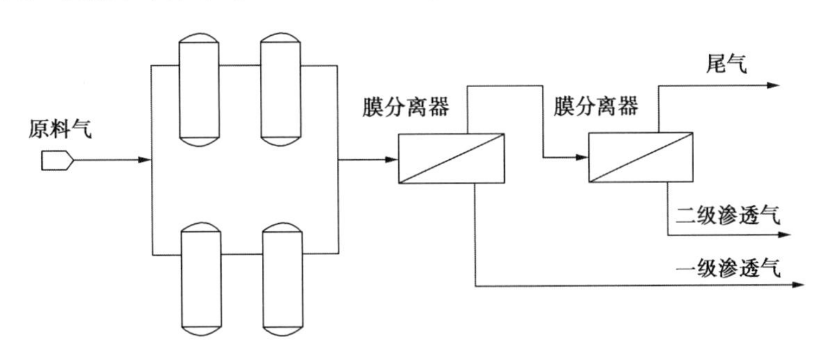

图2.4.13 膜分离装置工艺流程图

分离器组由 ϕ159mm×1500mm 螺旋卷式膜分离器串联组成，每根分离器均可用阀门切断或接通，根据不同的处理量调整回收轻烃、氮气的纯度和气量。膜分离装置的进料气为冷凝器后储罐不凝汽。进料气（定压 0.8MPa）首先经过多级过滤系统后，除去其中的固体颗粒、滤液、气雾状水后进入膜分离器进行分离回收，渗透侧气体返回至装置尾气压缩机人口缓冲罐。

过滤系统采用 SF、MF 型不锈钢丝毡折叠式滤芯。其中，MF 型精密滤芯，其滤芯主要材料为平均直径小于 1μm 的超细玻璃纤维，可有效的捕集亚微米级粒子。

Unigzpol PE 装置排放气回收通常采用先低压冷凝后高压冷凝工艺，回收排放气中的异戊烷和 1-丁烯。该工艺流程如图 2.4.14 所示。

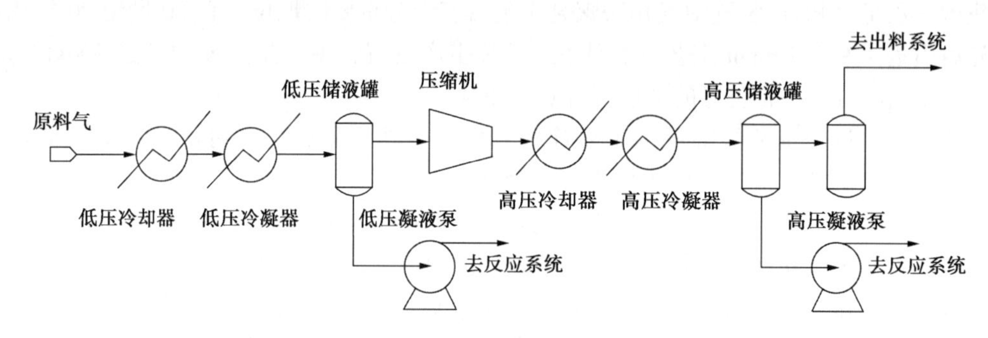

图 2.4.14　回收异戊烷/丁烯的二次冷凝法工艺工艺流程图

来自脱气仓的排放气先进入低压冷却器，使排放气温度由 85℃降至 30℃，然后进入低压冷凝器温度降至-10℃。再经低压凝液罐后气相进入压缩机，排放气温度由-10℃升至 150℃，压力由 30kPa 升至 1000kPa。然后进入高压冷却器，温度降至 30℃后进入高压冷凝器，降至-10℃～-2℃后再进入高压凝液罐进行气液分离。两凝液罐罐底流出物主要为 1-丁烯、异戊烷，用凝液泵送回反应系统。高压凝液罐气相物流除用作反应器的出料输送气外，多余的排往火炬。

3）主要设备

该套装置采用天邦公司自主研发生产的 VOC6040 型有机蒸气膜组件，整套装置为撬装式，体积仅为 9000mm×2280mm×2300mm。主要包括：

（1）高效过滤器：分为两级。第一级为粗过滤器，第二级为精密过滤器，其作用为有效地除去气体中夹带的细小固体颗粒和油雾、水雾以及气溶胶与聚集体，保护膜分离器。

（2）膜分离器：该装置为膜分离单元的核心设备，由钢制外壳及高分子膜芯组成。膜分离器的芯部是螺旋卷式膜组件组成。膜分离的基本原理是以膜两侧气体的分压差为推动力，利用不同气体渗透速率的不同进行分离，氮气渗透速率低于轻烃等气体。传质机理为：上游气相中气体分子首先溶解于膜，然后扩散过膜，最后在下游气相中解吸。橡胶态聚合物优先渗透渗透性大的可凝性气体，如 1-丁烯和异戊烷。其分离过程不同于简单的筛分。

4）膜分离装置的运行情况及经济效益

膜分离装置设置于高压冷凝器后缓冲罐前，由于排放气压缩机能力不足，只有一部分气体经过膜分离装置，其他部分直接进入缓冲罐，渗透气返回至低压冷却器前，尾气进入缓冲罐，流程如图 2.4.15 所示。

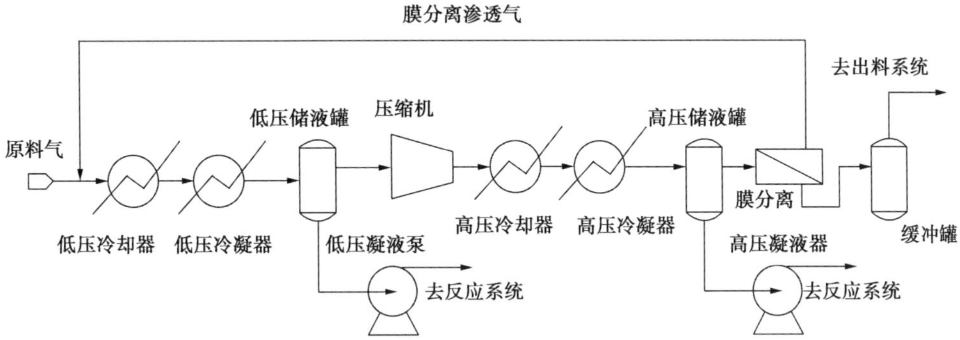

图 2.4.15 膜分离装置工艺流程图

在 24t/h 负荷下，渗透气返回低压冷却器前保证了脱气仓没有因压缩机能力不足而挂机。装置投用后效果良好，原料气中的 1-丁烯和异戊烷经过渗透膜后，浓度提高了两到三倍。1-丁烯、戊烷和乙烯的总回收率达 93%。

投用后的实际回收效果可以从如下几个方面测算或检验。

（1）按回收量指示值。

投用前回收量与负荷的比值为 0.07463，投用后回收量与负荷的比值为 0.07821。这样在 24t/h 负荷下每小时多回收 85.92kg。

（2）按投用后少用的丁烯和异戊烷计算。

投用前丁烯消耗量与负荷的比值为 0.08493，投用后丁烯消耗量与负荷的比值为 0.007186，投用后异戊烷消耗量与负荷的比值为 0.006004，这样在 24t/h 负荷下每小时少用异戊烷 28.37kg。

根据回收入口组分流量和渗透气组分流量，用 Aspen Plus 模拟计算回收量增加 55kg。

（3）根据缓冲罐排火炬的量和组分计算差值。

投用前后缓冲罐组分见表 2.4.9。

表 2.4.9 膜回收投用前后缓冲罐组分表

组分	C_2H_6	C_2H_4	C_4H_8	i-C_5	H_2	N_2
投用前[%(摩尔分数)]	0.977	3.317	4.038	3.408	1.255	86.32
投用后[%(摩尔分数)]	1.502	2.096	2.938	2.27	1.102	89.62

在负荷不变的情况下，回收增加的量就等于排火炬减少的量。实际上，膜分离装置投用后排火炬调节阀的开度减小，即回收量增加。如果按膜分离装置投用前后排火炬的量 1750kg/h 不变来计算，每小时排火炬的乙烯减少 8kg，丁烯减少 17kg，异戊烷减少 30kg。

从以上分析，按目前排放气压缩机的设置，如果保持负荷 24t/h，按最小数据每小时多回收 55kg 烃类混合物，年操作时间按 8000h，平均价格按 5000 元/t 计，年毛利润 220 万元。膜分离置建设总投资 200 万元左右，即使扣除蒸汽、用电费用，一年左右即可收回投资。在装置符合 25t/h 时，脱气仓出现排放，表现出了压缩机的能力不足，在回收系统改造后，预计每小时将多回收 120kg 烃类混合物，年毛利润 480 万元，届时膜分离装置将发挥更大的作用，进一步提高装置的运行指标。

5）社会和经济效益

膜分离技术与传统分离方法（蒸馏、分馏、结晶等）比较，没有相的变化，不需要耗费能量与潜热和冷冻；与萃取、吸附相比，它不需要耗能于回收萃取剂或再生吸附剂。膜分离过程的特点是没有相变，可在常温下操作，既节省能源，又适合于对热敏性物质及难分离物质，设备简单及操作方便。利用膜分离技术还可以防止冷凝法遇到的问题，如：冷凝低浓度和低沸点挥发性有机化合物时而导致的低回收率，保持低冷凝温度的高额费用等问题。膜分离技术的优势是可处理含有机物 0.5%~10%的气体，而石油化工的排放气中，很多均为这样的气体。

有机气体膜分离以其流程简单、回收率高、能耗低，无二次污染的特点，势必成为一种非常有前途的技术。

3. 氯乙烯生产中膜法回收氯乙烯单体的应用

1）概况

在方大化工树脂厂氯乙烯车间聚氯乙烯生产过程中，用于氯乙烯单体（Vinyl Chloride Monome，VCM）精制的低沸塔和聚合反应过程的放空气中，均含有大量的 VCM。此气体被送至气柜，经压缩冷凝后回收部分 VCM。由于受压缩能力和冷凝温度的制约，排放的不凝气中尚含有相当量的 VCM。以冷凝器出口温度-30℃，压力 0.6MPa 计，不凝气中 VCM 含量约为 3%~20%。不仅浪费大量的 VCM，还造成严重的环境污染。

采用压缩、冷凝与膜分离相结合回收 VCM 的工艺，能回收不凝气中 95%的氯乙烯单体，回收的 VCM 液体根据其纯度返回精制工段，氮气可根据需要进一步纯化加以循环利用，而尾气中的 VCM 含量可以控制在 2%左右。

本技术的膜分离过程采用螺旋卷式膜组件，是针对卤代烃类蒸气组分分离与回收设计的。它通过支撑多孔膜制备和改进、多孔膜和选择层的复合组合构成的；并对膜组件进行优化设计，形成自主知识产权。其创新点在于：（1）适用于分离和回收卤代烃类的高效螺旋卷式膜组件，具有高通量、高选择性以及优良的耐有机溶剂性能；（2）开发出适用多组分分离与回收的系统计算软件，可以对过程进行模拟演算及进行系统优化设计。

本项目在资源充分利用和环境保护方面显示出巨大的潜力，技术上又具有领先性和创新性，对解决当前石油化工行业中的氯乙烯分离、回收与利用、降低生产成本具有重要意义。

2）工艺流程

工艺流程见图 2.4.16。

氯乙烯放空气来自于厂方原有尾气压缩冷凝系统，经精密过滤器除去其中含有的液滴、水和粉尘，净化后的不凝气进入二级膜分离器，在一定的差压推动下，一级渗透侧得到的富集 VCM 单体气去装置原有气柜，二级渗透气回二段转化器，尾气去装置放空系统。膜分离设备的尾气中 VCM 含量在 2%左右。

3）主要设备

（1）蒸汽加热器。

蒸汽加热器的主要作用是将入膜前的原料气升温，以免气体中可能携带的液体在膜表面凝结，导致分离效果下降。

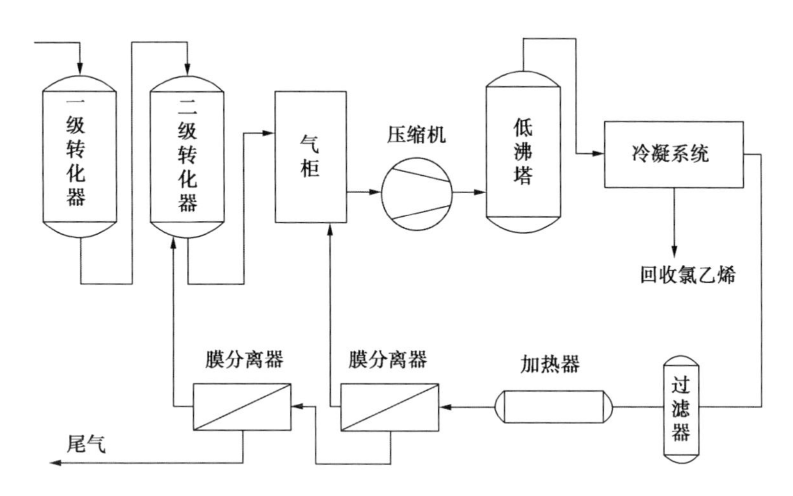

图 2.4.16 膜法回收 VCM 工艺流程图

（2）精密过滤器。

共两台，该设备为开一备一。其作用为有效地除去气体中夹带的细小固体颗粒和油雾、水雾以及气溶胶与聚集体。其对机械颗粒的滤除精度可达到 0.1μm，残余含油量小于 0.01mg/m^3。该设备要求操作工根据原料气中液体含量的多少，定期手动排液，装置开车期间 12h 排液 1 次，待装置稳定运行后 24h 排液 1 次。

（3）膜分离器。

该装置为膜分离单元的核心设备，由钢制外壳及高分子膜芯组成。该设备有 3 个接口，一为原料气入口，一为尾气出口，一为渗透气出口。

膜分离设备设计能力为 200m^3/h，回收率 90%。

设备为撬装结构，体积为 7000mm×2200mm×2300mm。

4）运行情况

膜分离设备于 2006 年投用，运行状况良好。

运行数据如表 2.4.10 所示。

表 2.4.10 VCM 在不同部分的含量及回收率

序号	原料气 [%(体积分数)]	一级渗透气 [%(体积分数)]	二级渗透气 [%(体积分数)]	尾气 [%(体积分数)]	VCM 回收率 (%)
1	11.2	18.2	8.5	1.8	96.43
2	12.5	15.6	8.7	2.1	96.71
3	11.5	17.4	8.4	1.9	95.44
4	11.0	16.4	7.9	2.0	95.52
5	11.1	17.5	8.0	2.1	95.46
6	10.2	17.4	7.7	1.5	96.43
7	11.4	16.5	7.8	2.3	96.27
8	12.0	17.1	8.1	2.0	95.19

5）经济及社会效益

设备设计处理量为200m³/h，VCM回收率为90%，实际运行时回收率在96%左右，每年可回收氯乙烯单体500余吨。以当年氯乙烯价格5000元/t计算，每年回收价值超过250万，除去操作费用每年经济效益超过300万元，不仅经济效益显著，而且大大降低了尾气对环境的污染。

4. 膜法回收乙烯在环氧乙烷/乙二醇生产的应用

1）概况

随着现代工业的发展，在挥发性有机化合物的运输、储存和使用过程中以及石油、化工等行业的生产过程中，每天都有大量的有机蒸气排放。这不仅是一种资源的浪费，更重要的是严重污染人类的生存环境。因此，对工业气体排放中的有机蒸气回收已经受到环保部门、相关管理部门及生产厂家的重视。

有机蒸气膜回收技术是20世纪90年代兴起的新型膜分离技术，现已经被应用于石化行业中的乙烯、丙烯及其他链烷烃的回收和天然气行业的液化气的回收等。膜分离回收系统具有能耗低、操作简便、运行可靠、投资少、占地面积小等特点，通过膜分离技术对排放的循环气中的乙烯进行分离回收，可以降低产品的物耗，提高装置的经济效益。气体膜分离与传统的压缩、冷凝等过程的耦合在天然气、石油炼制和石油化工中应用现在正急剧增加，在能源充分利用和环境保护方面显示出巨大的潜力。

北京东方化工厂环氧乙烷车间采用乙烯直接氧化法生产环氧乙烷，生产过程中以甲烷致稳。但是有一定量的氩气也同时进入系统，由于氩气不参与反应，在系统内会不断累积，需要定时向外界排放一定量的循环气作为放空气，以保持循环气组分稳定。放空过程中同时排放了大量的乙烯，浪费了大量的能源，又不利于环境的保护。

北京东方化工厂与天邦公司合作，采用天邦公司膜分离技术分离排放气中的氩气和烃类，达到降低能耗和环境保护的要求。

2）工艺流程

工艺流程详见图2.4.17。

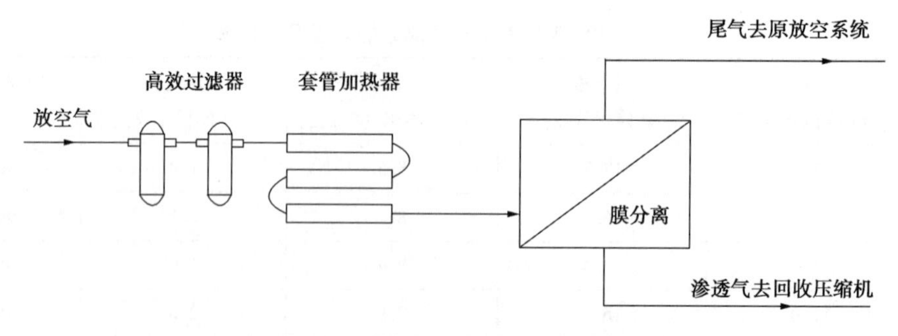

图2.4.17　膜法乙烯回收工艺流程图

来自循环系统的放空气经过高效过滤器后，有效去除了其中夹带的细小固体颗粒和油雾、水雾以及气溶胶。此时，气体中已经基本不含液态的水和油，但是在膜分离过程中，仍可能会有部分的水和油由气相冷凝于膜表面，从而影响膜的分离性能并对膜造成永久损坏，因此在高效过滤器后进一步预热，使入膜原料气远离露点。气体进入膜分离器，乙烯在渗透侧富集，去回收压缩机入口；氩气在尾气侧富集，去原放空系统。

膜分离设备的尾气中的氩气浓度提高，乙烯浓度显著降低，在相同排放量下，增加了氩气的排放，减少了乙烯的损失，设备运行基本达到了预期效果。

装置照片见图 2.4.18。

3）设备及工艺参数

（1）高效过滤器。

过滤器分为两级。第一级过滤器为 SF 型，采用折叠式不锈钢丝毡滤芯，过滤精度为 10μm；二级过滤器为 MF 型，采用超细玻璃纤维滤芯，过滤精度小于 1μm，可有效的捕集亚微米级粒子，保证进膜气体为较为洁净度。

图 2.4.18 膜分离乙烯回收装置

（2）加热器。

用于将过滤后的气体温度提高 5~10℃，远离露点，以避免在膜分离过程中有液态的水冷凝在膜表面，影响分离效果。

（3）膜分离器。

该装置为膜分离单元的核心设备，由钢制外壳及高分子膜芯组成。膜分离器的芯部由螺旋卷式膜组件组成。膜分离的基本原理是以膜两侧气体的分压差为推动力，利用不同气体渗透速率的不同进行分离，氩气渗透速率低于乙烯等气体。通过这个过程，乙烯在膜分离器渗透测富集，氩气等在尾气测富集。

膜分离设备位于北京东方化工厂环氧乙烷车间，设计处理能力为 100kg/h。整套装置为撬装式，占地面积仅为 7000mm×2200mm×2300mm。

4）设备运行状况

设备于 2007 年投用后部分运行数据如表 2.4.11 所示。

表 2.4.11 运行数据表

组分 \ 含量	1		2		3	
	尾气 [%(体积分数)]	原料气 [%(体积分数)]	尾气 [%(体积分数)]	原料气 [%(体积分数)]	尾气 [%(体积分数)]	原料气 [%(体积分数)]
C_2H_4	11.64	22.85	10.91	22.87	8.95	22.64
C_2H_6	0.12	0.20	0.16	0.20	0.10	0.16
CH_4	60.09	55.04	55.67	55.04	55.20	50.93
Ar	11.15	8.06	11.91	8.06	11.57	7.40
O_2	7.85	5.79	8.27	5.79	8.30	5.93

5）社会和经济效益

在目前工况条件下运行，膜分离系统增加了尾排氩气浓度，排放了氩气，回收了乙烯。在排放气量 100kg/h 的情况下每年回收乙烯进 200t，可创造经济价值 90 余万。

膜法乙烯回收系统在北京东方化工厂的应用是成功的，膜法回收系统运行稳定，经济效益十分可观，有广阔的市场前景。

5. 膜分离技术及囊式气柜在丙烯回收系统中的应用

1）概况

中国石油锦州石化公司（以下简称锦州石化）聚丙烯装置于1985年建成投产，是国内较早以炼厂气为原料的间歇式液相小本体聚丙烯生产装置之一，目前实际生产能力2.5×10^{4}t/a。丙烯回收系统是与之配套的降耗环保工程，自1988年投用以来，回收了聚丙烯和丙烯深加工装置闪蒸排放的大量丙烯（2006年回收丙烯6300t），经济效益和社会效益显著。但是，由于受气柜压力、压缩能力、冷凝温度等制约，该系统尚存在一些不足，例如闪蒸不彻底，丙烯尾气夹杂在物料中，最终排放到大气中，丙烯回收系统仍有大量不凝气须排放到高压瓦斯或火炬系统，其中含有大量的丙烯作为燃料烧掉等问题，既浪费丙烯资源，又污染环境。

为进一步提高丙烯回收率，实现清洁环保生产，近两年在中国石油天然气股份有限公司和炼化板块的大力支持下，锦州石化在丙烯回收系统上采用膜分离及囊式气柜技术，降低闪蒸装置的排放压力，回收不凝气中排放的丙烯，进一步提高了丙烯回收率，降低了装置的丙烯单耗。

2）改造前工艺流程

来自聚丙烯和丙烯深加工装置闪蒸排放的丙烯尾气经凝缩油罐进入2000m^{3}湿式气柜，再经压缩机入口分液器进入压缩机，经冷凝器大部分气相丙烯冷凝成液相回收至二段分液器进入压油罐，再送到丙烯储罐，达到一定量后外送回用。因气柜丙烯尾气中还含有氮气等不凝气，在压缩过程中，不凝气在分液器中不断积聚，为确保系统压力正常，必须把不凝气体排放到高压瓦斯系统中（图2.4.19）。由于受压缩能力、冷凝温度等因素制约，经压缩/冷凝传统工艺处理后排放的不凝气中还含有一定量的丙烯，其分析结果见表2.4.12。

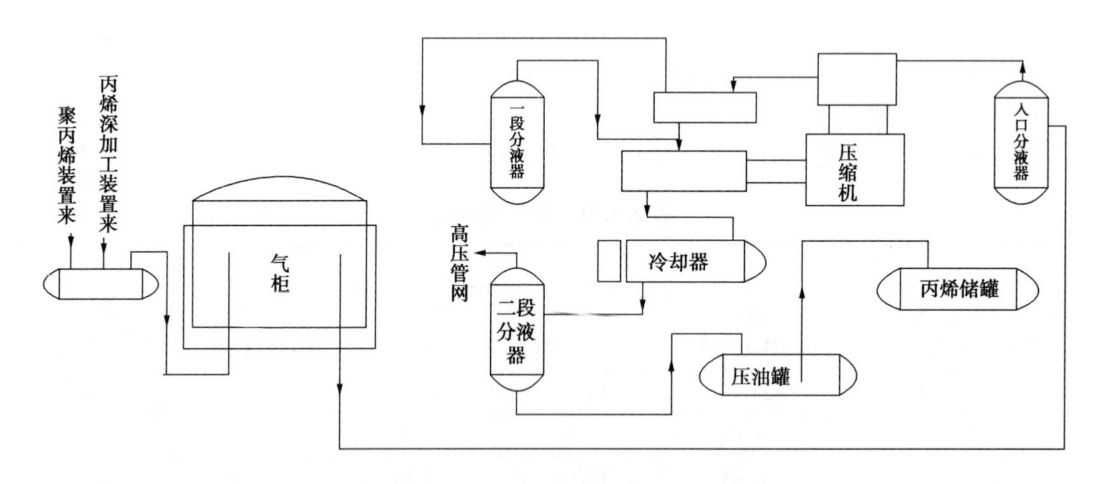

图2.4.19　装置改造前工艺流程示意图

表2.4.12　改造前排放不凝气分析结果

序号	1	2	3	4	5	6	平均值
丙烯含量［%(体积分数)］	62.5	70.5	65.5	72.5	75.5	78.5	60~80

续表

序号	1	2	3	4	5	6	平均值
氮气含量 [%(体积分数)]	37.2	29.1	34.2	27.1	24.3	21.1	20~40
氧气含量 [%(体积分数)]	0.3	0.4	0.3	0.4	0.2	0.4	0.2~0.4

表3.6.4数据说明，在排放的不凝气中，丙烯体积分数占60%~80%，若丙烯回收量按18t/d计，压缩机开机时间按20h/d计，压缩机抽气量600 m^3/h计，则按标准状态下计算：

日压缩总气量

=日开机时间×压缩机抽气量=20×600=12000m^3

日回收丙烯量

=日回收丙烯吨数×10^3×22.4/丙烯浓度×丙烯相对分子质量=10100 m^3

日排放不凝气量

=日压缩总气量-日回收丙烯单体量=1900 m^3

若排放不凝气中丙烯含量按70%计：

排放不凝气中每天带走丙烯量

=日排放不凝气量×丙烯浓度×丙烯相对分子质量/22.4

=1900×0.7×42/22.4

=2495kg

≈2.5t

初步估算排放不凝气中每天损失丙烯约2.5t，全年损失丙烯约875t。

3）气体膜分离技术及囊式气柜工作原理

（1）气体膜分离技术工作原理。

气体膜分离技术主要是根据混合原料气中各组分在压力的推动下，通过膜的相对传递速率不同而实现分离，目前常见的气体通过膜实现分离机理有两种：

①气体通过多孔膜的微孔扩散机理；

②气体通过无孔膜的溶解—扩散机理。

有机蒸气膜法回收技术是20世纪90年代兴起的新型膜分离技术，正在逐渐应用于石化行业中乙烯、丙烯及其他烷烯烃的回收和天然气行业的液化气（NGL）的回收等。

有机蒸气膜法回收过程主要采用“反向”选择性高分子复合膜。根据不同气体分子在膜中的溶解扩散性能的差异，可凝性有机蒸气（如乙烯、丙烯、重烃等）与惰性气体（如氢气、氮气、甲烷等）相比，被优先吸附渗透，使低浓度的有机蒸气得以富集，从而提高烯烃回收率。

（2）囊式气柜工作原理。

囊式气柜是由德国蒂森克虏伯集团（ThyssenKrupp）公司开发的一种干式气柜。是结构简单、操作安全稳定、免维护的一种新型气柜。气柜外形为直筒。以下半部圆筒和半圆形橡胶膜作为贮气部分，上部钢结构圆筒外壳作为保护层。高径比为0.4~1，正常升降速度可达5m/min以上。

其工作原理是借助内部橡胶膜的升降来恒定管网压力、接受或输出媒介气体。主要由外壳、密封橡胶膜、稳定框架、配重铁块及附属仪表装置等五大部分组成，如图 2.4.20 所示。

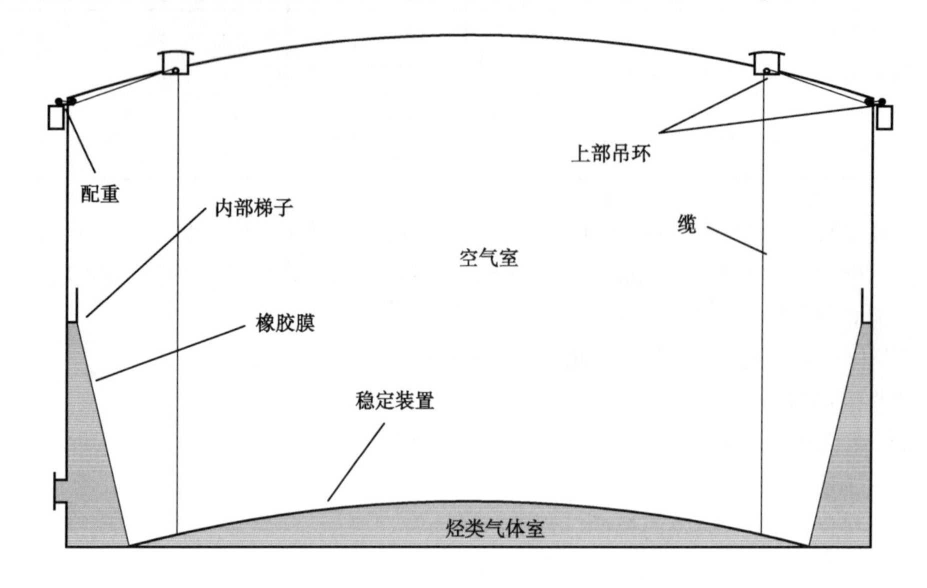

图 2.4.20　奎克型气柜内部安装位置示意图

4）改造后工艺流程

为进一步提高丙烯回收率，锦州石化从大连某公司成套引进膜回收系统及囊式气柜，采用压缩—冷凝—膜（CCM 系统）组合工艺对丙烯回收系统进行优化改造（图 2.4.21）。

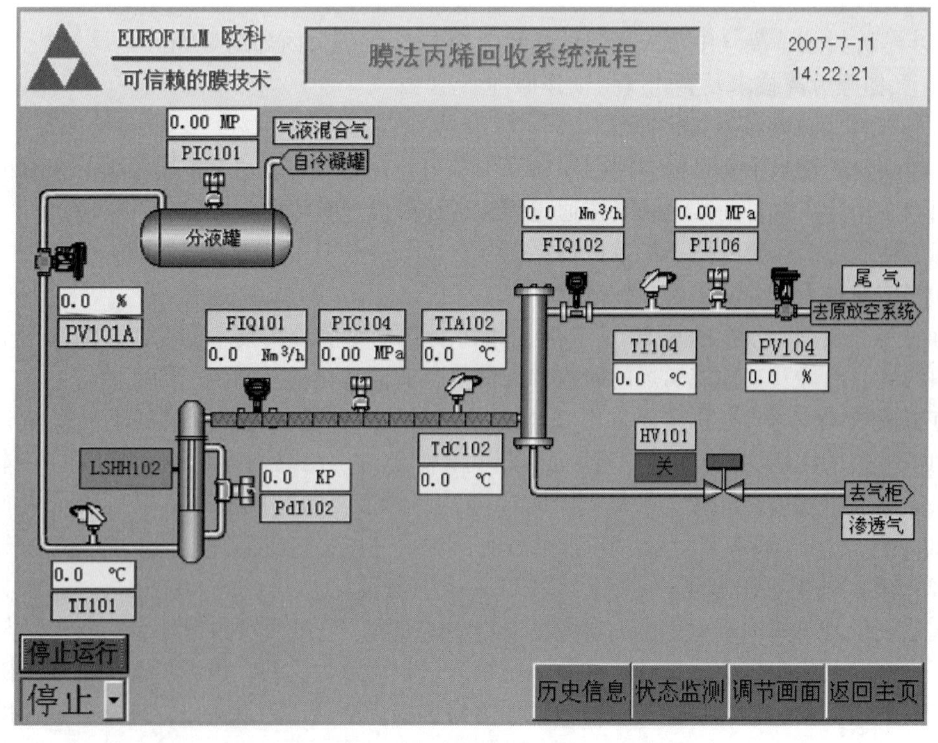

图 2.4.21　改造后膜回收工艺流程图（软件截图）

改造后来自聚丙烯和丙烯深加工装置闪蒸排放的丙烯尾气经凝缩油罐进入 3000m^3 囊式气柜，再经压缩机入口分液器进入压缩机，经冷凝器大部分气相丙烯冷凝成液相回收至二段分液器进入压油罐，再送到丙烯储罐，达到一定量后外送回用。不凝气首先经聚结过滤器，脱除气体中含有的固体杂质和微小液滴。差压变送器显示气体通过聚结过滤器的压差，由此判断过滤器滤芯阻塞情况。聚结过滤器上安装有磁翻板液位计，用来现场指示聚结过滤器的液位。并且液位计设有液位上限，当液位超过液位上限设定值时，膜回收装置自动联锁停车，以防止液体进入膜组件而损坏膜组件。

原料气经聚结过滤器并由电伴热带在管道中加热高出其进入膜系统前温度约 2~8℃，以确保高出其露点。如原料气不被加热高出露点温度，在经过膜分离器时，液体会在膜表面冷凝出液滴，导致膜出现溶胀现象，使膜分离器损坏。膜分离器入口设有高温报警，并在超高温时联锁停车。

原料气经加热后进入膜分离器。在一定的压差推动下，渗透侧得到的富集丙烯气回气柜，尾气侧气体去装置原排放系统。

膜回收系统设有两个流量计，进入膜法丙烯回收系统的气体流量，由原料气流量计指示；离开膜法丙烯回收系统的尾气流量，由尾气流量计指示。

本系统与分液罐上原排放系统为并联关系，在膜回收系统停车或联锁停车情况下，原排放系统自动投用，同时关闭膜系统进出口阀，可保证不因膜系统影响压缩机工作。

采用压缩/冷凝/膜组合工艺后，可以充分利用压缩机提供的压力定压排放，排放气进膜丙烯回收系统，富集丙烯返回气柜加以重新压缩/冷凝，得到液体丙烯，尾气排入高压瓦斯系统。

5）应用情况分析

（1）经济效益。

①降低聚丙烯装置丙烯单耗。

选取了环境温度、工艺状况及加工量和膜回收运行时相近的数据做对比（表 3.6.5）。从表 3.6.5 可知，膜回收系统投用后平均每天多回收丙烯约 3t。若年生产时间按 350d 计算，则：

全年多回收丙烯量

=3t/d×350d

=1050t

全年回收总价值

=回收丙烯量×丙烯单价

=1050t×0.9 万元/t

=945 万元

从以上数据分析，膜回收系统的投用，装置回收丙烯量明显增多，使聚丙烯装置丙烯单耗下降 0.042t/t，详见表 2.4.13。

表 2.4.13　膜回收系统投用前后回收油量对比表

膜回收系统运转每天丙烯回收量			膜回收系统未投用时每天丙烯回收量		
日期	丙烯量（m^3）	吨数	日期	丙烯量（m^3）	吨数
1 月 14 日	49.6	24.8	12 月 5 日	46.0	23.0
1 月 15 日	59.9	29.9	12 月 6 日	45.5	22.7
1 月 16 日	46.6	23.3	12 月 7 日	48.9	24.5
1 月 17 日	52.8	26.4	12 月 8 日	44.1	22.1
1 月 18 日	56.9	28.4	12 月 9 日	49.1	25.6
1 月 19 日	63.0	31.5	12 月 10 日	46.9	23.5
1 月 20 日	57.7	28.8	12 月 11 日	45.9	23.9
1 月 21 日	53.8	26.9	12 月 12 日	50.1	25.1
1 月 22 日	58.0	29.0	12 月 13 日	51.0	25.5
1 月 23 日	56.0	28.0	12 月 14 日	47.2	23.6
1 月 24 日	52.0	26.0	12 月 15 日	58.8	29.4
1 月 25 日	53.0	26.5	12 月 16 日	45.1	22.6
1 月 26 日	57.0	28.5	12 月 17 日	52.8	26.4
⋮	⋮	⋮	⋮	⋮	⋮
2 月 9 日	63.0	31.5	12 月 31 日	57.5	28.8
日平均	57.1	28.5	日平均	50.2	25.1

②降低丙烯深加工装置丙烯单耗。

囊式气柜投产一年多来运行平稳，免予维护，尤其是气柜操作压力远低于其他形式的气柜，闪蒸排放压力比改造前下降了 0.15MPa 以上，中间物料中夹带的大量丙烯得以闪蒸回收，减少了对空排放，大大提高了丙烯回收深度，使丙烯深加工装置的丙烯单耗下降 33.8kg/t，年创效益可达 3200 万元。

（2）效果评价。

对膜回收系统的原料气、尾气和渗透气分别进行了组成分析（表 3.6.6），

膜回收系统丙烯回收率（R）计算公式为：

$$R=(V_2 \times C_2)/(V_1 \times C_1)\times 100\% \quad 或$$

$$R=[1-(V_3 \times C_3)/(V_1 \times C_1]\times 100\% \qquad (2.4.1)$$

式中　V_2——渗透气量，m^3/h；

V_1——原料气量，m^3/h；

V_3——尾气量，m^3/h；

C_2——渗透气中丙烯的体积分数；

C_1——原料气中丙烯的体积分数；

C_3——尾气中丙烯的体积分数。

经过计算，该膜回收系统丙烯回收率平均为 99.23%，超过了 90%的考核指标要求，详见表 2.4.14。

表 2.4.14 膜回收系统运行记录

时间	原料气					膜前温度(℃)	渗透气		尾气			丙烯回收率(%)
	压力(MPa)	温度(℃)	流量(m^3/h)	丙烯[%(体积分数)]	氮气[%(体积分数)]		丙烯[%(体积分数)]	氮气[%(体积分数)]	流量(m^3/h)	丙烯[%(体积分数)]	氮气[%(体积分数)]	
1月9日上午	1.50	9.2	298	75.15	21.94	12.2	86.87	8.15	29.5	8.67	90.75	98.85
1月9日下午	1.50	13.0	258	74.57	22.36	12.3	92.02	2.33	14.4	8.77	92.61	99.34
1月10日上午	1.51	16.8	330	81.43	15.39	16.7	84.22	10.79	15.0	10.3	88.84	99.42
1月10日下午	1.50	-1.2	470	78.45	17.36	2.4	86.05	10.76	35.0	20	79.03	98.11
1月11日上午	1.49	38.8	422	78.33	16.66	17.0	80.33	16.59	37.0	12.6	86.83	98.58
1月11日下午	1.50	21.3	413	83.65	10.39	21.0	86.29	10.59	8.7	19.6	79.63	99.51
1月14日	1.51	10.2	378	77.23	18.98	19.6	82.45	14.51	16.0	14.2	84.87	99.22
1月15日	1.50	19.2	340	75.43	21.12	19.4	81.77	15.32	20.4	12.4	86.84	99.01
1月17日	1.50	9.3	75	60.27	37.04	13.0	73.5	23.5	7.0	6.82	92.85	98.94
1月18日	1.50	3.4	180	63.67	33.34	11.6	67.82	29.15	8.5	6.6	93.15	99.51
1月21日	1.51	1.0	170	66.13	31.12	5.1	63.51	33.84	6.8	6.27	93.05	99.62
1月22日	1.51	9.7	181	65.14	31.96	13.1	69.09	26.39	9.0	7.82	91.13	99.4
1月23日	1.50	11.0	462	76.61	19.46	12.8	78.89	17.49	14.0	10.5	88.36	99.59
1月24日	1.50	7.2	142	65.53	31.43	11.2	67.52	29.54	6.0	4.52	94.78	99.71
1月25日	1.50	8.3	131	63.11	34.06	11.0	66.32	30.91	6.0	4.32	95.13	99.68
平均												99.23

6）小结

（1）膜分离技术是一种新型高效、精密分离技术，它是材料科学与介质分离技术的交叉结合，具有设备简单、高效分离、节能环保、易操作等优点，适应了清洁生产的要求，在石油炼制行业有着广泛的开发应用前景。

（2）采用压缩/冷凝/膜（CCM 系统）组合工艺回收间歇式小本体聚丙烯装置的丙烯尾气，膜回收系统的丙烯回收率在 98%以上，使聚丙烯装置的丙烯单耗下降 0.042t/t（丙烯/聚丙烯）。

（3）膜法丙烯回收系统采用撬装式结构和 PLC 控制，投资省（投资回收期仅 4~6 个月），占地小，操作简单，效益大，适于小本体聚丙烯行业应用。

（4）囊式气柜结构简单，安装、使用方便，运行可靠，免维护，操作压力低，可进一步提高丙烯回收深度，使丙烯深加工装置丙烯单耗下降 33.8kg/t（丙烯/聚丙烯）。

第三章　气体分离膜在油气田开发中的应用

第一节　天然气、伴生气中二氧化碳的脱除与富集利用

由于气体膜分离技术具有工艺简单、操作方便、能耗低、占地面积小、效益好等优点，并且气体膜可以充分利用天然气带压的推动力，因此，国外从20世纪80年代末就开始研究如何把气体膜技术用于天然气中CO_2的脱除及富集回收，到20世纪90年代已有很多应用实例。

一、国外主要厂商和CO_2膜情况介绍

1. 美国MTR公司

美国MTR公司（Membrane Technology and Research）的Z-TOP卷式膜，采用新研制成功的复合膜技术，膜的化学稳定性好，能够有效防止原料气中的芳烃和水等物质的污染，因此可以减少预处理成本。应用于天然气中CO_2脱除的MTR膜分离系统，既可单独使用，也可以与胺吸收、变压吸附组合使用。

技术特点：

可制成标准的撬装车，用于井口气除掉CO_2；

可把天然气中CO_2含量降到所需的规格［降至2%（摩尔分数）以下］；

在高CO_2含量下，膜的性能可以保证；

膜的化学性能良好，所需的预处理有限；

高效、紧密、重量轻，容易安装，适合用于海岸。

系统性能：

原料气流速：（1~300）$\times10^6ft^3/d$[1]；

原料中CO_2含量：>5%~40%（摩尔分数）；

产品气CO_2含量：<2%（摩尔分数）；

原料气压力：200~1200psi（绝压）；

烃回收率：>95%。

流程示意图见图3.1.1。

2. 美国UOP公司

UOP公司采用Separex醋酸纤维卷式膜，该公司率先完成了从天然气中脱CO_2的工业试验，其结果如表3.1.1所示。

---

[1] 1ft=0.348m。

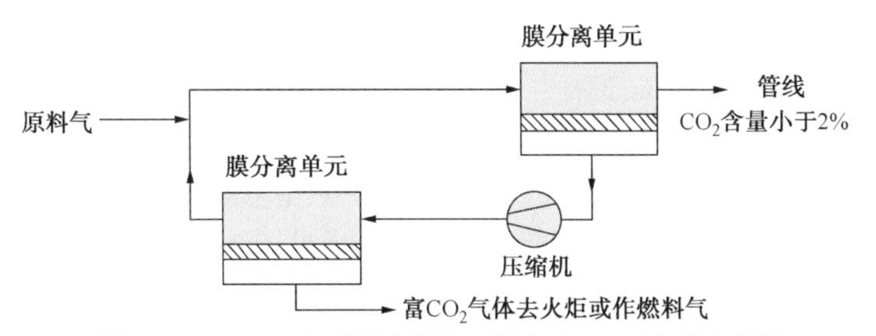

图 3.1.1　MTR 公司膜法脱除天然气中 CO_2 流程示意图

表 3.1.1　Separex 卷式膜组件分离 CO_2/烃类的试验结果

项　目		原料气	渗透气	尾　气
压力（psi）		530	0.1	530
温度（℉）		114	84	94
流量（$10^6m^3/d$）		2.86	1.08	1.78
组成［%（体积分数）］	二氧化碳	5.23	13.18	0.35
	甲烷	86.67	82.14	89.66
	乙烷	3.78	2.59	4.65
	C_{2+}烷烃	3.01	1.14	4.01
	氮气	1.22	0.95	1.33

在此基础上，该公司采用 Separex 膜承接了很多天然气中脱 CO_2的工程。1995 年首先给巴基斯坦安装了一套当时是世界上最大的 CO_2脱除膜系统，处理能力为 $210×10^6ft^3/d$。Separex 膜要求预处理严格，投资较高。为了保证膜的安全运行，UOP 公司采用了增强预处理技术，即 MemGuard 系统。它是利用可再生吸附剂，把重烃和其他有害组分（汞和其他污染物）除掉。

目前 UOP 公司已有 100 多套脱 CO_2装置在运行，也有多套膜装置在海上天然气生产平台上脱除 CO_2。

3. 美国 Grace 公司

ProSep 技术公司采用美国 Grace 公司的醋酸纤维卷式膜组件，已成功地用于三次采油回收 CO_2，CO_2回收率达 87%，烃损失为零；回收的渗透气可 100%用于压缩和回注（图 3.1.2）。也可用于管输气体的处理和燃气的处理等。

图 3.1.2　Grace 公司用于三次采油的 CO_2回收装置（采用醋酸纤维中空纤维膜组件）

该系统与胺法和其他溶剂基处理系统相比具有以下优点：
投资费用低、操作简单、无腐蚀和有害液体产生、维护费用低、接受原料气的压力和组分范围宽、重量轻占有空间小。

该公司已在世界上 15 个国家设计、加工制造和安装了 200 多套用于天然气的膜分离装置。所用的膜组件主要是醋酸纤维（CA）卷式膜组件和聚酰亚胺（PI）中空纤维膜组件。以处理气量为 $60\times10^6ft^3/d$（含有 3.1%CO_2）为例，采用 Grace 公司的 CA 卷式膜组件，烃的损失为零，回收的渗透气可 100%用作压缩燃料。详见图 3.1.3 和图 3.1.4。

图 3.1.3　CO_2处理装置（$60\times10^6ft^3/d$，CO_2含量为 3.1%）

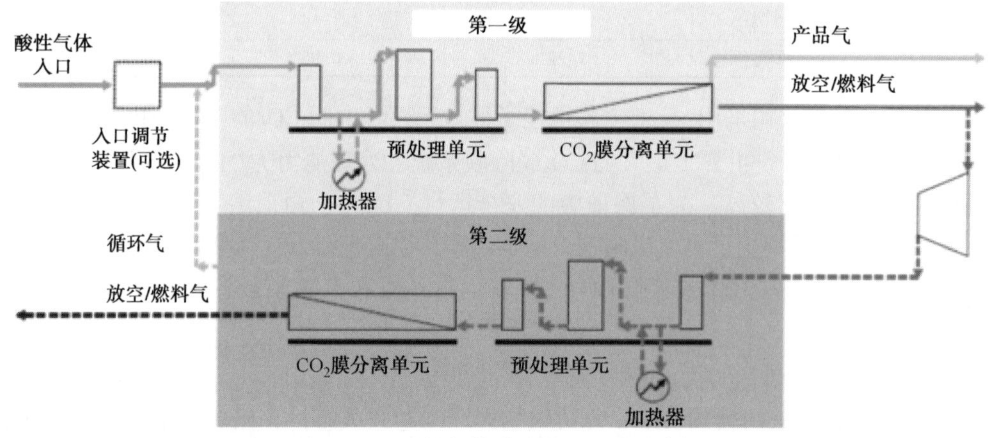

图 3.1.4　酸性气体膜法处理过程示意图

4. 日本 Ube 株式会社

该公司的 CO_2膜分离技术可在压力驱动下，使天然气中的某些组分，如 CO_2、H_2O 和 H_2S 优先溶解—扩散通过膜，富集在渗透气中；而甲烷、乙烷和其他烃类则较慢通过，富集在渗余气中，从而达到分离的目的。

1）膜的耐污染性能

膜的耐污染性能见表 3.1.2。

表 3.1.2　膜的耐污染性能

污染物	最大允许量	污染物	最大允许量
水蒸气	至饱和	甲醚	5%（体积分数）
H_2S	3%（体积分数）	苯	1%（体积分数）
NH_3 和胺类	100×10^{-6}（体积分数）	甲苯	2000×10^{-6}（体积分数）
甲醇	15%（体积分数）	C_{5+}烃类	至饱和

2）膜组件的规格

膜组件的规格见表3.1.3。

表3.1.3 膜组件规格

组件尺寸（直径×长度）	最大压力（psi）	组件尺寸（直径×长度）	最大压力（psi）
8in×160in	2200	4in×160in	2200
8in×80in	2200	4in×80in	2200

3）膜系统特点

（1）膜的使用寿命长，膜材料为聚酰亚胺，耐高压 CO_2、H_2S 和烃的压缩，耐高温，可在100℃下使用。

（2）系统紧凑、简单，所用膜组件是常规系统的1/4~1/2。

（3）可除掉天然气中的 CO_2、H_2O 和 H_2S 并减少烃的损失（表3.1.4）。

（4）可用于富集 CO_2 气体，使掩埋气和生物气提级。

（5）可用于三次采油注入 CO_2。

（6）可与吸收法集成和改进现有的吸附装置。

表3.1.4 膜分离技术在天然气脱 CO_2 中的应用

项　　目		原料气	销售气	燃料气
流速（$10^6ft^3/d$）		100	87	13
压力（psi）		850	840	5
组成［%（体积分数）］	CO_2	9.6	1.9	61.0
	CH_4	90.0	97.6	38.9
	C_{2+}	0.3	0.4	0.0
	N_2	0.1	0.1	0.1

5. 美国 Pemea 公司

Permea 公司是美国 Air-products 公司下属公司。该公司于1978年推出了世界上第一个商业化的普里森气体膜分离器。膜材料选用聚酰亚胺，理化性能好，耐温高，不怕水，表面对烃及 CO_2 的耐受性好。普里森气体膜已广泛用于分离回收氢气、空分制氮、富氧和酸性气体（CO_2、H_2S）脱除。目前全世界已有几百套普里森膜装置在运行。我国化肥、炼化、甲醇工业已有几十套普里森膜装置用于分离回收氢，也有几十套空分制氮装置。2006年已在南海气田完成海上天然气井脱除 CO_2 的工业试验（$4×10^4m^3/d$），2010年10月，中国石化吉林某油田已用于天然气脱 CO_2，装置规模 $65×10^4m^3/d$，可将天然气中 CO_2 从16%脱至5%（摩尔分数）。

为了解决天然气中 CO_2 和 H_2S 的脱除，该公司近几年专门生产了SL8060-P3-HO型普里森膜。它采用了专用涂层，对烃类及温度的耐受性更高。膜丝内径大，纤维壁薄，从而使得单位膜面积的处理量大大提高，既减小了装置体积，又降低了成本。

6. 不同品牌膜分离器的比较

下面列出国外几家气体膜制造公司膜分离器的特性，仅供参考。详见表3.1.5。

表 3.1.5　气体膜分离器制造公司膜分离器的特性

制造公司	UOP	Permea	Ube	Generon
商品名	Separex	Prism[R]	Ube	Generon
膜材料	醋酸纤维素	聚酰亚胺	聚酰亚胺	聚烯烃
膜结构	非对称	非对称复合膜	非对称复合膜	熔融纺丝致密膜
组件类型	螺旋卷式	中空纤维	中空纤维	中空纤维
极限温度（℃）	60	120	100	45
操作压力（kgf/cm^2）①	84	160	130	14

①$1kgf/cm^2 = 9.80665 \times 10^4 Pa$。

二、膜技术脱 CO_2 系统设计、预处理及运行经验

膜技术在各种过程应用中有许多明显的优点，这使它已经成为天然气处理中一项可以接受的技术，从早期装置产气量不到 $10 \times 10^6 ft^3/d$，现已发展成产气量超过 $250 \times 10^6 ft^3/d$。目前世界上最大的装置的生产能力已达 $500 \times 10^6 ft^3/d$ 以上。

下面介绍膜法脱除 CO_2 的原理、设计依据、UOP 在较大装置上的经验，以及 UOP 气体加工集团在膜和膜法预处理设计等方面的发展情况。

1. 膜法脱除 CO_2 的原理

膜法脱除 CO_2 主要用于：

（1）天然气脱 CO_2。

（2）在三次采油处把伴生气中的 CO_2 脱除，并回注到油井中以提高油的回收率。

1）脱除 CO_2 用的膜材料

目前，商业上可用于脱除 CO_2 的膜只有聚合物基膜，例如，醋酸纤维素、聚酰亚胺、聚酰胺、聚砜、聚碳酸酯和聚乙醚酰亚胺。在 UOP 的膜系统中，使用最广泛并且测试过的膜材料是醋酸纤维素。聚酰亚胺膜在 CO_2 脱除应用中具有一定的潜力，不过在大规模的应用中尚无充分的测试。聚酰亚胺和聚合物膜的性能可通过修饰来提高。醋酸纤维素膜最初是为反渗透开发的，但现在常用于脱除 CO_2。

2）膜的渗透性

膜过程是以通过无孔膜的溶解—扩散原理进行的。CO_2 首先溶解于膜中，然后扩散通过它。当选择一种膜时，其渗透性和选择性都是重要的依据。渗透性越高，对分离需要的膜面积越小，则系统的成本就会越低。选择性越高，在脱除 CO_2 时烃的损失越小，可销售的产值就越高。

3）膜组件

分离 CO_2 的膜组件主要有两种形式，螺旋卷式膜组件（图 3.1.5）和中空纤维式膜组件（图 3.1.6）。也有的组件由两个或多个元件组装在一个壳体中形成的（图 3.1.7）。

2. 设计依据

根据客户和应用的需要，许多过程参数都可以调整到最佳性能。对较大的系统，优化是最基本的要求，因为小的改进往往可以带来大的利益。在设计时应考虑的主要因素是：降低成本、烃的回收率高、可靠性高、维护成本低、连续开工时间长、能耗低、容易操作、重量轻、占地小。

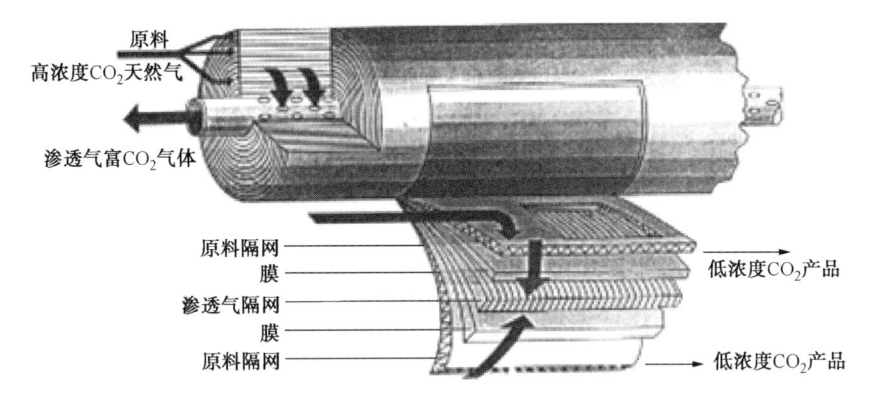

图 3.1.5 螺旋卷式膜组件

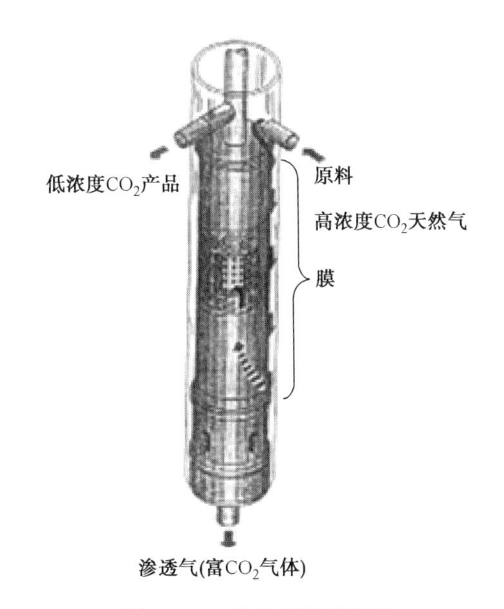

图 3.1.6 中空纤维膜组件

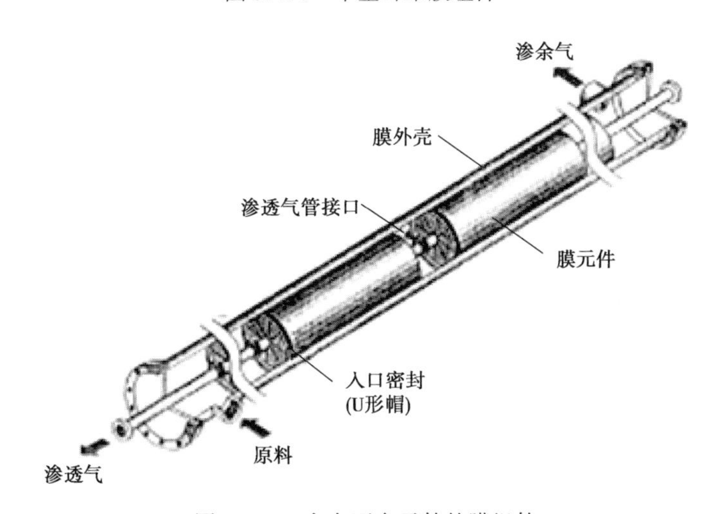

图 3.1.7 含有两个元件的膜组件

这些需要有时是相互矛盾的，例如，通常系统的回收率高，则需要增加压缩机，这会增加维修费。所以，从事设计方面的工程师必须在需求之间寻求平衡，以获得全面优化的系统。

1）流程图

最简单的膜过程是一级流程（图 3.1.8）。把原料气分离成富 CO_2 的渗透气和富烃的渗余气。

使用单级流程时在高回收 CO_2 的应用中就会有大量的烃透过膜并损失掉。为解决这个问题，需采用多级系统，以回收其中的烃。二级设计如图 3.1.9 所示，其只让一级的渗透气中的烃部分损失掉，而将其余部分再循环到一级的原料气中。

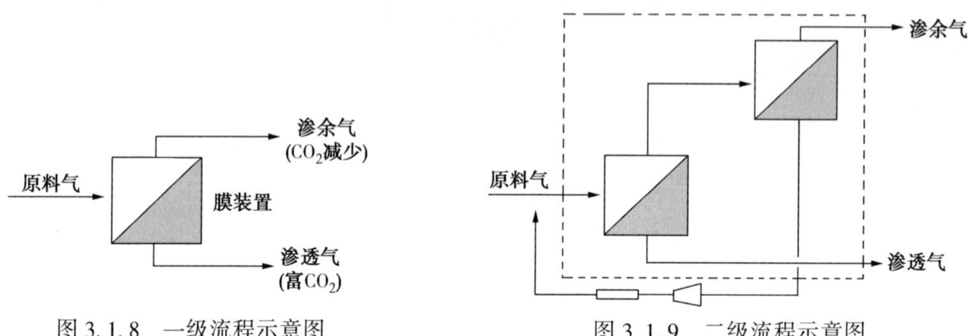

图 3.1.8　一级流程示意图　　图 3.1.9　二级流程示意图

烃的损失通常发生在第一个膜组件的第一级渗透气中，尾气成分主要是 CO_2，因此，渗透气中的 CO_2 浓度最高，而烃的含量最低。渗透气处于低压，要把它循环使用，就必须在它与原料气结合前重新加压（图 3.1.10）。

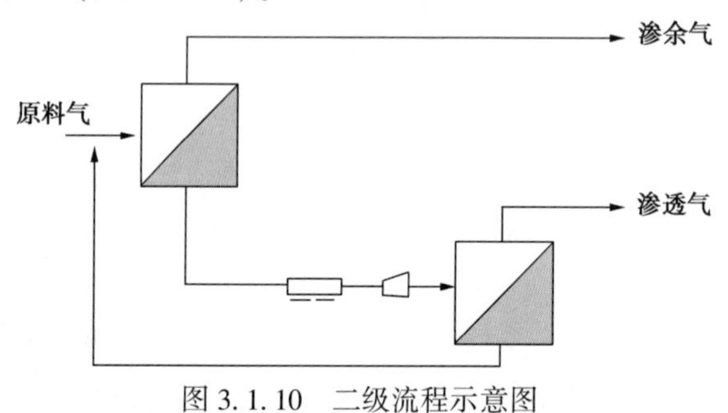

图 3.1.10　二级流程示意图

从二级系统出来的渗透气，其 CO_2 的含量约是一级渗透气中的两倍。渗透气也可以循环并与原料气相结合。在一级渗透气进入二级系统前需要重新压缩。二级设计要比二步设计或一级设计提供更高的烃回收率，但需要更高的压缩能（因为更多的气体必须进行压缩处理）。

其他的流程也是可能的，但很少使用。人们期望在二级系统中带有预先处理的膜流程，即在一级系统中，先把大量的 CO_2 除掉，随后通过二级系统，最终把 CO_2 除掉。这种系统要比标准的二级系统采用更多较小的循环压缩机，尽管由于系统的一级部分会损失较多的烃。

当决定采用一级或多级系统时，有许多因素必须考虑，如经济分析必须全面，以保证安装和操作循环压缩机的成本不会超过回收节省下来的烃，图 3.1.11 示出这方面的情况。

从图 3.1.11 中可以看出，二级系统对烃的回收率显然要高于一级的。不过，当决定采用一级或多级时，设计者还必须考虑循环用压缩机的影响。这种影响包括用作原料额外消耗的烃，这会增加整个烃的损失，以及压缩机的大量维护费用。对于适中的CO_2脱除应用，即在大约脱除50%以下，通常一级膜系统要比多级系统可以提供更好的经济收益。

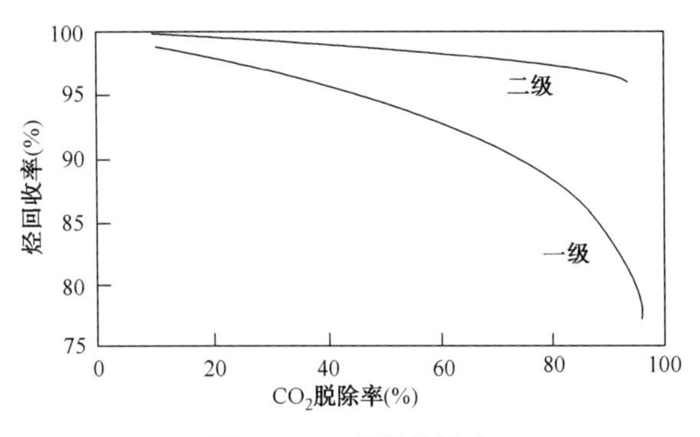

图 3.1.11 级数的影响

2）流速

由于膜系统是组件式，所以对给定的分离系统，流速增加相当于生产负荷增加，这就要成比例增加所需要的膜面积。这样，烃的损失，即烃损失到排放气中的量也会成比例增加，不过烃损失的百分比（烃的损失量/原料气中的烃含量）是常数。

3）操作温度

膜的渗透性随原料气温度的增加而增加，而选择性则随温度升高而下降。对于多级系统所需要的膜面积会因此而减少，但是烃的损失和循环压缩能耗会因此而增加（图 3.1.12）。

4）原料气压力

随着原料气压力的增加，膜的渗透性和选择性都会减少。但是，压力增加会产生较大的跨膜驱动力，其结果是通过膜的渗透作用增加，所需的膜面积下降。压缩机的能量略微增加，烃的损失就会有所下降（图 3.1.13）。由于所需膜面积会因此受到压力的影响，而其他的变化不受影响，设计师们试图采用尽可能高的操作压力，以获得比较便宜和较小的系统。其限制因素是膜元件的最高承受压力和在高压下运转的设备成本和重量。

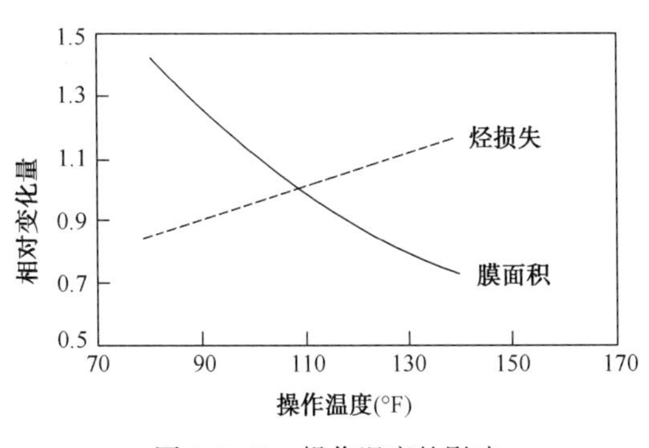

图 3.1.12 操作温度的影响

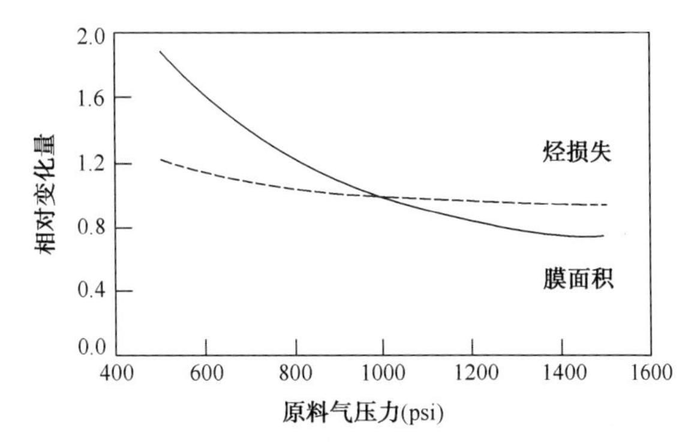

图 3.1.13 原料气压力的影响

5）渗透气压力

渗透气压力的影响和原料气压力的影响是相反的，渗透气压力越低，驱动力越高，因此，所需的膜面积就越少。不过和原料气压力不一样的是，渗透气压力对烃的损失影响较大（图 3.1.14）。

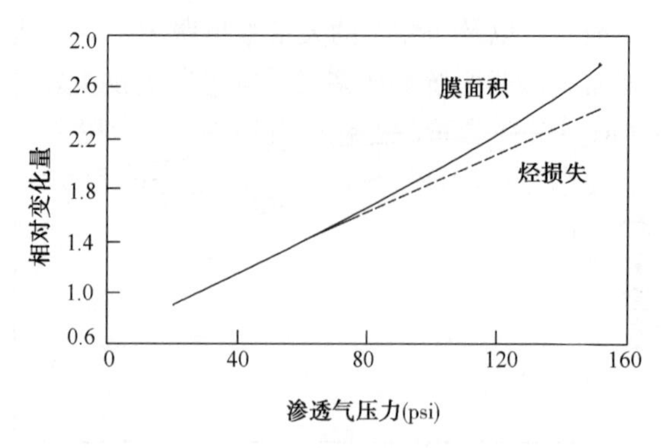

图 3.1.14 渗透气压力的影响

跨膜压力差不是唯一的依据。详细分析表明，在系统设计中，跨膜的压力比率也非常重要，这个比率受渗透压的影响很大。例如，90bar❶ 的进气压力和 3bar 的渗透气压力之比为 30。若把渗透气压降到 1，则压力比增加到 90，这会对系统的性能产生很大的影响。由此，膜设计工程师们试图获得尽可能低的渗透气压力。这在决定今后如何进一步加工渗透气时，是需要考虑的重要依据。例如，若渗透气必须烧掉，则火炬设计必须针对降低压降来优化；若渗透气要压缩，例如，要把它输送到第二个膜级或再注回井中，就要把处于低压的渗透气增加压缩能从而增加压缩机的功率，这必然会对减少膜面积的需求得不偿失。

6）二氧化碳的脱除率

对给定的 CO_2 销售气规格，原料气中 CO_2 浓度增加就会增加对膜面积的需求，以及烃的损失（因为 CO_2 渗透越多，烃渗透的也会越多，见图 3.1.15）。

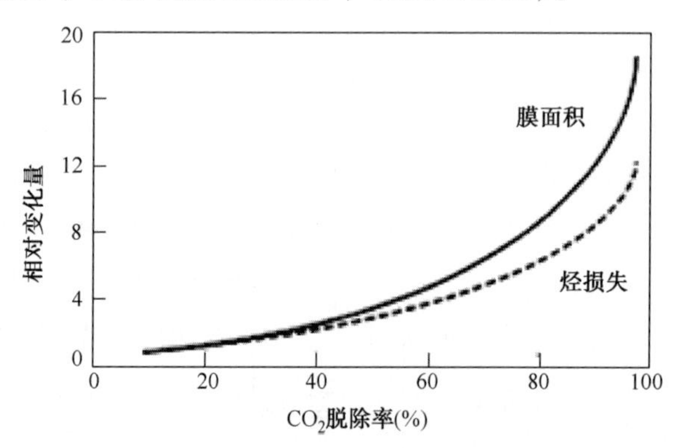

图 3.1.15 脱除率的影响

膜面积的需求取决于 CO_2 脱除的百分比，而不是原料气或销售气 CO_2 本身的规格。例如，对把原料气中 CO_2 含量从 10%降到 5%的系统，其大小和把原料气中 CO_2 含量从 50%降到 30%，或从 1%降到 0.5%是相似的，这种特点和在传统脱除 CO_2 技术中的操作方式是不同的。对这类操作，把 CO_2 从 3%减少到 0.1%和把 CO_2 从 3%减少到 1%相比，不需要更大的系统。对膜系统，在 CO_2 脱除中（97%与 70%相比较）大的差异意味着 0.1%销售气系统大体是 1%系统大小的 3 倍。而传统的溶剂或吸附剂 CO_2 脱除技术，其限制是不同的，即它们的大小必须受脱除的 CO_2 绝对量所驱动，所以把 CO_2 从 50%脱除到 30%的系统要明显大于把

❶ $1bar=10^5Pa$。

从 CO_2 从 1.0%脱除到 0.5%的系统。由于这个原因，对脱除 CO_2 量大的采用膜法，对满足低浓度 CO_2 脱除的要求，则采用传统的技术。总之，根据应用可以采用一种或两种技术。

现有膜装置中，原料气中 CO_2 含量的变化可以用许多方式处理，可以用于产生较高 CO_2 含量的销售气。另外，也可以通过增加膜面积来满足销售气 CO_2 含量的要求，不过这会增加烃的损失。若有现成的加热器，则膜可在较高的温度下操作，也可增加生产能力。若现有的非膜系统是制约生产的瓶颈，则在它的上游安装大型 CO_2 脱除系统会是一个较好的方法。

7）其他设计依据

在膜系统设计中，加工条件不是唯一可变化的影响。其他变化因素，如位置、国家和公司特定因素也必须在设计中考虑。例如，位置、环保法规、燃料需求和设计要求等都需要考虑。如设计标准，各公司的要求是不一样的。有的公司可能需要双联生产线，而其他公司允许使用碳钢。有些公司可能专门需要 0.5psi/100ft 的最大管速，而其他公司可能允许达到此值。总之，这些项目必须在投标阶段预先确定下来，以免后期修改成本。

3. 膜法的预处理

所有的膜系统都需要适当的预处理设计。通常在天然气中发现，降低膜脱除 CO_2 性能的物质有：

（1）液体：液体会引起膜的溶胀并破坏膜的整体性。

（2）重烃（C_{5+}）：这类化合物过量会缓慢涂布在膜的表面上，由此降低膜的渗透速率。

（3）颗粒物质：颗粒会堵塞膜的流动面积。对螺旋卷式膜组件，它的流动面积小，其堵塞的可能性要明显低于对中空纤维的。不过，颗粒长期流入任何膜，都会污染甚至堵塞膜。

（4）某些腐蚀抑制剂和油井添加剂：有些腐蚀抑制和油井添加剂会对膜产生破坏，而其他则是安全的。所以膜的购买者在引入这些化合物的基团之前，都应该进行咨询。

预处理系统必须除掉这些化合物，并必须保证膜内不形成液体。有两种效应可能会在膜内产生凝结。一是当气体通过膜时，由于 Joule-Thomson 效应，使气体冷凝下来。二是由于 CO_2 和轻烃要比重烃渗透的快，气体变重并由此使它通过膜的露点提高。为了防止在膜内产生凝结现象，可在膜使用前预选测定露点，然后把气体加热提供足够的过热界限。

预热系统必须具有宽的安全界限和高的可靠性，以适应预想不到的环境。UOP 公司的经验表明，原料气中重烃的含量，从最初预启动估计的和在装置运行期间，月与月之间的变化范围可能很宽。甚至在同一地区不同口井之间也可以看到大的变化。可靠的预处理系统必须对这种变化予以考虑，并能够保护膜在宽的污染范围内不受影响。

1）传统的预处理

膜法除掉 CO_2 的传统预处理的设备组成如图 3.1.16 所示。

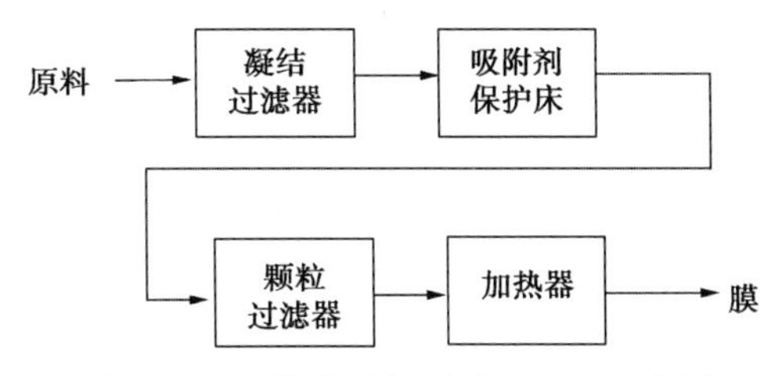

图 3.1.16　传统膜的预处理流程示意图

(1) 凝结过滤器除掉液体和雾;

(2) 不可再生的吸附剂保护床除掉痕量污染物;

(3) 颗粒过滤器安装在吸附床的后面除掉灰尘;

(4) 加热器为原料气提供足够的热量。

虽然该示意图对组分稳定的轻烃气体是合适的,但它有下列限制:

(1) 吸附剂保护床是除掉重烃的唯一环节。在重烃含量突然喘振或比原先估计的原料气重时,它可能在几天内使吸附床饱和并变得无用。由于这些床一般是不可再生的,它们的功能只有在更换吸附剂后才变得有用。

(2) 与加热器有关的问题是,整个膜系统要安装于在线生产,因为加热器是唯一可为设备提供足够热量的装置。

2) 预处理的改进

对许多膜系统,传统的预处理是适合的。不过具有数套膜系统的 UOP 经验表明,需要继续开发提高系统的预处理能力,才能更好地处理含量较高的重烃气体。他们在实践中发现的问题主要有两点。一是在短时间内,吸附床会完全饱和,导致性能下降。二是预热器不能提供足够的热量使原料气的温度比设计的高许多。温度上升会提高气体露点和操作温度之间的界限,由此可防止在膜中凝结。在这种情况下,所需要的高温不能通过安装的加热器来获得。

UOP 公司建议用增强预处理系统来改进。

3) 增强预处理的构想

UOP 公司在考虑各种选择方案后,提出增强预处理的构想,见图 3.1.17。下面预计的一种或多种情况会更适合:

(1) 把原料气中的含量变化加宽;

(2) 把重烃或其他污染物的量加大;

(3) 原料气可以比依据附近井或其他地区已知情况分析的重。

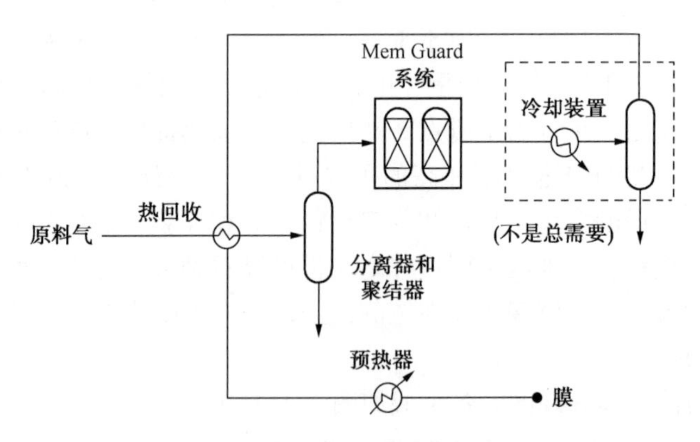

图 3.1.17 提高预处理的示意图

首先把原料气的重组分在热回收交换器中冷凝下来,并在分离器和聚结器中把任何形成的凝结物除掉。然后把无液气体送入以 Mem Guard 系统为基础的可再生吸附剂,将重烃和其他有害组分全部除掉。无污染的气体在离开 Mem Guard 系统前通过一颗粒过滤器。

Mem Guard 系统的主要优点是水可随着重烃一起除掉,所以不需要对上游气体脱湿。另外,汞和其他污染物也可以在 Mem Guard 系统中除掉。

某些情况下，还可以把 Mem Guard 生产的气体在冷凝器或冷却器中冷却下来，其目的是降低原料气的露点。在聚结器中形成的任何冷凝物可在分离器中除掉，并把分离器的出口气送到与原料交叉的热交换器。在此处气体把系统中的原料气冷却下来并获得必需的过热气体。进一步通过预热器把提供给膜的原料温度进行提高和控制。

UOP 公司的这套增强预处理的主要优点是：

（1）能够将重烃完全除掉。和其他预处理方案不同，它可以把重烃完全除掉。

（2）再生系统。由于 Mem Guard 装置是再生系统，能够比传统保护床更好地处理原料气中的重烃，而传统法需频繁更换吸附剂材料。

（3）可靠性。Mem Guard 装置可以设计成满足操作的需要，即使它的一个容器也可拿到管线以外。预处理系统中的要害元件通常有备用的，所以可以不用停车就进行维修。

（4）处理不同原料组分的能力。Mem Guard 装置的循环时间可以调整，以便有效处理各种原料组分和重烃含量。

（5）效率。单个 Mem Guard 装置就能够提供许多功能，例如，可除掉水、重烃和汞，这通常应该由设备的分离部分来提供。热回收是在预处理方案中以及由 Mem Guard 系统本身来完成。

4. 膜系统的优点

膜系统具有如下特点：

（1）投资费较低。

（2）操作费用较低。

（3）操作简单，可靠性高。

（4）重量轻，空间利用率高。

（5）可采纳性。由于膜面积是由 CO_2脱除的百分比指定的，而不是由 CO_2脱除的绝对值指定的，所以原料中 CO_2含量的微小变化很难改变销售气 CO_2的规格。例如，对 CO_2从脱除10%下降到脱除 3%设计的系统，可从含 CO_2 12%的原料气中生产含 3.5%的产品气；也可从含 CO_2 15%的原料气中生产含 5%的产品气。另外，通过调节过程参数，如操作温度，设计者可进一步减少销售气 CO_2的含量。

（6）操作弹性高。系统的模块特性意味着可以获得低的操作弹性，比设计能力低 10%或更少，这样在设计时可以决定以需要什么样的水平来提高或降低。

（7）设计效率。膜系统和预处理系统可集成出许多操作，如脱湿、除掉 CO_2和 H_2S，控制露点和除掉汞。传统的 CO_2脱除技术需要所有的这些操作都类似于分离过程，并可能还需要外加脱湿，因为有些技术会使产品气含有饱和水。

5. 应用实例

UOP 公司的膜系统在天然气和石油精制工业已商业应用了 17 年，在这期间，UOP 公司已安装了 80 多套膜装置。

1）巴基斯坦

在巴基斯坦的 Qadipur 和 Kadanwari 安装了两套世界上最大的 CO_2脱除膜系统，用的是 Separex 装置。这些装置专门采用为 CO_2脱除技术用的膜，因为设备简单，容易使用和可靠性高。并累积了许多经验。例如，UOP 开发先进预处理系统中的主要动力来自安装 Kadanwari 装置的经验。

（1）Kadanwari 的经验。

当 1995 年这套装置在巴基斯坦的 Kadanwari 启动时，它当时是世界上最大的天然气加工装置，它采用 UOP 的 Separex 醋酸纤维素膜已操作了 3 年多。

该系统是二级装置，设计的处理能力为 90bar 下，$210\times10^6ft^3/d$ 原料气，CO_2 含量从 12%减少到 3%以下。

该装置的预处理系统是根据客户提供的气体分析，针对最小 C_{10+} 含量和露点大约 10℃的轻烃气体设计的。开车后，对原料气的分析表明，重烃含量，包括 C_{30} 及以上的明显增加，露点在 51℃以上。因此，UOP 公司提出加强预处理。由于井的产量要比预计的低，所以安装延迟。不过，由于预计产量会缓慢提高，客户有提高预处理设计的考虑。

（2）Qadirpur 的经验。

在巴基斯坦 Qadirpur 的 Separex 膜系统是世界上最大的膜法天然气处理装置。设计加工能力为 59bar 下，$265\times10^6ft^3/d$ 天然气。CO_2 含量可以从 6. 5%减少到 2%以下。该装置设计成也可提供达到管输规格的脱湿气体。现已把系统加工能力扩大到约 $400\times10^6ft^3/d$。

把 Qadirpur 膜系统设计并建立在两列 CO_2 脱除率为 50%的膜车上。每列膜车由传统的预处理部分和膜部分组成。预处理部分包括凝结过滤器、保护器和颗粒过滤器。

该装置于 1995 年启动并已运行了 3 年。UOP 公司提供现场帮助，从膜组件的装载到开车和维护，直至客户对设备完全满意为止。

Qadirpur 系统采用 UOP 的 Separex 膜系统和醋酸纤维素膜。原料气含有大量的重烃和多核芳烃，它们对膜是有危害的。这套装置正在按设计能力操作，尽管有这些污染物。

2）墨西哥

最近 UOP 公司在墨西哥的三次采油装置上安装了一套膜系统。该系统加工能力为 $120\times10^6ft^3/d$，入口气含 70%的 CO_2。纯化过的 CO_2 气体含有 93%的 CO_2，并把它重新回注。烃产品含有 5%的 CO_2，并把它输送到附近的气体装置上以便进一步加工。

膜系统采用 UOP 改型的先进预处理系统，并于 1997 年 7 月开车成功。目前仍满足生产的要求。最近气体分析表明，预处理系统要比预计的好。最近分析表明，如原料气含有 934mg/L 的 C_{7+} 化合物，预处理后减少到 55mg/L；C_{9+} 化合物可完全除掉。

3）埃及的 Salam 和 TareK

UOP 公司的 Separex 膜系统将很快安装在埃及 Salam 和 TareK 的偏远地区。这些系统包括 3 套同样的装置，两套位于 Salam，一套位于 Tarek。每个系统为二级装置，可处理 65bar 下，大约 $100\times10^6ft^3/d$ 天然气，CO_2 含量将从 6%减少到 3%以下。

由于该应用需要脱除大约 50%的 CO_2，它处于需要一级和二级加工之间的边界上。最后根据客户的要求，决定用膜系统为整个装置生产燃料。原料的来源是第一级的渗透气，但它必须压缩到燃料供应的压力。由于在一定程度上需要把更多的动力仅用于压缩其余的渗透气，所以处理第二级的这部分气体并把它循环到第一级就显得无经济意义。

提供的膜装置常有标准的预处理，这是因为气体进入膜系统预处理前，需要通过脱湿和露点控制装置。因此，在膜中重烃的含量或凝结就不会造成危害。

目前，在天然气中脱酸性气体的各种技术中，气体吸收过程占 70%，但吸收过程有其限制性。当天然气中含高浓度酸性气体时，能量消耗较高；在低流速时，费用较高；此外，设备大小和重量关系不能适应海上天然气开采的应用。

三、几种脱除 CO_2 技术的比较

1. 概述

目前，脱除和回收天然气中 CO_2 的主要技术有：膜分离法、变压吸附法、胺吸收法等。

2. 工艺比较

1）膜分离法

膜分离是利用薄膜材料在压力推动下对各种气体的渗透率不同来实现分离的方法，膜分离工艺装置简单，寿命长，操作方便、能耗低、占地面积小、效益高、经济合理。国外从20 世纪 90 年代开始应用膜分离脱除天然气中 CO_2，它可充分利用天然气带压的推动力，可以在高压下操作，缺点是 CH_4 损失较大。在特定环境中，膜分离法有其独特的应用。在国防上，如潜艇及空间站等密闭环境中，CO_2 的脱除是一个相当重要的课题。膜技术比初始的碱金属氧化物、过氧化物等非再生物质以及吸附、化学吸收等可再生方法具有明显的优越性，美国已在航天领域积极研究膜技术脱除 CO_2。

2）变压吸附法

变压吸附法（PSA）是利用吸附剂的平衡吸附量随组分分压升高而增加的特性，进行加压吸附，减压脱附的操作方法。PSA 已广泛用于气体分离领域，过去 PSA 技术大多用于分离难吸附组分，如制取回收纯氢。以后又陆续用于分离提纯易吸附组分，如制取 CO_2、提纯 CO、天然气净化及脱 CO_2。

PSA 技术的特点为：工艺简单、装置操作弹性大；能适合原料气量和组成较大波动，可制取高纯度气体；原料气中有害微量杂质可作深度脱除；无溶剂和辅助材料消耗，正常吸附剂一般可使用 15 年以上，且净化天然气露点小于 $-50℃$，可省掉后续的干燥净化装置；无三废排放，对环境不会造成污染。装置处理规模从每小时数万立方米至 $20×10^4m^3$。

3）胺吸收法

胺吸收是利用 CO_2 和 CH_4 等气体组分在胺吸收溶剂的溶解度不同而进行分离的过程，适用于天然气中 CO_2 含量较低的情况，最佳浓度一般不超过 20%～30%。其优点是技术成熟、分离效果好、运行可靠，目前仍是天然气脱 CO_2 的主要工艺技术；缺点是要消耗大量蒸汽，能耗大、再生复杂、分离成本高，净化天然气含饱和水需进一步净化。另外对环境有一定污染，从实用和发展前景来看有其局限性。

4）工艺比较

以上 3 种脱除 CO_2 的技术比较详见表 3.1.6。

表 3.1.6　三种脱除 CO_2 技术的比较

项　目	膜分离法	变压吸附法	胺吸收法
操作成本	低	较低	高
占地面积	小	大	大
CH_4 回收率	低	高	高
CO_2 脱除率	低	高	高
设备投资	低	高	高
污染性	无	无	有

四、气体膜和其他脱除技术组合及优化

结合以上阐述的几种天然气脱 CO_2技术的优缺点，尤其是膜分离技术设备投资成本低和变压吸附与胺吸收法的 CO_2脱除率高的特点，可将膜分离技术与变压吸附或胺吸收法组合成集成工艺。利用膜分离工艺，先脱除一部分天然气中的 CO_2，然后再送入变压吸附或者胺吸收工艺流程，以减少变压吸附和胺吸收的设备规模和投资。

下面举例分析比较几种膜分离组合工艺，即膜分离—变压吸附（膜分离渗透气）、膜分离—变压吸附（膜分离渗余气）及膜分离—胺吸收（膜分离渗余气）技术。

设计依据如表 3. 1. 7 所示。

表 3.1.7　设计依据

原料气组成［%（摩尔分数）］					流量 (m^3/h)	温度 ℃	压力 ［MPa（绝压）］
CO_2	C_1	C_2	C_{3+}	N_2			
30. 07	63. 19	1. 49	0. 11	5. 14	125000	20	6. 0

1. 膜分离—变压吸附（膜分离渗透气）集成工艺

1）工艺流程

集成工艺包括膜分离单元和变压吸附单元。膜分离单元的工艺流程如图 3. 1. 18 所示，分为预处理（除雾器、过滤器和加热器）和膜分离两部分。

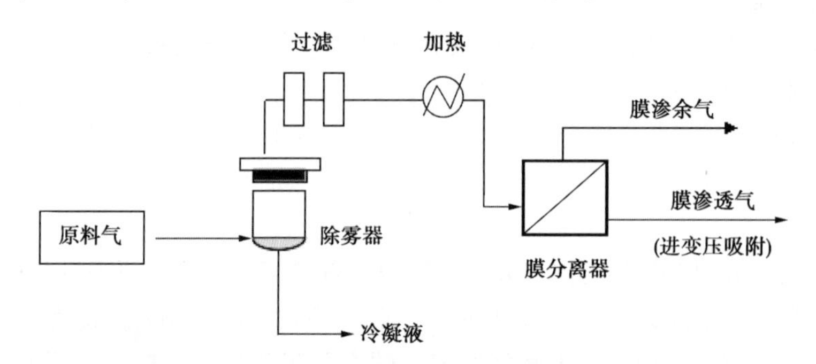

图 3. 1. 18　普里森膜分离系统流程简图

进入膜分离界区的原料气必须是经沉降处理后不含粒径大于 3μm 的固体颗粒、温度不超过 65℃且无液体的天然气，经稳流后进除雾器。除雾器中装有高效除雾元件，可除去大于 1μm 的粒子、可凝的液沫、雾滴及可能被夹带的固体粒子，被除杂后的天然气再进入凝结型过滤器，过滤精度为 0. 01μm，以进一步除去原料气中可能夹带的细微液体有害杂质。

从过滤器出来的原料气送入换热器加热至 55℃，使原料气远离露点并恒定膜分离系统的操作温度。加热过的气体经管道过滤器进入膜分离器组进行分离，渗余气侧得到浓缩烃类，直接送到用户指定的地方；低压侧的渗透气富含 CO_2，送出膜分离界区进变压吸附界区。

变压吸附流程简图见图 3. 1. 19。

通过膜分离的渗透气经水冷降温至 40℃后进入变压吸附提纯 CO_2和 CH_4工序。变压吸附

工序由多个吸附塔组成，每个吸附塔在一个吸附周期中需经历吸附、二次均压降、逆放、冲洗、多次均压升、终充等工艺过程。原料气自下而上通过其中正处于吸附状态的吸附塔，天然气中的 CO_2 在吸附剂上被选择性的吸附，CH_4 从吸附塔顶部流出，得到合格的 CH_4 产品。吸附在吸附剂上的气体经降压、冲洗方式解吸，得到纯度为 96. 39%的富 CO_2 气。

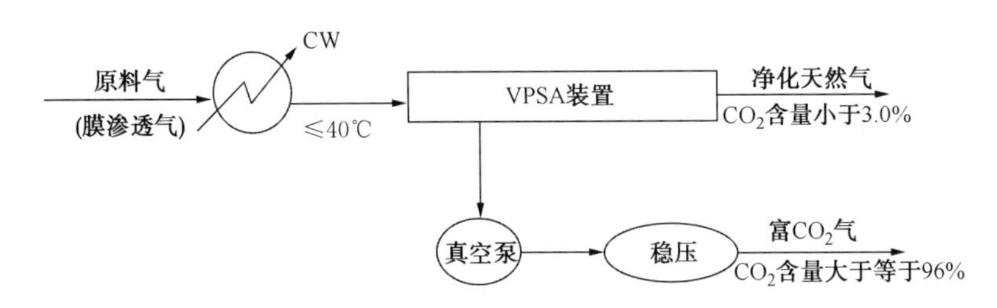

图 3. 1. 19　变压吸附流程简图

2）模拟计算

膜分离和变压吸附两部分的各股物料参数的系统模拟计算结果分别如表 3. 1. 8 和表 3. 1. 9 所示。

表 3. 1. 8　膜分离部分系统模拟计算结果

参数		膜入口	膜渗透气	净化天然气
流量（m^3/h）		125000	42057	82944
压力［MPa（表压）］		6. 0	0. 42	5. 4
温度（℃）		55	40	40
组成［%（摩尔分数）］	C_1	63. 19	36. 85	89. 08
	C_2	1. 49	0. 54	1. 81
	C_{3+}	0. 11	316×10^{-6}	0. 13
	N_2	5. 14	2. 55	6. 17
	CO_2	30. 07	59. 97	2. 81
回收率和脱除率		CH_4 回收率为 82. 75%，CO_2 脱除率为 91. 54%		

注：可通过调节膜操作参数等方法来调节天然气中的 CO_2 浓度及净化天然气流量。

表 3. 1. 9　变压吸附部分系统模拟计算结果

参数		原料气（膜渗透气）	净化天然气	CO_2 气
流量（m^3/h）		42057	16368	25692
压力［MPa（表压）］		0. 42	0. 40	0. 12
温度（℃）		40	40	40
组成［%（摩尔分数）］	C_1	36. 85	90. 00	3. 00
	C_2	0. 54	0. 70	0. 44
	C_{3+}	316×10^{-6}	73×10^{-6}	470×10^{-6}
	N_2	2. 55	6. 35	0. 13
	CO_2	59. 97	2. 80	96. 39
回收率和脱除率		CH_4 回收率为 98. 0%，CO_2 脱除率为 98. 2%		

因为变压吸附单元的提浓天然气与膜分离单元的产品天然气合并作为合格的天然气回用，因此，CH_4总回收率为：82.75%+（1-82.75%）×98.0%=99.6%。

2. 膜分离—变压吸附（膜分离渗余气）集成工艺

1）工艺流程

集成工艺包括膜分离单元和变压吸附单元，两者的单元工艺流程同前述的“渗透气”集成工艺。但变压吸附单元的原料气变为膜渗余气，因此，变压吸附的操作温度、压力有变化，另外膜分离单元的操作参数也有所调整。

2）模拟计算

系统模拟计算结果包括膜分离和变压吸附两部分，结果分别如表3.1.10和表3.1.11所示。

表3.1.10　膜分离部分系统模拟计算结果

参　　数		膜入口	膜渗透气	膜渗余气
流量（m^3/h）		125000	21006.2	103993.8
压力［MPa（绝压）］		5.8	0.3	5.5
温度（℃）		65	55	60
组成［%（摩尔分数）］	C_1	63.19	18.00	72.32
	C_2	1.49	0.33	1.72
	C_{3+}	0.11	2×10^{-6}	0.13
	N_2	5.14	1.70	5.83
	CO_2	30.07	79.97	20.00
CH_4回收率（%）		98.0		

表3.1.11　变压吸附部分系统模拟计算结果

参数		原料气（膜渗余气）	净化天然气	CO_2气
流量（m^3/h）		103993.8	84059.44	19934.36
压力［MPa（表压）］		5.5	5.2	0.12
温度（℃）		60	40	40
组成［%（摩尔分数）］	C_1	72.33	88.14	5.66
	C_2	1.72	1.91	0.90
	C_{3+}	0.13	0.11	0.20
	N_2	5.83	6.85	1.52
	CO_2	19.99	2.980	91.72
回收率和脱除率		CH_4回收率为98.5%，CO_2脱除率为88.00%		

注：CH_4总回收率为：98.0%×98.5%=96.5%。

3. 膜分离—胺吸收（膜分离渗余气）集成工艺

1）工艺流程

集成工艺包括膜分离单元和胺吸收单元，膜分离单元工艺流程同上述的膜分离—变压吸附（膜分离渗余气）技术，而胺吸收单元同前述的胺吸收技术单元。膜渗余气（CO_2的体积分数为 20%）作为原料气进入胺吸收单元。

2）模拟计算

系统模拟计算结果包括膜分离和胺吸收两部分，膜分离结果同表 3.1.10。通过胺吸收单元得到的产品天然气技术参数为：

CO_2含量：<3%；温度：40℃；压力：5.4MPa（表压）；CH_4回收率：98.0%×98.5%=96.5%。

4. 组合工艺技术比较

通过以上举例计算，表 3.1.12 列出几种工艺的收率差别及经济效益差别。

表 3.1.12 CH_4回收率及经济效益比较

工艺	CH_4回收率（%）	与最低收率差（%）	相对于最低收率①的年增收量（10^4m^3）	年增收效益②（万元）
膜分离—变压吸附（膜渗透气）集成工艺	99.6	3.1	1960	2940
膜分离—变压吸附（膜渗余气）集成工艺	96.5	0	0	0
膜分离—胺吸收集成工艺	96.5	0	0	0

①年处理量按 $300×10^4m^3/d$（约 $10×10^8m^3/a$）计算；

②甲烷价格按 1.5 元/m^3计算。

三种组合工艺的其他经济技术指标如表 3.1.13 所示。

表 3.1.13 其他经济技术指标

工艺	总投资（万元）	年运行成本（万元）	生产成本②（元/$100m^3$ 天然气）
膜分离—变压吸附（膜渗透气）集成工艺①	14000	1297	4.28
膜分离—变压吸附（膜渗余气）集成工艺	8200	400	1.97
膜分离—胺吸收集成工艺	9000	3215	6.75

①总价不含二级往复压缩机；

②包括投资成本（按 10 年折旧计算）和运行成本。

因此，从总投资、运行成本、甲烷增收效益及技术创新性等角度综合考虑，膜分离—变压吸附（膜渗透气）集成技术优势明显。

5. 膜分离—变压吸附（膜渗透气）集成技术的优势

（1）CH_4损失率小，CO_2纯度高。

CH_4损失率小于 0.5%，回收的 CO_2纯度大于 98.0%。

（2）能耗较低。

集成工艺充分利用天然气自身的压力，在膜分离单元中只有预处理、吹扫及仪表部分需要很少的耗能。膜分离单元渗透气的压力只要保持在 0.45~0.55MPa 就可进入变压吸附单元，不要增加压缩机。对于吸附单元产品天然气，要使其达到管道输送要求，需增加压缩单元，但是整个系统能耗仍较低。

（3）操作简单，运行费用低。

设备简单安全、易操作、占地小，运行费用低，没有新污染物产生。根据原料量、天然气产品收率、纯度等要求的不同，可通过调节膜操作参数等方法来改变天然气中 CO_2的浓度及非渗透气流量。

（4）技术成熟并具有创新性。

膜分离—变压吸附集成工艺是国内首创，国际上也属创新工艺，具有很好的应用前景。该集成工艺也适合注 CO_2采油伴生气中 CO_2的脱除与再回收利用。另外，脱除天然气 CO_2的同时也能脱除天然气中的 H_2O，使其符合管输的露点要求，可省掉原井口或集气站脱水工艺，减少了投资和运行费用。

五、各种应用方案的研究

1. 天然气中脱除和富集 CO_2技术方案（$7.2\times10^4 m^3/d$）

1）工艺流程及说明

（1）设计依据。

原料气数据如表 3.1.14 所示。

表 3.1.14　设计依据

原料气组成［%（摩尔分数）］					流量	温度	压力
CO_2	C_1	C_2	C_{3+}	N_2	（m^3/h）	（℃）	［MPa（表压）］
30.07	63.19	1.49	0.11	5.14	3000	18~22	6.0

注：原料气的含水量为20℃时饱和含水量，含水约 530×10^{-6}。

（2）工艺流程。

本装置包括膜分离单元和变压吸附单元，装置设计操作弹性为 30%~110%。物料在进装置前应进行初脱固和气液分离过程。初脱固后不含大于 1μm 的粒子，气液分离后气相为饱和状态。在膜分离单元预处理部分将进一步气液分离并去除可能含有的一定量的甲醇蒸气。

进入膜分离界区的原料气必须是经沉降处理后不含粒径大于 3μm 的固体颗粒，保证来料温度 18~22℃，来料压力 5.8~6.2MPa。膜分离单元的工艺流程简图如图 3.1.20 所示，分为预处理（除雾器、过滤器和加热器）和膜分离两部分。

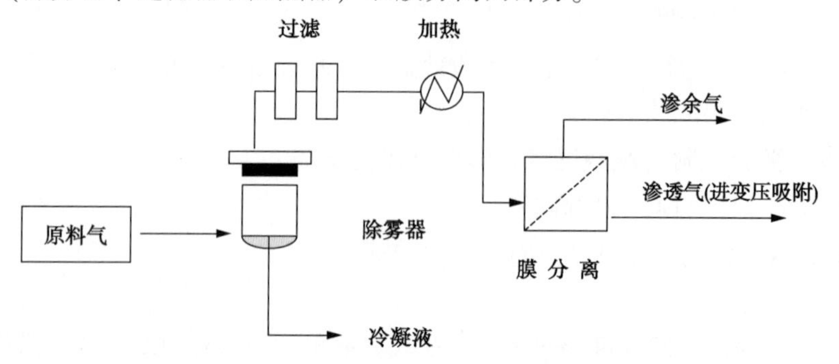

图 3.1.20　普里森膜分离系统流程简图

除雾器中装有高效除雾元件，可除去大于 1μm 粒子、可凝液沫、雾滴及可能被夹带的固体粒子，除杂后的天然气再进入凝结型过滤器，过滤精度为 0.01μm，以进一步除去原料气中可能夹带的细微液体有害杂质。

从过滤器出来的原料气送入换热器加热至 55℃，使原料气远离露点并恒定膜分离系统的操作温度。加热过的气体经管道过滤器进入膜分离器组进行分离，渗余气侧得到浓缩烃类，直接送到用户指定的地方；低压侧的渗透气富含 CO_2，送出膜分离界区进变压吸附界区。

通过膜分离的渗透气经水冷降温至40℃后进入变压吸附提纯 CO_2 和 CH_4 工序。变压吸附工序由 8 个吸附塔组成，每个吸附塔在一个吸附周期中需经历吸附、二次均压降、逆放、冲洗、多次均压升、终充等工艺过程。原料气自下而上通过其中正处于吸附状态的吸附塔，天然气中的 CO_2 在吸附剂上被选择性的吸附，CH_4 从吸附塔顶部流出，经压力调节系统稳压得到合格的天然气产品。吸附在吸附剂上的气体经降压、真空及 CO_2 冲洗联合方式的解吸，得到 CO_2 纯度为 98.7%的产品，既可用于三次采油，也可液化使用。

2）系统模拟计算

膜分离和变压吸附两部分各股物料参数的系统模拟计算结果，分别如表 3.1.15 和表 3.1.16 所示。

表 3.1.15　膜分离部分系统模拟计算结果

参　　数		膜入口	膜渗透气	净化天然气（膜渗余气）
流量（m^3/h）		3000	1370.8	1629.2
压力［MPa（表压）］		5.7	0.41	5.5
温度（℃）		55	45	55
组成［%（摩尔分数）］	CH_4	63.19	33.87	87.86
	C_2	1.49	0.66	2.19
	C_{3+}	0.11	54×10^{-6}	0.20
	N_2	5.14	3.15	6.81
	CO_2	30.07	62.32	2.94
	H_2O	530×10^{-6}	0.12	69×10^{-6}
CH_4 回收率（%）		75.5		

注：可通过调节膜操作参数等方法来调节天然气中的 CO_2 浓度及非渗透气流量。

表 3.1.16　变压吸附部分系统模拟计算结果

参　　数		原料气（膜渗透气）	净化天然气	CO_2 气
流量（m^3/h）		1370.8	520.7	850.1
压力［MPa（表压）］		0.41	0.39	0.12
温度（℃）		45	45	40
组成［%（摩尔分数）］	CH_4	33.87	87.82	0.82
	C_2	0.66	1.39	0.21
	C_{3+}	54×10^{-6}	84×10^{-6}	440×10^{-6}
	N_2	3.15	7.87	0.25
	CO_2	62.32	2.90	98.71②
	H_2O	0.12（2.38）①	0.09（2.57）	0.14（9.57）
回收率和脱除率		CH_4 回收率为 98.5%，CO_2 脱除率为 98.23%		

①括号内为该温度、压力下的饱和水含量；

②CO_2 的露点相当于-18℃。

因为变压吸附单元的提浓天然气与膜分离单元的产品天然气合并作为合格的天然气回用，因此，CH_4总回收率为：75.5%+（1-75.5%）×98.5%=99.6%。天然气产品的露点低于-25℃，天然气产量为2150m^3/h，年产天然气1720×10^4m^3。

3）控制系统

控制系统包括膜分离单元和变压吸附单元，控制软件包充分体现膜分离、变压吸附的技术特点，不仅能实现系统的实时控制、优化操作，而且能保证装置的长期、稳定、安全运行。

（1）膜分离单元。

膜分离系统基本上无运动部件，控制回路及监控点少，开停车方便快捷，甚少维修，开工率极高。主要自控系统如下：

①液位变送器对除雾器的液位实行液位指示、报警及联锁。

②蒸汽调节阀与温度变送器联合实现原料气温度的调节、指示、报警及联锁。

③温度变送器联合对加热器前后的温差实行报警联锁。

④膜分离系统设计有3个联锁导流阀对膜分离器进行保护。

（2）变压吸附单元。

①顺序控制系统：本装置的所有程控开关阀按照事先给定的逻辑程序顺序执行。

②常规PID控制系统：部分调节回路以压力、流量或液位为控制对象实现常规PID控制。

③顺序控制结合曲线控制系统：这种控制方式主要应用在“终充”工艺步骤。“终充”调节阀由程序来决定何时开、关，同时由给定曲线来决定其开度。其目的是将某一个吸附塔的压力，在一定的时间内，平稳地从一个压力点升高或降低到另一个压力点。来保证变压吸附工况的稳定。

④联锁控制系统：包括PSA装置安全联锁、产品质量联锁。

⑤专家诊断系统：专家诊断系统的功能是在同一套PSA装置中，可实现多个吸附塔的任意组合和任意切换。既可在装置出现故障时，报警并自动及时切换，保证产品质量，重新组合，稳定生产避免非计划停车，又可在不停车的情况下，有计划的维护部分吸附塔。本系统可确保PSA装置的长期、稳定、安全运行，同时大大提高装置操作的灵活性。

本系统是以安装在程控阀上的阀位检测信号、吸附塔压力信号及其他相关工艺参数为判断依据，来确诊装置故障、发出报警信号提示操作人员，同时该系统将及时、平稳地切换（可手动/自动选择）到另一运行模式，继续生产。

被切除的故障塔处于隔离状态，可对程控阀进行在线维修。故障处理完后，该系统根据故障塔的压力及其吸附剂的吸附状态，自动确定恢复步位，以确保恢复运行后，装置的运行稳定和产品质量稳定。

⑥自适应优化控制系统：该系统在原料气流量发生较大变化时，可以自动调整装置运行参数，使装置处于最佳运行状态，获得最高的回收率。

4）主要设备及材料

（1）膜分离单元。

膜分离单元主要包括除雾器、联合过滤器、加热器和膜分离器。

（2）变压吸附单元。

变压吸附单元主要包括非标设备、吸附剂、程序控制阀和动力设备等。

非标设备中的吸附塔为疲劳容器，采用美国ASME标准和中国JB 4732—1995进行应力分析计算和设计，所有设备设计寿命为 10 年（80000h）。

动力设备的设计选型原则为：

①为保证装置具有高的可靠性，所有动力设备均采用具有长期稳定生产（连续工作两年以上不检修）经验的产品，所有动力设备均按国际标准制造。

②为进一步提高动力设备的可靠性，所有装置的轴承均采用进口产品。

③为降低动力设备的噪声，所有动力设备均采用低噪声结构或安装消音罩，保证噪声达到国家环保规范要求的 85dB 以下，装置总平均噪声在 75dB 左右。

5）辅助单元

主要包括往复式压缩机及配套的油站等随机系统，用于提升变压吸附单元产品天然气的压力，由用户配套完成。

6）预计公用工程消耗

预计公用工程消耗见表 3. 1. 17。

表 3. 1. 17　预计公用工程消耗

项目	规格要求	消耗	单价	总价	能耗指标	能耗
电	220V/50Hz	53kW·h/h①	1.0 元/(kW·h)	53 元	11.84MJ/(kW·h)	627.5MJ/h
水①	热水(90℃)	1.5t/h	2.4 元/t	22.8 元	4.19MJ/t	39.8MJ/h
	冷水(普通循环水)	8t/h				
氮气	吹扫用,0.5MPa(表压)	310m^3/次				
仪表风(含程控阀用气)	露点低于-40℃,压力大于 0.6MPa(表压)	35m^3/h				
总计				75.8 元		667.3MJ/h

①热水水泵和循环水水泵由油田提供。

按年运行时间 8000h 计算，年消耗成本为 8000×75.8=60.64 万元。另外，保证膜寿命为 7 年，膜消耗成本为（1/7−1/10）×364 万=15.6 万元。因此，年总运行成本为 76.24 万元。

7）装置占地

膜分离装置占地面积为 3.0m×12.0m，最高处为 4m；变压吸附装置占地面积为 21.3m×10m，最高处为 12m；装置总体装置占地面积为 249m^2。

8）寿命

装置年开工时间 8000h，在正常操作运行下本装置所用膜组件使用寿命 7 年以上，吸附剂使用寿命 10 年以上。

9）性能、质量保证

产品天然气中 CO_2 含量小于 3%（体积分数），CH_4 回收率大于 99.5%。装置运行平稳，保证连续运行周期大于 1 年。

10）环境保护

（1）设计原则。

环境保护是国家的基本国策，关系到国民经济的可持续发展和人民身体健康。因此，无论是装置的新建或改扩建都必须严肃认真地正视环保问题，在设计时应予以充分地重视，并应采取切实可行的治理措施。为此，在装置环保设计时遵循以下设计原则。

①严格执行国家、建设地、行业及企业制定的各项有关环保的标准、规定及规范，做到“三废”治理与工程建设同时进行。

②设计时选用先进、可靠的工艺流程。

③依靠技术进步采用先进技术，减少“三废”的排放量。

④认真落实环评报告及其审批意见所确定的各项环境保护措施。

（2）设计标准。

①本工程废气中硫化氢的排放标准执行 GB 14554—1993《恶臭污染物排放标准》。

②生产性粉尘的排放标准执行 GB 16297—1996《大气污染物综合排放标准》二级标准。

③本工程废水排放标准执行 GB 8978—1996《污水综合排放标准》一级标准。

④本工程噪声标准执行 GB 12348—2008《工业企业厂界环境噪声排放标准》Ⅲ类标准。

⑤本工程设计采用的其他环境保护标准有：

国务院 1998 第 253 号令《建设项目环境保护管理条例》；

（87）国环发 002 号文《建设项目环境保护设计规定》；

GB 3838—2002《地面水环境质量标准》；

GB 3095—2012《环境空气质量标准》；

GB 6222—2005《工业企业煤气安全规程》；

GB 13612—2006《人工煤气》；

GBZ 1—2010《工业企业设计卫生标准》；

GB 5085. 1～3—2007《危险废物鉴别标准》；

HSG-033—2008《石油化工装置基础设计内容规定》。

（3）主要污染物。

①废水。

膜分离单元的除雾器及 CO_2 罐会间歇式产生少量冷凝水，除雾器水量取决于前端预处理的气液分离程度，CO_2 罐水量小于 100kg/d，可集中进污水处理系统。

②废气。

正常生产时排放气体主要为 CO_2，符合国家环保排放要求，其他排放气如表 3. 1. 18 所示。

表 3. 1. 18　排放气指标

名称	组成或特性	排放特征	排放量	排放地点
正常排放气	CO_2	常温，连续排放	≤850m^3/h	就地高点放空
不正常排放气	O_2、N_2、CO_2、CH_4	常温，临时、间断排放	≤100m^3/次	就地高点放空

③废渣处理。

废渣主要为更换后的废弃吸附剂，无毒、无害固体，每 20 年排一次，可深埋或回收处理。

④噪声

本装置噪声主要是高速气流与管道摩擦发生的噪声。为此，本装置采用了以下的噪声控制手段：

a）控制均压，过程的程控阀门均采用了伺服调节系统，通过 PID 调节回路精确地控制气体速度，使其尽可能小，从而使噪声得以严格的控制。

b）有较高流速的管道均专门设计有小型管道消音器，消除气流在阀门处由于冲击、震荡产生的噪声。

c）采用低噪声动力设备和低噪声电动机。

通过以上的措施，可保证装置噪声低于80dB，符合有关噪声技术规定的要求。

2. 天然气中脱除和富集 CO_2 技术方案（$10^5m^3/d$）

1）基础条件

原料气进气条件详见表3.1.19。

表3.1.19 原料气进气条件

原料气组成［%（摩尔分数）］					流量	温度	压力
CO_2	C_1	C_2	C_{3+}	N_2	（m^3/h）	（℃）	［MPa（表压）］
40	54.19	1.49	0.11	4.21	4167	20	5.8

陆地安装，年平均气温5℃，极端最高气温39.3℃，极端最低气温-36.1℃。

2）工艺流程简述

原料气进入膜分离单元，膜分离单元分为预处理（除雾器、过滤器和加热器）和膜分离器两部分。进入膜分离界区的原料气必须是经沉降处理后不含粒径大于3μm的固体颗粒、温度不超过20℃、压力为5.8MPa（绝压）、无液体的天然气，经稳流后进除雾器。除雾器中装有高效除雾元件，可除去大于1μm的粒子、可凝的液沫、雾滴及可能被夹带的固体粒子，被除杂后的天然气再进入凝结型过滤器，过滤精度为0.01μm，以进一步除去原料气中可能夹带的细微液体有害杂质。从过滤器出来的原料气送入换热器加热至55℃，使原料气远离露点并恒定膜分离系统的操作温度。加热过的气体经管道过滤器进入膜分离器组进行分离，CH_4等烃类为“慢气”被截留在渗余侧，因此天然气中 CH_4的浓度在渗余侧得到提高，其中 CO_2含量低于3%（摩尔分数），作为天然气产品送出界区；低压侧的渗透气富含 CO_2（浓度大于70%），送出膜分离界区进变压吸附界区。

通过膜分离的渗透气经水冷降温至40℃后进入变压吸附提纯 CO_2和 CH_4工序。变压吸附工序由8个吸附塔组成，每个吸附塔在一个吸附周期中需经历吸附、二次均压降、逆放、冲洗、多次均压升、终充等工艺过程。原料气自下而上通过其中正处于吸附状态的吸附塔，天然气中的 CO_2在吸附剂上被选择性的吸附，CH_4从吸附塔顶部流出，得到合格的 CH_4产品。吸附在吸附剂上的气体经降压、冲洗方式解吸，得到 CO_2纯度大于99%的产品，送出界区进行液化并回注地下。总工艺流程如图3.1.21所示。

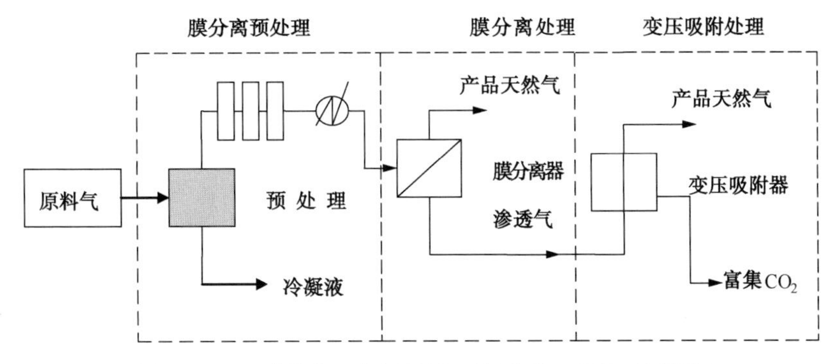

图3.1.21 膜分离—变压吸附（渗透侧）系统流程简图

3）系统模拟计算

膜分离和变压吸附两部分的各股物料参数的系统模拟计算结果如表 3.1.20 和表 3.1.21 所示。

表 3.1.20 膜分离部分系统模拟计算结果

参数		原料气	膜入口	膜渗透气	非渗透气
流量（m^3/h）		4167	4167	2304.1	1862.9
压力［MPa（表压）］		5.8	5.7	0.3	5.5
温度（℃）		20	55	50	50
组成［%（摩尔分数）］	CH_4	54.19	54.19	26.92	87.92
	C_2	1.49	1.49	0.61	2.58
	C_3	0.11	0.11	51×10^{-6}	0.24
	N_2	4.21	4.21	2.38	6.47
	CO_2	40	40	70.08	2.80
CH_4 回收率（%）		72.53			

表 3.1.21 变压吸附部分系统模拟计算结果

参数		原料气	净化天然气	CO_2气
流量（m^3/h）		2304.1	689.56	1614.54
压力［MPa（表压）］		0.3	0.2	0.01
温度（℃）		50	40	40
组成［%（摩尔分数）］	CH_4	26.92	88.60	0.58
	C_2	0.61	1.63	0.17
	C_3	51×10^{-6}	0.03	2854×10^{-6}
	N_2	2.38	7.63	0.14
	CO_2	70.08	2.11	99.11
CH_4回收率（%）		98.5		

通过膜分离—变压吸附（渗透侧）工艺后，回收合格天然气产品（1862.9+689.56）= 2552.46m^3/h，CH_4的回收率：72.53%+（1−72.53%）×98.5%=99.59%；回收纯度为99.11%的CO_2产品为1614.54m^3/h，CO_2的回收率为96%。

4）设备及材料

（1）膜分离单元。

膜分离单元主要包括除雾器、联合过滤器、加热器和膜分离器。

（2）变压吸附单元。

变压吸附单元主要包括非标设备、吸附剂、程序控制阀和动力设备。

（3）辅助单元。

主要包括一套液压系统。

5）预计公用工程消耗

预计公用工程消耗如表 3.1.22 所示。

表 3.1.22 预计公用工程消耗

项 目	耗 量			备 注
	膜分离装置	变压吸附装置	辅助设施	
电		53kW·h/h	99 kW·h/h	
仪表空气	<5m^3/h	<5m^3/h		含程控阀用气
水	1.5t/h（热水）	8t/h（冷水）	2t/h（冷水）	
氮气	10m^3/次	300m^3/次	60m^3/h	

6）装置占地

膜分离装置的占地面积为 $4m\times15m=60m^2$，最高处为 4m；变压吸附装置占地面积：$35m\times10m=350m^2$（不含控制室）。

7）投资估算

采用膜分离—变压吸附集成工艺，处理量为 $10\times10^4m^3/d$ 天然气脱 CO_2 装置，膜分离单元投资约 550 万元人民币，变压吸附单元投资约 700 万元人民币，总投资 1250 万元人民币。

3. 长岭气田膜分离脱碳试验装置的研制

1）膜分离脱碳试验装置建设情况

随着大庆徐深气田和吉林长岭气田等高含 CO_2 天然气气田的开发，以及吉林油田 CO_2 驱扩大试验的进行，为掌握和储备天然气膜分离脱碳技术，促进高含 CO_2 天然气脱碳技术和油田 CO_2 驱地面配套技术的进步，为将来高含 CO_2 气田的开发以及油田 CO_2 驱伴生气循环利用提供有力的技术储备和支撑，中国石油于 2011 年 5 月，在吉林油田长岭气田天然气净化站建设了一套膜分离脱碳试验装置，目前该装置已建成并进行了试运投产。该试验装置由中国石油工程设计有限责任公司西南分公司采用 EPC 方式建设。该装置的建设旨在为不同种类、不同厂家生产的膜元件的性能测试和评价提供一个统一的平台，并能对膜分离脱碳工艺进行研究。

试验装置通过不同膜元件在相同的预处理设施、不同工况（压力、温度、原料气中 CO_2 含量变化等）条件下，测试膜的分离效率、产品气中甲烷回收率、产品气中烃回收率、渗透气中 CO_2 含量、膜的稳定性等性能参数，用于评价各种膜的性能情况。

试验装置能用于对不同 CO_2 含量［3%～80%（体积分数）］的原料天然气进行膜分离脱 CO_2 试验，产品气（渗余气）要求达到管输标准［CO_2 含量小于等于 3%（体积分数）］，该装置的试验目的为：

（1）考察不同供货商、不同材料、不同形式膜的性能；

（2）考察不同工艺流程脱碳效果、烃损失等方面的情况，优选合适的膜分离脱碳工艺流程；

（3）考察不同工艺参数对膜的性能的影响；

（4）优选不同 CO_2 含量天然气的脱碳工艺方案。

2）膜分离脱碳试验装置的设置

（1）装置规模及组成。

长岭气田净化站膜分离脱碳试验装置设计处理规模为含 CO_2 天然气 $5\times10^4m^3/d$（20℃，101.325kPa，下同）。装置按橇装布置，由 CO_2 配气压缩机橇、配气橇、预处理橇、卧式二级膜分离橇、立式二级膜分离橇和渗透气压缩机橇6个橇组成。

（2）膜元件。

为满足不同厂家膜的安装和测试，试验装置设置有卧式和立式两种安装形式的膜分离器，两种膜分离器均为两级膜，并分别橇装布置。其中卧式二级膜分离器的一级和二级分别设置1根DN200mm×5000mm的卧式膜管，一级膜管可安装2根膜元件，二级膜管可安装1根膜元件。立式二级膜分离橇，每级设2根DN200mm×2000mm的立式膜管，每根膜管安装1根膜元件。

作为一个通用的测试平台，不同膜厂家可根据试验装置的膜管尺寸，选择或定制满足本装置膜管要求的膜元件，通过更换膜管中的膜元件来进行测试，而无需更换膜分离器。

试验装置膜分离元件初期已采购了4种材料及形式的膜，其中卧式膜3种：卷式橡胶模、卷式玻璃膜、中空玻璃膜，立式膜1种：PEEK中空纤维膜。

（3）试验流程。

①原料气的配气。

试验装置的原料气中CO_2含量3%~80%（体积分数）的要求，是综合考虑了油田CO_2回注驱油，当CO_2突破后，油田伴生气中CO_2含量大幅度提高的情况。在长岭净化站，由于进站原料气中营城组天然气中CO_2含量为20%~30%（体积分数），登娄库组天然气中CO_2含量小于1%（体积分数），而为了试验处理CO_2含量为3%~80%（体积分数）的天然气，试验装置设置CO_2配气压缩机橇和配气橇，将长岭净化站二氧化碳干燥装置（2.3MPa）产生干CO_2（由上游胺法脱碳装置产生的酸气）经增压后与营城组天然气（或登娄库组天然气）进行掺混，配制成试验所需的不同CO_2含量的原料气，供膜分离试验装置使用。

②原料气的预处理。

用于天然气处理的膜材料为半渗透的非多孔介质膜，由高分子材料或有机物制成。天然气中携带的固体杂质会堵塞膜孔或膜管，损害膜材料；而液体（水和烃）在膜表面上的积累会引起膜性能损坏，甚至完全丧失。

常规的预处理措施为去除气体中的固体杂质、液态水和烃，并通过加热或冷凝脱烃后加热方式使原料气中水和烃不饱和，以避免在膜分离过程中产生冷凝。

在对多家膜供货商进行咨询后，根据试验原料气的气质条件（重烃含量少），试验装置设置两级原料气预处理设施，每级处理设施均包括：旋流分离器（分离精度>30μm）、微粒过滤（过滤精度大于0.3μm）、聚结过滤器（过滤精度大于0.3μm）、活性炭过滤器和加热器（加热后气体温度为60~80℃），能基本满足不同气质条件和不同膜的要求。

试验装置的一级预处理设施的最大处理能力为$5\times10^4m^3/d$。

本试验装置原料气中CO_2含量测试范围为3%~80%（体积分数），试验装置针对目前常用膜分离脱碳工艺流程——一级膜分离、渗透气二级膜分离工艺（图3.1.23）和渗余气二级膜分离工艺（图3.1.24）均可进行试验，以进行工艺流程的优选。在流程设置上采用切换阀门来实现三种流程的分别试验。

③自控系统。

试验装置设置现场RTU系统。现场RTU可将试验装置的数据和信息上传到净化站的DCS系统。压缩机部分（配气压缩机橇和渗透气压缩机橇）各自带现场就地PLC控制盘。

主要的控制回路包括：

a）对进装置原料天然气进行计量，并根据总流量设置流量控制回路。对增压后的 CO_2 气体进行计量，其流量信号调节设置在配气压缩机橇的旁通调节阀。

b）对进入一级膜的气体进行在线 CO_2 监测。

c）对进入一级、二级膜的气体及经过各级膜的渗透气、渗余气进行流量计量。

d）对进入一级、二级膜的气体设置温度调节回路。

e）对一级、二级膜的渗透气、渗余气设置压力调节回路，保证膜在不同的压力条件下进行试验工作。

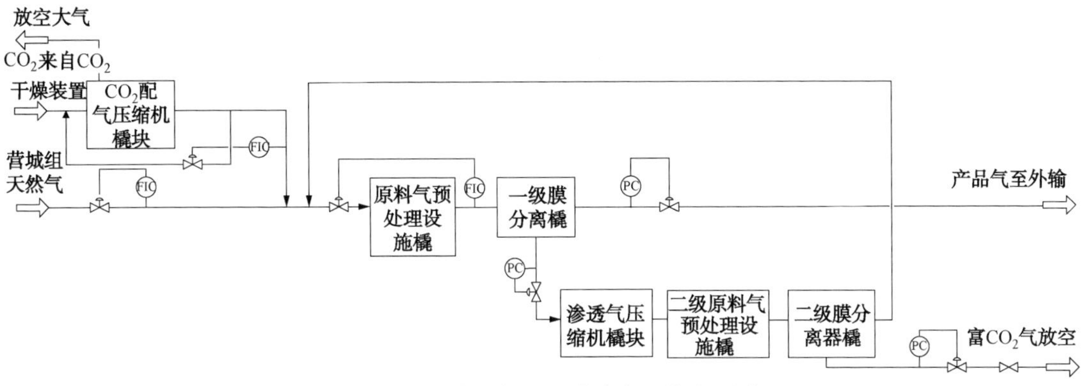

图 3.1.23　渗透气二级膜分离工艺流程图

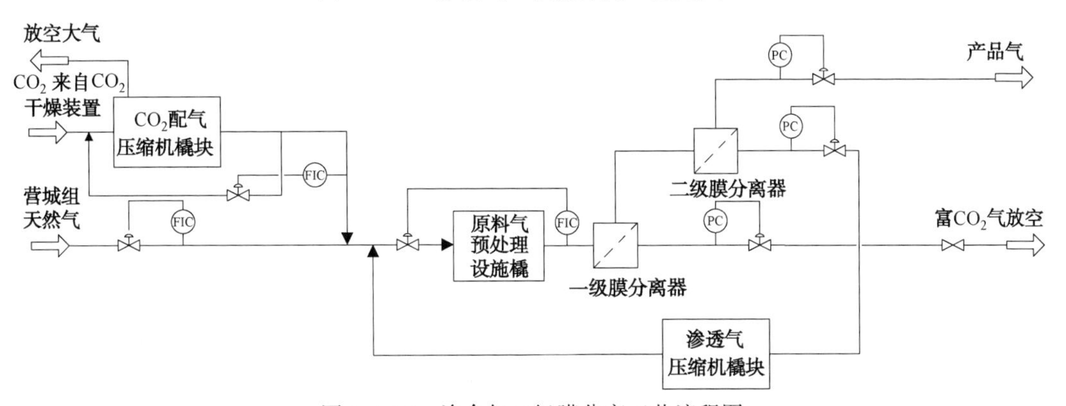

图 3.1.24　渗余气二级膜分离工艺流程图

④试验参数。

进装置原料气条件：

a）流量：≤5×10⁴m³/d（20℃，101.325kPa）；

b）进装置温度：15~40℃；

c）进装置压力：3.5~5.7MPa（表压）；

d）CO_2 含量：3%~80%。

经预处理后进膜分离器原料气条件：

a）固体和液体杂质：≤0.3μm；

b）进膜分离器温度：60~80℃；

c）水露点和烃露点：≤40℃。

产品气条件：

a）产品气出装置压力：≤2.5MPa（表压）；

b）CO_2含量：≤3%（摩尔分数）；

c）水露点：≤-10℃（出装置压力条件下）。

渗透气条件：

a）一级膜分离器压力大于0.2MPa（表压）；

b）二级膜分离器压力大于0.2MPa（表压）。

3）小结

气体膜分离技术通过几十年的发展，目前已广泛应用于天然气处理的各项领域，特别是在天然气脱CO_2方面的应用尤其广泛。目前，随着我国大庆徐深气田和吉林长岭气田等一批高含CO_2气田的开发，以及吉林油田EOR注气采油扩大试验的进一步深入，在CO_2循环利用方面，膜分离脱碳技术的应用前景应该说是非常有前途的，中国石油在吉林油田建设的膜分离脱碳试验装置的建成投产，必将对膜分离技术在国内天然气处理方面的应用起到巨大的推动作用。

第二节　膜法回收轻烃及露点控制过程

在一些海上采油平台和分散的天然气资源如大罐的挥发气、小型稳定装置的稳定气，由于受空间、气量较小等因素的限制，采用常规的低温深冷回收轻烃工艺，经济性往往较差。若采用空冷的办法来回收其中的轻烃，由于空冷的平衡温度较高，一般为25~40℃，冷凝后天然气的气相中仍然含有10%~30%的轻烃组分，从而会造成轻烃的大量损失。例如，一个每天处理$5\times10^4m^3$天然气的装置，每年损失的轻烃可达3000~10000t。如果采用气体分离膜技术，则可以回收其中50%~80%的轻烃，经济效益非常显著。回收过程的如图3.2.1所示。

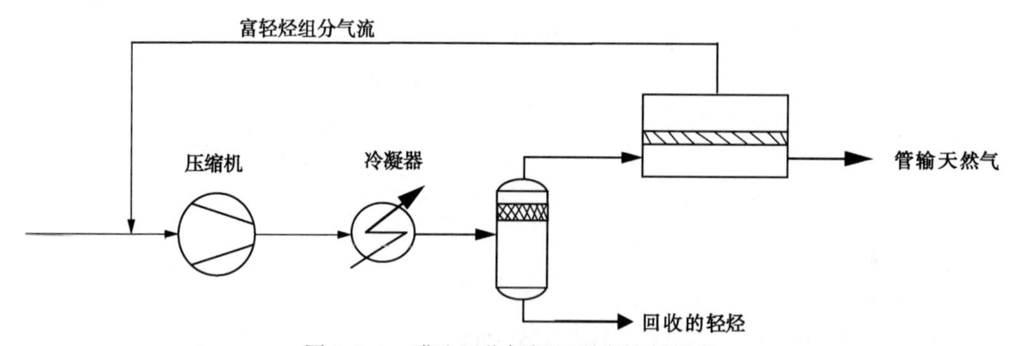

图3.2.1　膜法回收轻烃和露点控制过程

从上面的膜分离过程可以看出，在回收轻烃的过程中，天然气的露点会降低20~40℃，可以直接达到管输天然气的要求。同时对于那些已经有冷冻装置的系统，膜分离系统可以放到冷冻系统的前级，从而解决制冷装置和透平膨胀装置的瓶颈问题。

第三节　膜法燃料气调节过程

燃气发动机广泛用于天然气增压。燃气发动机对燃料气是有一定要求的，当燃料气中含有过高的重碳氢化合物、酸性气体和水分时，会造成燃料路径和涡轮机叶片的积炭，酸性气体和水会产生腐蚀性问题，从而大幅度降低发动机的效率。

由于天然气成分比较复杂，在一些情况下，存在重碳烃化合物、酸性气体和水不满足燃料气要求的情况，需要进一步处理。膜法燃料气调节过程为该问题的解决提供了安全可靠、简单易行的办法。流程示意图如图 3. 3. 1 所示。

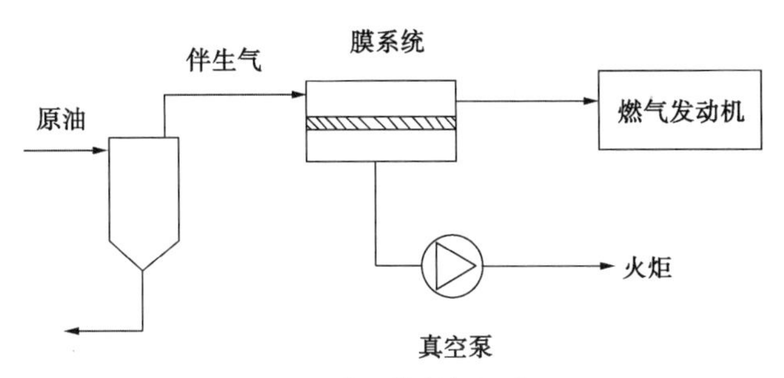

图 3. 3. 1 膜法燃料气调节过程

此外，有机蒸气分离膜还可以降低天然气中水和酸性气体的含量，这样可以减轻后续的脱水和脱酸性气体装置的负荷。

第四节 膜法天然气脱湿新技术

天然气中一般含有一定量的水、硫化氢及二氧化碳，这给集输工艺带来了较大的影响。同时，由于水和酸性气体的同时存在，会严重腐蚀管道。为此，国内外采用多种方法对天然气进行处理，主要集中在站场内，而用于单井中水、硫化氢及二氧化碳等杂质分离技术还很不成熟。随着膜分离技术的不断改进，膜法天然气处理因其操作简单、分离效率高等特点越来越被人们重视，逐渐成为胺法（如 DEA 和 MDEA）、物理吸附（如 Selexol）和甘醇脱水等传统工艺的重要的一个补充技术。

一、国外膜法天然气脱水现状

自 20 世纪 80 年代以来，一些国家对膜法天然气脱水技术进行了研究开发，目前已实现工业化。美国 Separex 公司开发了醋酸纤维素螺旋卷式膜组件，用于海上开发平台天然气脱水，其 H_2O/CH_4分离因子为 500，在 7. 8MPa、38℃下脱水后的天然气的水露点温度可达-48℃，水蒸气含量小于 10^{-4}时，可以除去 97%的水分。这对天然气的输送，避免管道腐蚀十分有利。由于膜法天然气脱水装置体积小、结构紧凑、重量轻，也减少了海上采油平台建设的投资费用。

二、国内膜法天然气脱水现状

我国于 20 世纪 90 年代初开始膜法天然气脱水研究及其应用，中科院大连化物所、中科院长春应用化学所等单位在这方面进行了积极有益的探索，并取得了重要进展。膜分离器采用 3 个相同膜组件串联的方式，以提高膜的分离效果。净化天然气在压力 0. 4MPa、温度 20℃条件下，进入第一个膜组件，其中易渗透组分（水、硫化氢等）渗透过膜，排出装置外。难渗透组分从壳程流出，进入第二个膜组件，进行二级分离，以此类推。天然气经两三个膜组件分离后，作为合格的天然气进入管网。

三、膜法脱水分离原理和特点

1. 膜法脱水分离装置特点

（1）膜法脱水可以将天然气中水的露点平均降低 40℃，甲烷的损失率小于 1%；

（2）渗透气经部分脱水后可用于燃料气；

（3）同时除去一部分 CO_2、H_2S 等酸性气体；

（4）适用于中小规模和海上平台的天然气脱水过程；

（5）膜回收系统采用撬装式结构，占地面积小，可节省 20%～40%的占地面积；

（6）膜分离系统处于“干”的状态，没有溶液储存、发泡降解及腐蚀设备等问题。

2. 与传统天然气脱水技术的比较

天然气脱水技术主要有三甘醇法、分子筛吸附法和膜分离法，由于单井站的天然气量比较小，不适用于三甘醇法，主要的技术为后面的两种技术，表 3.4.1 列出了两种技术的比较。

表 3.4.1　两种脱水方法的比较

脱水方法	膜分离法	分子筛吸附
分离原理	溶解扩散	物理吸附
脱水深度	平均水露点降 40℃	脱水深度高
甲烷损失	<1%	<1%
操作弹性	大	小
占地面积	小	大
操作维护	静态分离，转动部件少，操作维护简单，无需专人值守	阀门开关频繁，再生温度高，维护工作量大，需要专人值守
主要设备	过滤器、换热器、膜分离器、真空泵	吸附塔、加热器、换热器、程控阀以及增压机

除了以上优点，膜法脱水存在以下局限性：

（1）由于膜的投资随处理规模成线性增加，一旦处理规模增加到一定程度（比如 $50\times10^4m^3/d$），和传统的三甘醇脱水工艺相比，经济性就会下降。

（2）膜的脱水程度容易受原料气组成、压力和温度等因数的波动的影响。

（3）原料气要有压力，如果通过新增压缩机来提供，膜法脱水的经济性就会下降。

四、蜀南气矿天然气处理现状

1. 概况

蜀南气矿大部分外输末站仅经过重力式分离器、气—液聚结分离器对游离水进行分离后，直接输往干线。因无法对天然气中存在的饱和水进行分离，天然气介质带水严重，不仅增加增压过程的动力消耗，降低管道的输气能力，且增加干线的管输天然气含水量，导致其露点升高。而且随着压力、温度的变化，饱和水会析出形成游离水，不仅会腐蚀输气管道内壁，还可能形成水合物，堵塞输气管道。由于天然气介质带水严重，增加了下游输气管道的管输介质含水量，会导致其露点升高。根据南干线智能检测资料显示，南干线共有腐蚀点88341个，其中内腐蚀就有66661个，可见其影响之大。

2. 付1井站现状

付1井站建于1974年，主要担负付家庙气田、老翁场气田以及长宁气田的天然气集输任务，目前日集输量约$15\times10^4m^3$。本站集输天然气分别输往付家庙输气站和大洲译配气站。输往大洲译配气站天然气压力约1.5MPa，输气量约$8\times10^4m^3/d$，输送天然气中硫化氢含量约$300mg/m^3$。输往付家庙输气站天然气压力约2.2MPa，输气量约$7\times10^4m^3/d$，输送天然气中硫化氢含量约$3mg/m^3$。同时付1井站所承担天然气基本为气水同产井，且随着气田开发后期井口生产压力的持续下降，各井集输的湿气含水量将进一步增加。根据现场测量，付1井站外输管线水露点一般比环境温度低1~2℃，不满足外输天然气气质要求。

3. 膜法脱水装置在付1井站的应用

1）膜的材料以及结构

付1井站膜法脱水装置采用的膜材料为Pebax，是由聚酰胺和聚醚部分组成的嵌段共聚物，其分子结构如图3.4.1所示。

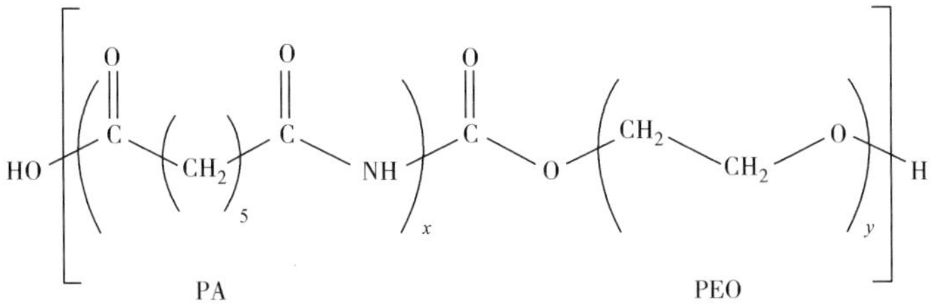

$$HO-\left[\underbrace{\left(\overset{O}{\overset{\|}{C}}-(CH_2)_5-\overset{O}{\overset{\|}{C}}-NH\right)_x}_{PA}-\overset{O}{\overset{\|}{C}}-O-\underbrace{\left(CH_2-CH_2-O\right)_y}_{PEO}\right]-H$$

图3.4.1　Pebax膜分子结构图

膜的结构：图3.4.2平板膜为三层复合结构，表面为无缺陷的Pebax分离层；中间为耐溶剂的微孔支撑层，提供所需的机械强度；无纺布为膜的载体层。

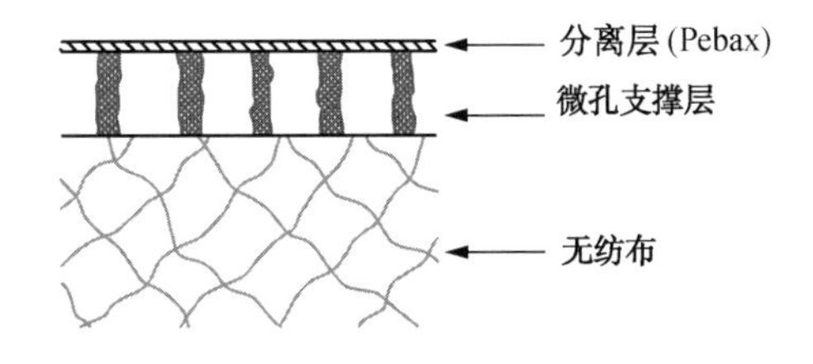

图3.4.2　分离膜的结构图

Pebax脱水膜具有以下优点：

（1）机械强度和化学耐受性好，可以耐受天然气中的各种组分；

（2）水和甲烷分离系数α在1500以上，从而降低甲烷的损失；

（3）操作简单、没有化学品消耗。

使用的膜组件结构为卷式膜组件，如图3.4.3所示。

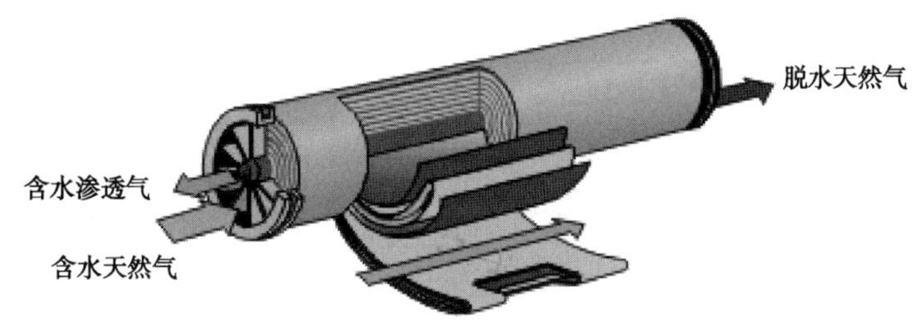

图3.4.3　卷式膜组件的结构图

含水天然气进入到组件内在膜片间进行流动，原料侧和渗透侧的隔网提供流动的通道。水及酸性气体组分优先透过膜，在膜的渗透侧富集，然后从组件的中心管汇集，形成含水渗透气流出。甲烷等烃类气体被截留在尾气侧，成为脱水天然气。付 1 井站膜法脱水装置采用由大连欧科提供的直径为 6in 的膜组件。

2）工艺流程

膜法脱水装置安装在付 1 井站压缩机出站之后，压力为 2.4MPa、温度 40℃的原料气从压缩机出站进入到膜脱水系统，在膜脱水系统内首先经旋风分离器与聚结过滤器进行两级分离过滤，除去天然气中夹带的固液杂质。然后经换热器将天然气的温度升高 5~10℃使气体偏离露点，避免水蒸气在膜内结液，然后进入到膜分离器。在膜分离器内，天然气中的绝大部分水分被分离掉，并从膜的渗透侧排出。膜的渗透侧采用真空操作，以提高膜分离过程的压力比，从而提高膜分离过程的效果。真空泵出口的含水天然气经增压后进行循环处理，膜的截留侧得到脱水后的外输净化气，其水露点为 0℃以下，外输付家庙输气站。工艺流程见图 3.4.4。

3）膜法脱水装置自控系统

本系统主要由西门子 S7-200 系统 PLC 及触摸屏组成，具有数据采集、数据处理、逻辑控制、流程图画面显示、状态显示、趋势记录和报警记录等功能，以满足系统的工艺要求。

在触摸屏上，组态了起始画面、系统流程画面、状态监测画面、参数设定画面、系统设置画面、趋势图画面、仪表参数画面和历史信息画面等 11 个画面，使工艺过程控制可视化，与 PLC 一起组成了功能强大的控制系统，详见表 3.4.2。

表 3.4.2　控制参数及报警、联锁值

序号	参数名称	单位	报警值				联锁值			
			HH	H	L	LL	HH	H	L	LL
1	进膜压力	MPa		2.6	2					
2	渗透侧压力	kPa								
3	过滤器差压	MPa	0.12	0.08			0.12			
4	换热前温度	℃		60						
5	换热后温度	℃	65	55	40		65			
6	旋风分离器液位	mm	450	300	100		450			
7	过滤器液位	mm	450	300	100		450			
8	分液罐液位	mm	450	250	50		450	300	100	
9	膜进口流量	m^3/h								
10	膜出口流量	m^3/h								

4）膜法脱水装置设计特点

本工程充分考虑利用付 1 井站压缩机排气口高温天然气作为热源；主要在压缩机上水箱入口之前高温管段上的适当位置，将压缩缸出来的高温余热天然气直接引出，经保温管道进入膜脱水撬装装置换热器，保障进撬的温度不低于 100℃。此高温状态的湿气与原料气进行热交换，使原料气天然气温度升高 5~10℃；该方法省去了传统的加热设备，实现了优化工艺，节能减排。装置照片见图 3.4.5 和图 3.4.6。

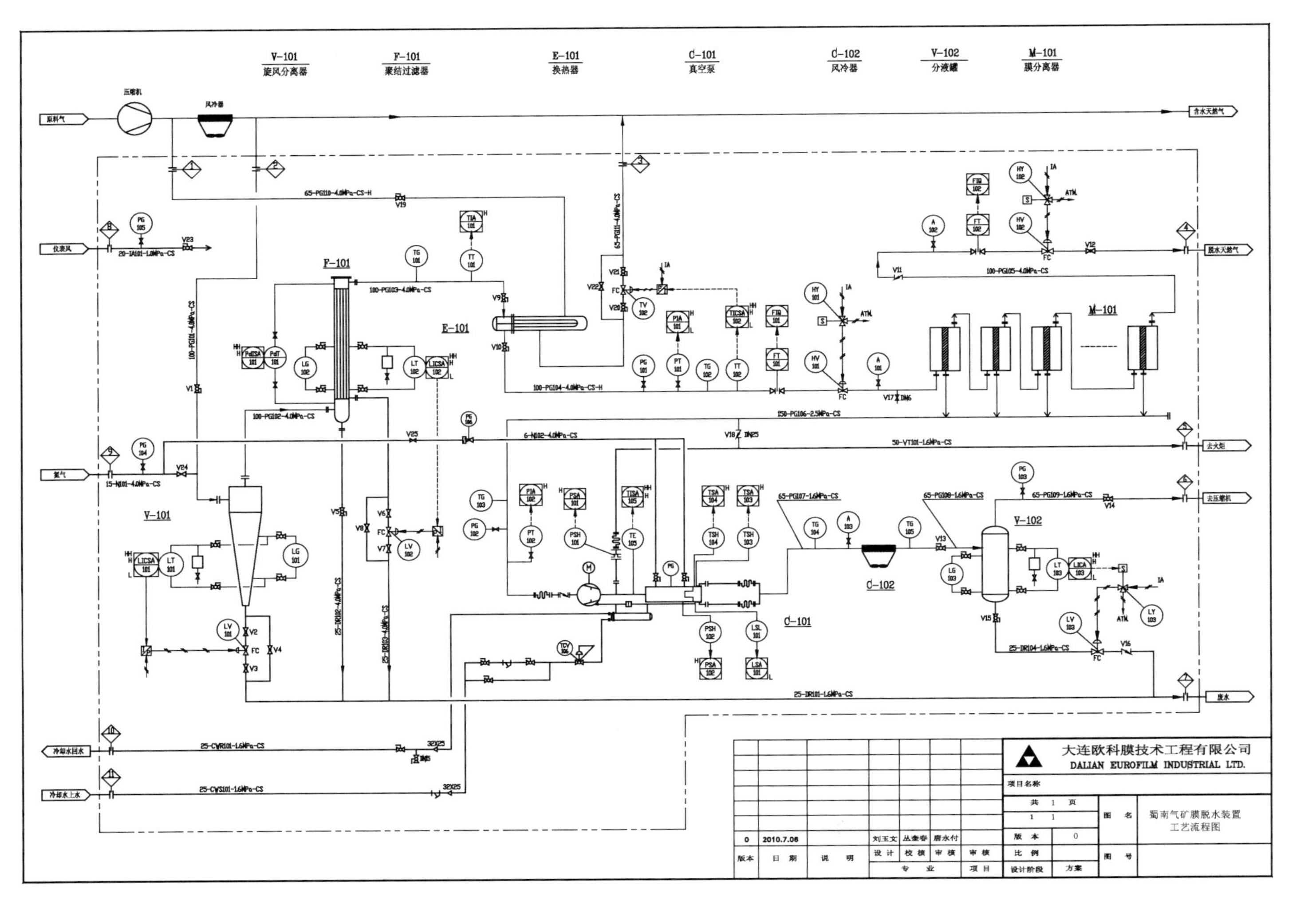

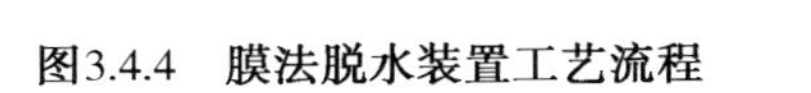
图3.4.4 膜法脱水装置工艺流程

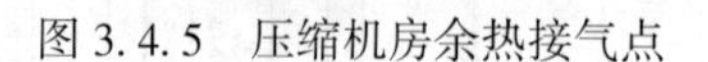

图 3.4.5　压缩机房余热接气点

图 3.4.6　余热气进入撬装装置换热器

4. 膜法脱水装置试运行要求

1）资料录取要求

根据脱水装置的各自特点，按照“系统、准确、实用”的要求，制定天然气水露点监测方案，建立监测系统。水露点动态监测内容主要包括压力、温度、产量、水露点的监测。

2）脱水装置生产资料录取

脱水装置生产动态资料由井站生产班组负责录取，包括生产方式、生产制度、处理气量（脱水装置处理气量、膜法脱水装置渗透气气量等）、压力（外输、脱水装置运行压力）、温度（大气及计量温度）、大事记录等，资料记录按有关表格要求填写，填写资料要求内容齐全，数据准确，字迹工整。

3）水露点资料录取

在付 1 井站安装膜法脱水撬装装置前，每月对付 1 井站外输天然气水露点进行取样分析，取样期间同时对生产压力、温度、处理气量等相关参数进行记录；在付 1 井站安装膜法脱水撬装装置后，每周对付 1 井站脱水前、外输天然气进行水露点取样分析各一次，取样期间同时对生产压力、温度、处理气量等相关参数进行记录；同时每 3 个月对付 1 井站外输天然气进行一次取样常规分析。

5. 现场试运行情况

2012 年 1 月，蜀南气矿组织了付 1 井站膜法脱水装置的试运行，通过将付家庙气田天然气以及老 1 井站部分来气倒入压缩机增压后进入膜法脱水装置，在处理气量约 6.5×10^4 m^3/d、压力 1.5MPa、环境温度约 8℃ 的条件下试运行 168h，各项数据详见表 3.4.3 和表 3.4.4。

表 3.4.3　投运前水露点测试

序号	场站名称	测试位置	取样日期	环境温度（℃）	测试点压力（MPa）	测试点压力下水露点（℃）
1	付 1 井站	聚结器后	2010 年 5 月 26 日	30	0.75	27.60
2	付 1 井站	输输气处	2010 年 7 月 17 日	35	1.95	33.2
3	付 1 井站	输输气处	2010 年 8 月 31 日	23	1.9	19.9
4	付 1 井站	输输气处	2010 年 9 月 26 日	32	1.75	28.8
5	付 1 井站	输输气处	2010 年 11 月 17 日	17.5	1.50	14.7
6	付 1 井站	输输气处	2010 年 12 月 28 日	12	1.6	8.9

续表

序号	场站名称	测试位置	取样日期	环境温度（℃）	测试点压力（MPa）	测试点压力下水露点（℃）
7	付1井站	输输气处	2011年1月17日	7	1.8	3.8
8	付1井站	输输气处	2011年3月6日	19	1.8	16.5

表3.4.4 投运后水露点测试

序号	取样日期	取样时间	取样地点	测试点压力（MPa）	环境温度（℃）	水露点（℃）	处理气量（10^4m^3）	尾气气量（10^4m^3）
1	2012年1月9日	14：15	付长线出站	1.2	8.5	5.8	6.74	0.036
2	2012年1月9日	14：50	压缩机井口	0.5	8.7	6.5	6.74	0.036
3	2012年1月11日	13：00	膜脱水装置后	1.5	8	-4.2	6.73	0.034
4	2012年1月11日	14：20	膜脱水装置后	1.5	8	-5.8	6.73	0.034
5	2012年1月12日	15：00	压缩机出口	1.8	6.8	5.3	6.4	0.031
6	2012年1月12日	12：00	膜脱水装置后	1.7	6.4	-4.1	6.4	0.031
7	2012年1月12日	13：00	膜脱水装置后	1.7	6.4	-4.5	6.4	0.031
8	2012年1月12日	14：00	膜脱水装置后	1.7	6.4	-4.2	6.4	0.031
9	2012年1月13日	11：00	膜脱水装置后	1.7	7.8	-4.5	6.36	0.034
10	2012年1月13日	13：00	膜脱水装置后	1.7	7.8	-4.1	6.36	0.034

6. 效果分析

付1井站膜法脱水装置通过采用多级膜分离，以及膜渗透气增压后作为增压机的燃料气使用，减小了甲烷损失。通过表3.4.3和表3.4.4可以看出，付1井站膜法脱水装置在处理气量（6~7）$\times10^4m^3/d$、压力1.2~1.7MPa、环境温度约6~8℃的条件下，经过膜法脱水装置，水露点下降为-6~-4℃，渗透气量约300m^3。与《付1井站适应性大修工程膜脱水装置采购技术协议》中要求，即冬季水露点小于0℃，甲烷损失率小于1%相比，付1井站膜法脱水装置实际运行情况为，水露点-6~-4℃，甲烷损失率为0.5%左右，压力损失小于0.1MPa，完全符合设计要求。

目前，付1井站膜法脱水装置处于试运行阶段，膜的脱水效果较好，烃损失较小，但是随着付1井站膜法脱水装置的长期运行，膜法脱水效果是否能稳定，烃损失是否会随着运行时间增加而增大，由于膜的更换周期等不确定性，目前无法得知膜法脱水装置的运行成本。此外，因无其他小型脱水装置运行数据收集，也无法对比分析膜法脱水装置能耗情况。

7. 下一步需解决的问题

（1）由于膜法脱水装置是与现有系统结合在一起运行，所以在进行设计以前需要考虑现有系统的工艺和控制方案，并结合膜法脱水装置的工艺和控制要求，完成系统的优化。

（2）考察膜法脱水装置实际脱水的性能，从而进一步优化膜系统的设计参数，降低膜系统的能耗、占地以及投资。

8. 小结

通过试运行所录取资料，水露点下降为-6~-4℃，甲烷损失率为0.5%，完全满足当初的设计指标，说明付 1 井站膜法脱水装置效果较好。通过分析和解决在试运行过程中发现的实际操作问题，将更加有利于该技术的推广应用。

根据目前付 1 井站膜法脱水装置试运行效果，说明膜法脱水装置能适应蜀南气矿类似场站的应用，但是由于膜分离器是一种较新的气体分离设备，在膜单元的选择方面应根据现场需要处理的原料气的性质选择相应的膜单元。同时，需继续加强付 1 井站膜法脱水装置的运行观测、研究，确定膜单元的更换周期，了解后期处理效果、膜法脱水装置的运行能耗等。

第四章　膜法空分制氮技术及其应用

第一节　膜法空分制氮技术介绍

为满足油田、气田、煤层气、天然气开发现场制氮的需要，一般选用空分制氮方法，即深冷、变压吸附和膜分离方法中的一种。

一、深冷空分制氮

深冷空分是传统的制氮方法。该方法是先将空气液化，然后根据空气中的氧气和氮气的沸点不同（N_2为-196℃，O_2为-182.8℃），将液化空气在精馏塔中进行多次汽化和冷凝(此过程称为精馏)，从而达到氧氮分离的目的。深冷空分制氮气量范围广、工艺成熟、产品纯度高。但是其工艺流程复杂，设备及基建投资大，位置必须固定，并且占地面积大、操作维护要求高，维护费高，另外储运也比较困难，因此，不符合油田流动现场作业要求。

二、变压吸附空分制氮

变压吸附空分制氮是利用充满微孔的碳分子筛对气体分子选择性吸附的一种空分技术，是20世纪70年代为节能开发的一种适宜中小型制氮而发展起来的空分制氮技术。变压吸附氮气设备采用优质碳分子筛作为吸附剂，利用PSA变压吸附原理来获取氮气的设备。其制氮原理是在一定的压力下，利用空气中氧、氮在碳分子筛表面的吸附量的差异，即碳分子筛对氧的扩散吸附远大于氮，通过可编程序控制气动阀的启闭，达到A、B两塔交替循环，加压吸附、减压脱附的过程，完成氧氮分离，得到所需纯度的氮气。由于碳分子筛对氧的吸附容量随压力的不同而有明显的差异，降低压力即可解吸碳分子筛吸附的氧分子，以便碳分子筛再生，得以重复循环使用。

常规的变压吸附制氮机采用两个吸附塔流程，一个塔吸附产氮，另一个塔解吸再生，循环交替，连续产生高品质氮气。与深冷制氮相比，具有工艺流程简单、设备制造、操作简单、投资省、占地面积小等优点。

前些年由于碳分子筛分离系数低、耗能大、分子筛强度低，在气流冲刷下易粉化和饱和，变压吸附制氮技术还存在缺欠。因此，近几年来中国引进了德国BF、日本武田、日本岩谷等碳分子筛，其分离系数高，强度好，能保证使用3年以上不用更换。所以在油气田、煤层气、天然气开采中，若遇到大地面（周边几千米到几十千米区域），采用管网连接方式，需用固定式注氮，建议采用变压吸附（PSA）空分制氮装置。

目前广泛使用的为第三代碳分子筛。比较有代表性的如德国BF-185、F11.3、F1.0，日本武田3K-172，日本岩谷1.5GN-H、2GN-H等。近年来国产分子筛进步相当快，生产的分子筛性能已经接近进口分子筛的性能。但国产分子筛由于受到条件限制，重现性较差。也就是说各批号的分子筛性能往往存在一定差异，不如进口分子筛稳定。

三、膜分离空分制氮

膜分离空分制氮是20世纪80年代新兴的高科技技术，虽起步较晚但发展很快，就像微电子、半导体一样，是工业上的一场技术革命。

膜分离制氮的工艺流程详见图4.1.1。

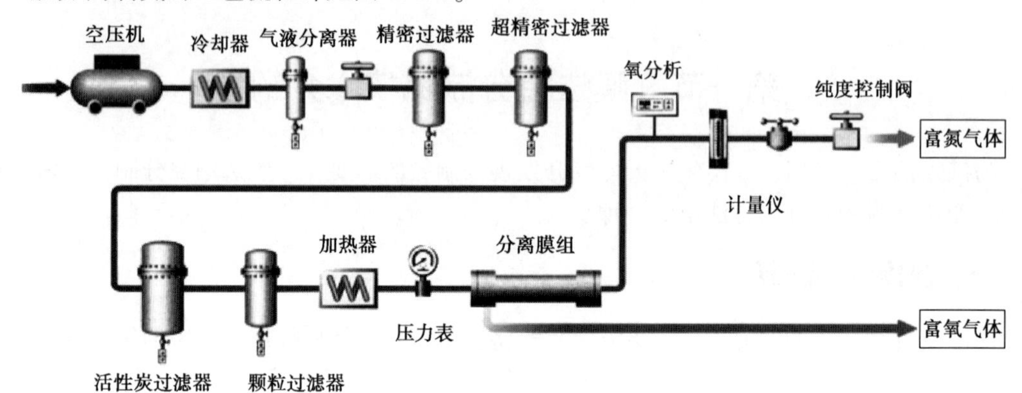

图4.1.1　膜法制氮的工艺流程图

压缩空气经气液分离器、前置过滤器及冷干机脱湿，常压露点可以达到-17℃；再经过精密过滤器、超精密过滤器及活性炭的过滤，脱除颗粒及油雾，可以将压缩空气中的含油量降低到0.01×10^{-6}以下，并可以过滤除去直径大于0.01μm的所有固体颗粒。再经过加热器加热到40~50℃进入膜分离器，进行氧氮分离。压缩空气经膜分离，可以得到压力略低于进气压力的高压氮气，氮气的浓度最高可以达到99.9%。氮气的露点可以达到-60℃；同时可以得到富氧空气，富氧空气的浓度可以达到40%。

膜分离空分制氮是静态运行，具有能耗低、可靠性高、极少维护、寿命长、技术可靠、体积小、重量轻、增容简单、瞬时启动、自动化程度高等优点。

表4.1.1为几种空分制氮方法的比较。

表4.1.1　几种空分制氮方法比较

分离方法	膜分离	PSA法	钢瓶气	深冷法
氮气纯度	99.9%（体积分数）	99.99%（体积分数）	99.999%（体积分数）	99.999%（体积分数）
氮气产量	<5000m^3/h	<10000m^3/h	最小	>10000m^3/h
设备尺寸	紧凑轻巧	较大	—	大型
运行工艺	简单	较复杂	—	复杂
启动时间	5min	>30min	—	>12h
应用领域	领域广	领域广	分析仪器	大型化工厂
特点	易安装、移动方便、易维修	安装复杂、移动不便、有噪音	小气量领域	高纯度大气量化工领域

第二节　膜法空分制氮在国内外的进展

一、概况

目前，国内市场主要的氮气膜组件主要有：美国空气产品公司Prism^{R}膜、美国捷能公司 Generon 膜、法国液化空气公司 MEDAL 膜、日本宇部 UBE 膜、荷兰 PARKER 膜和天邦公司 TBM 膜。

气体膜分离技术商品化、工业化的历史是探寻有高选择性又有高渗透性的膜材料并制备有高选择性又有高渗透性的膜的过程。也是使膜分离技术更便于使用、更易于实际操作的过程，也是使其物理、化学特征能满足实际工作环境要求的过程。

二、膜材料和制膜工艺对氮气分离膜性能的影响

膜性能的好坏是由膜材料及其结构形态以及制备工艺决定的。

1. 高分子膜材料

制备膜的材料一般包括纤维素衍生物类、聚砜类、聚酰胺类、聚酰亚胺类、聚酯类、聚烯烃类、合硅聚合类和含氟聚合物等高分子聚合物，不同的膜材料对膜的性能起决定性的影响。

2. 制膜工艺

高性能氮气分离膜的制备需满足以下要求：

（1）膜要有高的分离系数和高的透量；

（2）膜要有强的抗物理、化学和微生物侵蚀的性能；

（3）膜要有好的柔韧性和足够的机械强度；

（4）膜的使用寿命长，耐温度范围宽；

（5）成本合理、制备方便、便于工业化生产。

膜从形态结构上可分为均质膜和非对称膜（复合膜），不同类型膜的制备工艺不同：均质膜的制备方法主要是干法喷丝，其膜结构为超薄的纤维管壁、内径小、过渡层薄，对水极度敏感，耐污染差；复合膜的制备工艺主要有包覆法、干湿法纺丝等，其膜结构内径大、管壁厚、过渡层厚而结实，耐污染及水汽性好。

3. 膜的结构

即使同一材料制备的膜，如果制膜工艺不同，膜结构差别也会很大。膜结构从纤维来分主要有对称和非对称、致密和多孔、皮层、过渡层和支持层、孔形状、孔径及其分布、孔隙率、空隙率和皮层粗糙度等；从组件结构来说有内压式、外压式、平行开放式、缠绕式等。与膜性能密切相关是膜孔径、孔隙率和膜厚度及组件结构、丝的长度等。

4. 膜的性能

膜的性能分两个方面：分离透过特性、物理和化学特性。分离透过特性包括分离系数和渗透速率，这些都是大家所了解的；物理和化学特性指膜的使用条件，包括机械强度、亲水和疏水性等，这些往往被忽略。其实两方面是相辅相成、缺一不可的。即使其具有高的分离性和高透量但如果使用条件苛刻、复杂，对环境温度的适应能力差，抗衰减性差，也不能说是优质的膜。在某些环境和运行条件下，膜的高分离性能和大透量也不能有效发挥出来。

膜的分离透过特性是膜的生产厂家和研究机构所关注的，当然也为膜的用户所重视。膜的分离、渗透特性决定膜的使用条件，但使用条件又制约着膜的分离性能，这就关系到膜的物理、化学特征。

1）膜的物理和化学特性

膜的耐压强度：膜在压力作用下抗压塌能力。膜在长期压力作用下，膜层逐渐被压密，渗透通道受阻，导致渗透性能下降。因此，要求改进膜的结构，提高膜的抗冲击、抗压性能。

温度范围：对聚合物而言，使用温度越高，适应环境能力就越强，渗透速率越大，但使用温度受膜耐冷/热性限制；对高温度人们的认识要多一点，而膜对低温度的适应能力也不要忽视。比如膜的存放条件，在较热的地方，水分较高，对膜是否有影响？在比较冷的地区，温度为-30～-20℃，在野外作业是否可以？正常工作时膜在操作温度下工作，没有问题；一旦停止运行，系统温度降至环境温度，膜是否会发脆？膜的结构是否会受损？这些因素均会影响和降低膜的选择分离性能及膜的正常使用和寿命。

膜的污染：一些大分子的有机物、悬胶体、杂质等容易对膜纤维形成粘贴堵塞。因此，要求膜丝内径大、抗化学污染能力强、耐酸碱、不水解。这样膜不易堵塞、适应环境范围宽、服役寿命长；否则易堵塞，膜壁薄抗冲击能力弱，使用条件较苛刻。

膜的亲水和疏水性：该性能与膜的渗透性密切相关，也决定了膜的应用范围。膜必须在自然的环境中保存和工作，空气中的水气在不同的温度和压力下，会以液态的形式存在，这时膜的亲水和疏水性极为重要。

膜的耐油性：该性能由膜的材料和膜的结构决定。一般亲油的膜被油气污染后会溶胀，油气会进入中空纤维内部。表现为分离系数降低，渗透速率升高。在现场应用中表现为耗气量增加，污染后不可修复，需更换全部组件以恢复产能。疏油的膜被油气污染后，油气会在中空纤维表面覆膜。表现为分离系数基本保持不变，渗透速率降低。在现场应用中表现为产气量、耗气量均降低。根据受污情况和膜材料特性，可对膜组进行再生式修复，添加少量膜组即可恢复产能。

2）几种膜的性能比较

几种膜的性能比较详见表 4. 2. 1。

表 4. 2. 1　膜性能比较表

膜种类	UBE	MEDAL	PRISM	GENERON	PARKER
材　料	聚酰亚胺	聚醚酰亚胺	聚砜	聚溴碳酸盐	聚苯醚
渗透性	○	▲	▲	×	●
选择性	○	●	○	●	▲
耐热度（>100℃）	●	×	×	×	▲
耐有机试剂	●	●	×	×	×
耐油性	○	×	×	●	×

注：●—优；○—良；▲—一般；×—差。

根据现场应用和修复案例比较，中空纤维膜抗污染能力强，适应温度范围宽，可在-40～80℃温度下工作，性能稳定可靠，并且在污染后可以清洗修复。

第三节　膜法空分制氮的应用情况

膜法富氮技术作为一种新的氮气来源途径，在石油石化工业中特别是油田系统中的应用非常广泛，可用于二次/三次采油、油气井保护、钻井平台的惰气化保护等。移动式、模块化制氮系统的建立更加适应灵活多变的市场需求（煤矿、液货船舶安全防护）。同时膜法富氮技术更被应用于气调和控温相结合的现代气调储粮技术，解决我国粮库储藏保鲜的难题，从提高加工品质和食用品质等多方面实现粮食的安全。

一、氮气在油气田开发中的应用

氮气被广泛地应用于油气井的钻井、完井和修井作业，并可用于井下冷凝层的压力保持和气体保存。在海上和陆上利用氮气的惰性进行气体收集和输送。现场生产的高压低氧的氮气，可用于管道系统的吹扫，以防易燃气体的燃烧和油田地下管道的腐蚀。

制氮装置应用实例见表 4. 3. 1。

表 4. 3. 1　95%纯度、900m³/h 产气量的制氮装置应用实例

工况条件及配置	UBE 膜 NM-510F	PRIS 膜 PA4050	Medal 膜 4640	Generon 膜 6500	Parker 膜 ST1508C
工作压力	1. 1MPa	1. 1MPa	1. 1MPa	1. 1MPa	1. 1MPa
工作温度	40℃	46℃	40℃	40℃	40℃
产气量	76m³/（h·根）	18m³/（h·根）	51m³/（h·根）	58m³/（h·根）	40m³/（h·根）
气耗比	2. 0：1	2. 18：1	1. 96：1	1. 9：1	3. 12：1
所需膜组数	12	52	18	16	23
单根膜组件尺寸	130mm×1080mm	125mm×1630mm	177mm×1143mm	171mm×1924mm	165mm×1770mm

二、空分制氮技术在煤层气、天然气开发中的应用

1. 煤层气的开发

甲烷很容易被吸收在煤层里，通过钻孔到煤层底部的小孔可以回收甲烷。甲烷从煤矿石中释放出来，并渗到孔或裂缝中，甲烷和水流入井口并在上面被分离。

通过注入高压氮气，形成许多楔子。在楔子内压力很高，压开煤层，使煤层部分甲烷压力降低。甲烷从煤层中解吸后扩散到裂缝中，随氮气和水流到井眼中，并在上面被分离。用这种方法开采，甲烷产量要比常规生产要高出 4 倍。

长期向一个自然递减的煤层中注入氮气，可增进甲烷生产，延长该层生产寿命，使之连续生产两年。通过压力递减还可预测注氮气后 5 年内甲烷的产量。通过连续 5 年注入氮气，可使原始甲烷的 38%被采出，而自然开采仅为 15%。

2. 天然气的开采

当地层压力降至 500psi 时煤床中甲烷的开采将大大降低，当地层温度一定时，压力降到 130psi 时大约有一半的原始天然气无法开采。

（1）气顶驱替：通过注入氮气来代替气顶天然气，可以回收天然气，并且油藏压力也得到保持。这样不必等到抽尽石油就能将天然气回收。

（2）气体循环：用氮气代替天然气来维持凝析油层的压力，把油气分离出来，可以回收残留天然气。

（3）氮气可用来吹扫天然气输送管道和压力输送。

第五章　膜法富氧及其组合技术的应用

第一节　膜法富氧技术简介

通常人们把氧气的体积分数超过20.93%的空气称为富氧空气。富氧空气除具备普通空气的助燃、呼吸医疗保健和工业氧化等重要作用外，还具有明显的节能和环保效应，现在普遍应用在各行各业中。富氧技术用在石油化工领域可以提高生产能力，革新工艺，创建节能环保和环境友善新工艺。

膜法富氧属于气体膜分离的一个重要分支，而气体膜分离是一个物理过程，由动力学因素和热力学因素共同控制。气体膜分离过程无化学反应、无相变，是一种操作条件温和、安全可靠的分离技术，被誉为最具有发展应用前景的“第三代新型气体分离技术”。

膜法富氧是利用空气中氧气分子和氮气分子透过高分子有机膜时的渗透速率不同，在压力差驱动下，空气中氧气优先通过膜而得到富氧空气。

与传统的变压吸附、深冷法（空分）制取富氧空气相比，膜法富氧技术具有工艺流程简单、占地面积小、运行费用低廉、安全性高、使用寿命长、投资回收期短等特点，被工业发达国家称之为“资源的创造性技术”。

膜法富氧在制取氧气浓度小于40%（体积分数）、富氧空气流量低于6000m^3/h 的范围内，具有较强的竞争力。

膜法富氧技术已经广泛应用在燃煤锅炉、玻璃窑炉、水泥窑炉以及石油化工领域等各行业中。随着膜技术的不断提高，采用膜法富氧技术在制取富氧空气上将占有越来越重要的地位。

一、富氧膜的选用和比较

目前世界上主要的富氧膜厂商及其富氧膜材料和工艺等概况详见表5.1.1。

表5.1.1　国内外主要富氧膜生产及供应商概况

公　　司	富氧膜材料	膜类型	分离器类型	工艺流程
Permer（Air Products）	聚砜	中空纤维膜	中空纤维	正压
GKSS Licensees/大连普瑞科尔科技有限公司	硅橡胶	平板膜	套袋式	负压/正压
大连化物所	硅橡胶	平板膜	螺旋卷式	负压/正压

1. 中空纤维膜

国内多用于富氮领域，少数用来富氧，其技术特点为：

（1）最高能够达到40%富氧浓度，可用于一些特殊要求领域。

（2）采用正压操作流程，压缩机工作压力为7~13bar，能耗较负压工艺能耗高。

（3）预处理要求严格，通常采用初、中、高级过滤并加上活性炭过滤，要求杂质颗粒度小于0.01μm，含油量小于0.1mg/m^3。通常需要配备冷干机和精密除油过滤系统，设备整体投资较高。

2. 平板膜

生产平板富氧膜的主要为德国GKSS Licensees和中国大连化物所，采用硅橡胶材料，可达到30%的富氧浓度。典型的平板富氧分离膜是有机高分子复合膜，它具有三层结构：

（1）底面是无纺布层，是整个膜的支撑层。

（2）中间层为机械支撑层，决定了膜的强度、耐受性，结实、耐用并且抗溶解的多孔支撑层决定了膜的寿命，同时要求其对传质的阻力很小。

（3）最上层为选择分离层，氧氮在此分离层分离，通常使用橡胶态的硅橡胶，复合膜的渗透阻力主要取决于这层膜的阻力。为了减少气体渗透阻力，选择分离层厚度控制在0.2~2μm，如德国GKSS富氧膜的选择分离层其厚度控制在1μm以下。

评价各种选择性分离膜的功能特征，主要有两个参数，渗透通量P和分离系数α。

（1）渗透通量P［单位为cm^3（STP）/（cm^2·s·cmHg）］。

单位时间内通过单位膜面积的组分的量称为该组分的渗透通量P。渗透通量用来表征组分通过膜的渗透速率，其大小决定了为完成一定分离任务所需膜面积（即膜组件）的大小。膜的渗透通量越大，所需的膜面积就越小。

（2）分离系数α。

膜对混合气体的选择分离性取决于各组分透过膜的速率差别，通常用选择分离系数α来表示。膜的选择性决定了分离所能达到的浓度。

目前国产富氧膜α约为1.9~2.1，德国GKSS富氧膜α约为2.1~2.5；国产富氧膜P值约为（3.65~5.48）$\times10^{-4}$cm^3（STP）/（cm^2·s·cmHg），德国GKSS富氧膜的P值约为（14.6~18.3）$\times10^{-4}$cm^3（STP）/（cm^2·s·cmHg）。

在具体的工业应用应注意以下几点：

（1）在保证膜分离性能的前提下，要尽量获得高的渗透通量，膜的分离层要尽量的薄，以减少渗透阻力。

（2）高的渗透通量意味着完成同样的分离任务需要更少的膜面积，意味着更简化的流程、更少的管道、更小的占地、更经济的投资。

（3）膜的寿命是另一个重要的选择原则，在一定的使用条件下，膜能够维持稳定的渗透通量和选择性的最长时间定义为膜的寿命。膜的寿命受其化学、机械和热稳定性能的影响。多孔支撑层的材料和性能对膜的寿命起决定性作用。

（4）生产膜的工艺也是重要因素。德国GKSS富氧膜采用高强度耐高温耐溶剂的新型改性聚丙烯腈作为支撑层，具有相对分子质量高、相对分子质量分布窄的特性，其生产工艺是连续涂覆式，其性能代表着国际同类产品最先进的水平。

二、富氧膜组件（膜分离器）的选用

膜分离器是膜富氧设备的核心，根据不同的分离工况有不同的结构形式，一般有中空纤维式、板框式、螺旋卷式、套袋式。膜组件形式不同，其加工制造工艺、内部流动机理、膜填充密度也不同，所以，膜的寿命也大不相同，如表5.1.2所示。

表 5.1.2　各种形式组件的优缺点

种　类	中空纤维式	板框式	螺旋卷式	套袋式
装填密度	高	低	中	中
清洗更换难易	差	易	中	好
高压操作	易	难	易	易
压力降	高	中	中	低
制膜限制	有	无	无	无
价格	高	中	低	中

需要说明的是，套袋式组件是德国 GKSS 的独家发明专利。它利用独特的梯度式升温热合加工工艺替代传统的胶黏密封，以提高膜利用效率，避免有机胶的污染、老化、脱胶现象。组件使用寿命长，尺寸小，结构规整，可用于多种富氧用途。

三、膜法富氧工艺流程

膜法富氧工艺流程常用的是负压流程和正压流程，负压流程是通过真空泵在膜的一侧产生真空，从膜的另一侧吸入空气，在压力差的驱动下，分离出富氧空气，流程原理如图 5.1.1 所示。

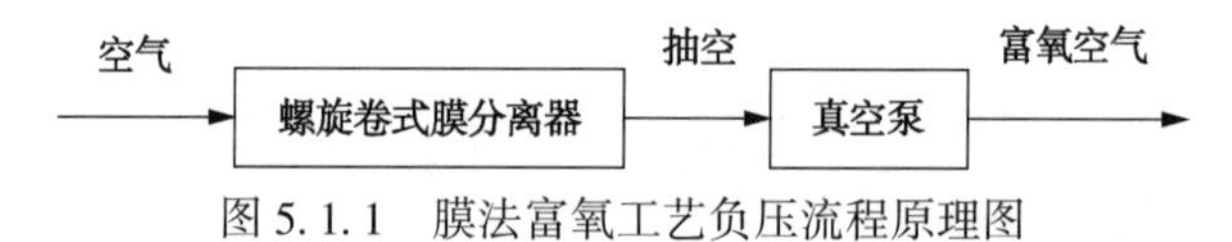

图 5.1.1　膜法富氧工艺负压流程原理图

正压流程是通过空压机或压缩空气源，将空气送入膜分离器，从另一端分离出富氧空气，流程原理如图 5.1.2 所示。

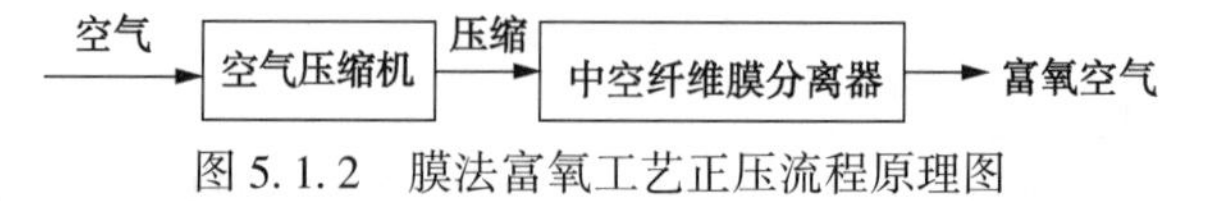

图 5.1.2　膜法富氧工艺正压流程原理图

负压流程的膜分离器面积是正压流程的 3~6 倍，而正压流程的耗电量是负压流程的 3~6 倍。在实际应用中，需综合考虑能耗、投资和现场的资源情况等因素，通过优化评估来确定最佳的操作流程。通常，负压流程操作更简单、更经济实用。

四、膜法富氧系统设备

目前广泛应用的膜富氧技术采用的是负压操作工艺，膜法富氧系统由以下 3 个单元组成：

（1）空气净化和输送单元：本单元作用是提供具有一定风压的净化空气流经富氧膜分离器的原料侧；

（2）富氧膜分离单元：本单元是整套富氧装置的核心，利用膜分离机理，在膜组件渗透侧得到富氧空气；

（3）真空单元：以真空泵提供的压力差为驱动力，进行膜分离，透过来的富氧空气被抽出，经过汽水分离，输送到下一工艺单元，主要设备包括真空泵、汽水分离器。

具体流程如图 5.1.3 所示。

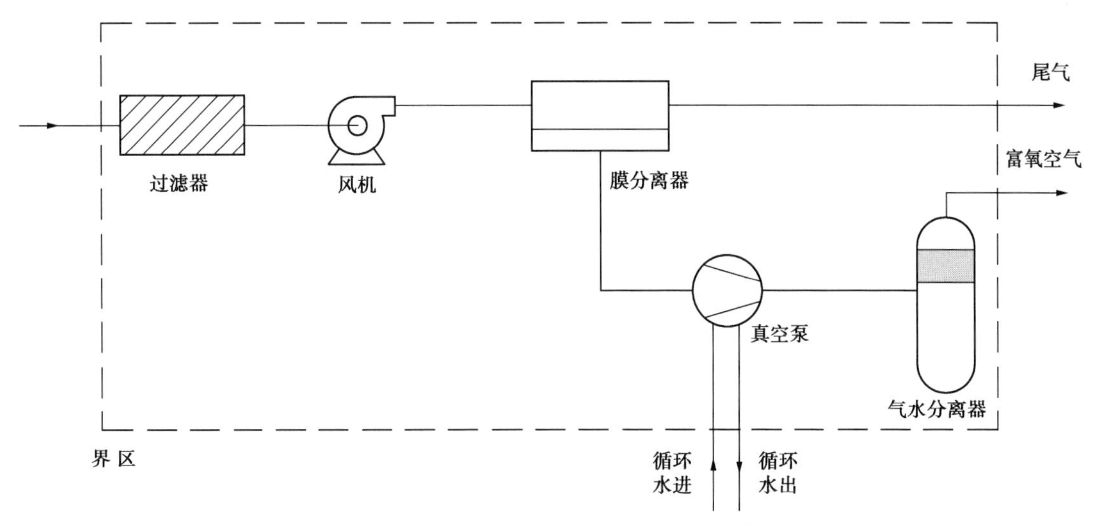

图 5.1.3 膜法富氧装置流程示意简图

膜法富氧系统的设备除了核心膜分离器以外，还有过滤设备、鼓风设备、真空泵和汽水分离器。其中，真空泵是除膜分离器外决定整套系统寿命和稳定性的重要设备，它的选型往往决定了该系统或该项目的成败。

膜法富氧过程目前多数采用的是水环真空泵，但其要求在现场需要配备循环软化水，而且富氧后还要进行汽水分离，增加了运行费用。因此，如果真空泵制造技术进一步发展，可以降低该泵的价格，会进一步促进膜法富氧技术的广泛推广。

五、各种参数对膜法富氧的影响

1. 膜两侧压力比（*R*）

R 为膜两侧低压与高压之比，即，$R=\dfrac{p_L}{p_H}$。对于空气体系可视为只有氧气和氮气两种组分，在其他条件一定时，R 越小，透过膜的氧量就越大。

对于螺旋卷式富氧膜分离器，R 一般控制在 0.12~0.4 之间；对于中空纤维膜组件，R 一般控制在 0.06~0.15 之间。

2. 回收率（切割率 *θ*）

θ 为富氧空气回收率，定义为富氧空气量与进料空气量之比，$\theta=\dfrac{富氧空气量}{进料空气量}$。$\theta$ 越大，表明得到的富氧浓度就越低。对于膜法富氧负压工艺，θ 一般取 0.06~0.2；对于正压工艺，一般取 0.15~0.5。

3. 操作流程

操作流程主要有正压工艺和负压工艺，对于螺旋卷式富氧膜分离器，加压工艺的能耗是负压工艺的 3~6.5 倍，而负压工艺需要膜分离器的数量（膜面积）是正压工艺的 3~6.5 倍。因此，在实际应用中需从能耗、投资、厂房资源各方面综合优化，选用适当的膜工艺。建议除以下情况，均采用膜负压工艺：现场有压缩空气源、压缩空气量足够、压缩空气压力大于 0.4MPa（绝压）、原使用压缩空气场合对氧气浓度无要求、现场对富氧和富氮同时都需要。

4. 操作温度

其他条件一定时，操作温度越高，富氧流量越大，而富氧浓度越低。对于螺旋卷式富氧膜分离，要求常温即可。

5. 相对湿度

对于高分子富氧膜，水分子极易透过膜，其透过系数是氮气的100多倍，所以对于螺旋卷式富氧膜分离装置，富氧空气中一般含水都过饱和，在特殊使用场合需要汽水分离。

6. 富氧浓度

富氧浓度与膜分离器的性能和操作条件有关，富氧浓度 Y_0 的计算公式如下：

$$Y_0=\frac{B-\sqrt{B^2-4\alpha^* X_0 A}}{2A} \tag{5.1.1}$$

$$A=(\alpha^*-1)(R+\theta-R\theta) \tag{5.1.2}$$

$$B=1+A+X_0(\alpha^*-1) \tag{5.1.3}$$

式中　α^*——过剩空气系数；

X_0——进料空气中的氧浓度。

可以看出：膜两侧压力差越大，富氧浓度 Y_0就越大；富氧空气回收率 θ 越大，Y_0越小。

第二节　膜法富氧技术在石油化工领域的应用

富氧技术在石油化工领域的应用很广，如油田加热炉富氧助燃、各种燃煤燃油锅炉富氧助燃、富氧造气（富氧连续气化）、氧化反应、催化裂化装置富氧再生工艺、富氧制硫酸等。在这些工艺中，如果需要采用氧浓度小于40%的富氧空气，采用膜法富氧及其组合（集成）技术具有较强的竞争力。

本节重点介绍油田加热炉采用膜法富氧助燃集成技术和膜法富氧技术用于富氧连续气化工艺。

一、膜法富氧助燃集成技术用于油田加热炉

1. 油田加热炉现状和特点

油田加热炉是油田中转站、联合站必不可少的设备之一，尤其是高寒地区，加热设备更至关重要。油田的供暖、油井和管道的热洗、输送过程中油与气和水的集输、成品油的输运等环节都离不开加热炉。加热炉是油气田地面的能耗大户，其经济、安全、高效、良好运行的重要条件之一是“提高加热炉热效率、降低燃料消耗”。

油田加热炉也是造成大气污染的主要设备之一。其烟尘、二氧化碳及其他有害物质的排放量在油田各项有害物质排放总量中均占有一定比例。

目前，我国油田在用加热炉及其他加热设备的燃料以燃料气和燃油为主，无论气体燃料还是液体燃料，其燃烧所需要的氧都来自大气。空气在加热炉中的工作过程为：空气被引风机或受燃料气射流进入加热炉炉膛，首先被炉膛内部的高温烟气加热；当达到一定温度后，空气中的氧气与新进入炉膛的燃料发生化学反应，燃料中的化学能以热能的形式释放出来，同时生成燃烧产物；燃烧释放的热量既加热了燃烧产物又加热了空气中的其他不可燃气体，

形成的高温烟气由炉膛出口流出；在不同类型的加热炉中，高温烟气通过不同方式把热量传递给被加热介质，换热后的烟气由烟囱排入大气。在上述工作过程中，空气中的不可燃气体进入加热炉时温度是环境温度，离开加热炉时温度是排烟温度，两者之间温度差至少在100℃以上，这部分能量损失对于油田在用的燃烧设备是无法避免的。如果能够降低进入加热炉的不可燃气体的量，可以提高加热炉热效率，节约能源。

膜法富氧助燃技术是根据加热设备的结构特点、燃料特性和运行工况，采用独特的喷嘴喷射技术，将富氧空气喷入炉膛燃烧区助燃。将富氧空气用于加热炉助燃，不仅能使燃料充分燃烧、优化火焰燃烧结构、提高热量有效利用率、降低空气过剩系数、减少热量损失、降低燃料消耗，还能优化火焰特性，延长设备使用寿命，减少烟尘、粉尘和 NO_x 及 CO 等的排放，从而有利于净化环境。该技术具有投资省、见效快、回收周期短等特点。

2. 膜法富氧助燃技术

富氧助燃技术不但能节约能源，还可根治污染。其机理主要表现在以下几个方面。

1）提高火焰温度、黑度和辐射热

用富氧助燃，因氮气量减少，空气量及烟气量均显著减少，从而使炉膛中 3 原子气体（H_2O、CO_2）的比例明显增加。由于在火焰中能发生强大辐射作用的只有 H_2O 和 CO_2（只有它们才可以提高火焰的黑度）等 3 原子气体，故火焰温度和火焰的黑度均随着助燃空气中氧气比例的增加而显著提高。但富氧浓度不宜过高，就目前国内外的综合情况，包括制氧、电耗等来说，一般富氧浓度在 26%~31%时为最佳。富氧浓度超过 31%后，火焰温度相对增加较少，而制氧投资等费用猛增，相对综合效益反而下降。

2）加快燃烧速率，促进燃烧充分

由于氮气减少，不仅增加了燃烧反应的反应物浓度，而且增加了活化分子的有效碰撞次数，因此，加快了燃烧速度。燃料的燃烧速度实际上是一种比较定性的说法，如乙炔是一种燃烧速度快的燃料，其火焰短而密实；而天然气相对于乙炔来说，则是一种燃烧速度较慢的燃料，其火焰较长，但只要燃烧完全，都可以释放出应有的热量。

富氧燃烧还具有较高的火焰蔓延速度、较低的着火温度、较宽的燃烧极限、较快的脱火和回火速度等。美国的 Lewis 等通过试验证明，预混合火焰层的蔓延速度随着富氧程度的增高而明显加大。他们按照化学计量比，把 H_2、CO 和 CH_4分别与不同含氧量的富氧空气混合，然后测其燃烧速度，结果表明：当富氧空气的含量从 21%增加到 98.5%时，H_2、CO 和 CH_4的燃烧速度分别增加 3.6 倍、2.6 倍和 9 倍。表 5.2.1 也列出了一些气体燃料在一个标准大气压下，用普通空气和纯氧当量燃烧时最大火焰速度的对比情况。从表中可以看出：燃料用普通空气和纯氧当量燃烧时最大火焰速度相差甚大，如甲烷用纯氧当量燃烧时最大火焰速度是用普通空气当量燃烧时的 9.75 倍。因此，采用富氧助燃，不仅能使火焰变短、提高燃烧强度、加快燃烧速度、获得较好的热传导，同时由于温度升高，也有利于燃烧反应完全，从而从根本上消除污染。

表 5.2.1 一些气体燃料用普通空气和纯氧当量燃烧时最大火焰速度对比

燃　料	用普通空气当量燃烧时最大火焰速度（cm/s）	用纯氧中当量燃烧时最大火焰速度（cm/s）
氢气	265	1436
甲烷	40	390

续表

燃　料	用普通空气当量燃烧时最大火焰速度（cm/s）	用纯氧中当量燃烧时最大火焰速度（cm/s）
丙烷	51	331
丁烷	37	331
异丁烷	36	330
乙烯	74	534
丙烯	43	390

3）降低燃料的燃点温度

燃料的燃点温度（即着火点）不是一个常数，它与燃烧状况、受热速度、环境温度和测试方法等有关。表5.2.2列出了一些气体燃料常压下在普通空气和纯氧中的燃点温度对比情况，其中括号内的数据来源于不同文献，这说明文献来源不同，数据确实有区别，但趋势是一致的：燃料在空气中的燃点温度均比在纯氧中的高，如CO在空气中的燃点温度为609℃，在纯氧中仅为388℃。所以，采用富氧助燃能降低燃料燃点、提高火焰强度、增加释放热量等。

表5.2.2　一些气体燃料在普通空气和纯氧中的燃点温度对比情况

燃料	在普通空气中的燃点温度（℃）	在纯氧中的燃点温度（℃）
氢气	572（570）[530~590]	560（560）
天然气	632	566
乙烯	（520）[510~543]	（485）
异丁烷	（462）[490~569]	（285）
甲烷	（580）[658~750]	（555）
丙烷	493（480）[530~588]	468（470）
丁烷	408（420）	283（285）
一氧化碳	609[610~658]	388

对于固体燃料，如石油焦，镇海石化股份有限公司研究中心测试了不同尺寸的石油焦及飞灰中粉焦的燃点温度和燃尽温度与氧浓度等之间的关系（表5.2.3）。由表5.2.3可知，石油焦尺寸越小，燃点温度越低，仅有个别数据例外；而燃尽温度先随石油焦尺寸的减小而明显升高，达到最大值后再显著降低。氧气浓度为33%时的燃点比氧气浓度为20%时的燃点最小降低40多摄氏度，最大降低近80℃；燃尽温度相差更明显，最小降低140多摄氏度，最大降低近200℃。对于飞灰中的粉焦，也就是烟囱里冒的黑烟，即游离碳，用富氧助燃其燃点降低18.62℃，燃尽温度降低125.58℃，因此，非常有利于燃尽。

表5.2.3　不同氧浓度下石油焦的燃点温度和燃尽温度

石油焦直径（mm）	燃点温度（℃）			燃尽温度（℃）		
	O_2浓度为20%	O_2浓度为33%	差值	O_2浓度为20%	O_2浓度为33%	差值
2.8~4.0	553.83	474.36	79.47	707.70	555.27	152.43
1.0~2.8	516.37	475.56	40.81	727.02	569.14	157.88
0.45~1.0	521.31	473.64	47.67	765.58	568.31	197.27
0.2~0.3	512.34	451.61	60.73	695.74	530.01	165.73
<0.098	477.97	414.24	63.73	624.06	478.54	145.52
飞灰中的粉焦	520.57	501.95	18.62	668.52	542.94	125.58

4）减少燃烧后的烟气量

用普通空气助燃，约4/5的氮气不但不参于助燃，还要带走大量的热量。如果用富氧空气助燃，由于氮气量减少，燃烧后的烟气量亦减少，从而能提高燃烧效率等。理论研究表明：烟气量随氧浓度的增加而明显下降，而且燃料的发热值越大，烟气量降低就越明显。在研究范围内，富氧浓度每增加一个百分点，烟气量约降低2%～4.5%。由于烟气量的减少，烟气的流速也降低，这样烟气带走的粉尘也减少，从而提高了热效率和减少了环境污染。

5）降低空气过剩系数

用富氧空气代替普通空气助燃，可适当降低空气的过剩系数，这样，燃料消耗就相应减少，从而节约能源。烟气量随空气过剩系数的增加而线性增加，而且燃料的发热值越大，空气过剩系数对烟气量的影响就越大。空气过剩系数每增加5%，烟气量约增加3.2%～5.4%。当富氧浓度一定时，理论富氧燃烧温度随空气过剩系数的增加而明显下降，同时也取决于燃料的发热值。一般情况下，空气过剩系数每增加5%，理论富氧燃烧温度约降低15～120K。当用30%的富氧空气代替普通空气参与燃烧时，理论富氧燃烧温度将增加13%～26%，而烟气量则降低17%～28%。这对于提高产品的产量、质量和减少环境污染等具有重要意义。

6）增加热量利用率

富氧助燃对热量的利用率会有所提高，如用普通空气助燃，当加热温度为1300℃时，其可利用的热量为42%，而用26%的富氧空气助燃时可利用热量为56%，增加了33.3%。而且富氧浓度越大，加热温度越高，所增加的比例就越明显，因此，节能效果就越好。

对于一台加热设备，如果采取整体增氧，其投资非常大，而且还会起副作用（如NO_x增加、炉龄缩短等）。局部增氧助燃技术所配富氧空气量仅为所需助燃空气量的0.5%～5%，而加热炉原来的助燃风量和烟气量等均显著下降。关键是富氧空气应加设在最需要氧气的地方，使燃料能充分及时完全地燃烧，同时供给的助燃空气量又比较小，从而传递给产品尽可能多的有效热量。

国内外的研究及应用均表明，富氧浓度在26%～31%时为锅炉助燃的最佳富氧浓度，这是膜法制备的最佳富氧浓度范围。因为富氧浓度再高时，火焰温度增加较少，而制氧投资等费用猛增，综合效益反而下降，不安全因素也增加。

图5.2.1示出了普通空气与富氧空气的火焰区别。图5.2.2示出了富氧浓度对相对效益和火焰温度的影响。

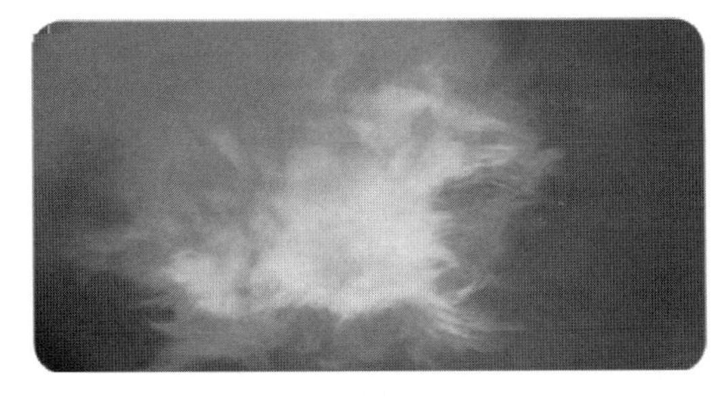

(a) 普通空气

(b) 富氧空气

图5.2.1　普通空气与富氧空气的火焰区别

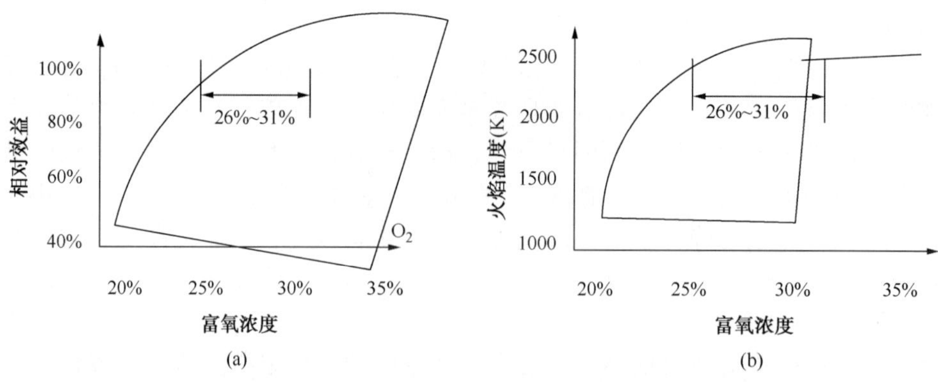

图 5. 2. 2　富氧浓度与相对效益及火焰温度的关系

3. 局部助燃技术

采用独特的喷嘴喷射技术，确保不与普通空气混合的条件下，高速进入燃料燃烧区这一局部，可获得与整体增氧基本相同的效果。当富氧加在最需氧的地方时，燃料能充分及时完全地燃烧。对于各种类型的燃料锅炉，通过富氧喷嘴形成对称燃烧、α 型助燃、四角切圆助燃等助燃方式。

1）富氧喷嘴

富氧喷嘴是输送带有一定压头的富氧空气的专用喷嘴。它的设计原则是将富氧加在加热炉炉膛中最需要的地方，而且不改变原有加热炉的结构，对加热炉的性能和安全也没有影响。富氧喷嘴的位置可以在燃烧装置喷嘴的上、下、左、右、前、后，其形状可以是圆形、环形或扁形，扩散角及材质等需要根据加热炉的结构、运行状况及燃料特性等有关参数来综合优化确定，一般扩散角在±50°之间。其材质的选择主要根据富氧喷嘴周围的温度和燃料的性能来确定，通常用耐热、耐腐蚀的金属材料，如耐热钢管、不锈钢管、“2520”、刚玉等。

2）对称燃烧技术

对称燃烧技术适用于一般工业锅炉、加热炉，特别适用于油田和石化等行业的助汽炉、加热炉、热媒炉等。它们的炉膛呈圆柱形，炉壁四周全是水冷壁管或换热管。采用对称燃烧技术能使燃料在炉膛中心强化燃烧，提高火焰温度，使得辐射热显著增加。这是因为辐射热与火焰温度和水冷壁管或换热管温度的四次方之差成正比。

采用对称燃烧技术时，富氧喷嘴的加法要比在玻璃熔窑上的加法复杂。一般应该加在燃油或燃气喷枪的四周，至于富氧喷嘴离燃料枪的距离、富氧流量、富氧喷嘴的材质、扩散角以及富氧喷速等必须根据燃料的性能、燃料枪和窑炉的特性及产品的要求来综合优化。原则是富氧喷嘴相对于燃料枪要求对称，同时不改变原有的火焰特性。

采用助燃技术后火管内的火焰形状得到改善，见图 5. 2. 3 和图 5. 2. 4。

图 5. 2. 3　采用助燃技术前火管内的火焰示意图

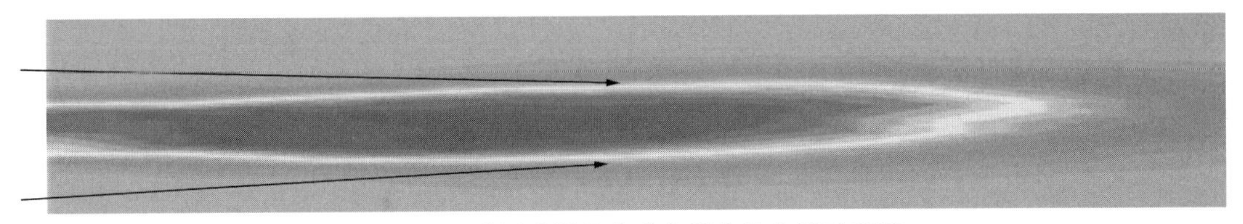

图 5.2.4 采用助燃技术后火管内的火焰示意图

3）α 型助燃、四角切圆助燃技术

α 型助燃、四角切圆助燃技术适用于煤粉炉、抛煤机炉、循环流化床锅炉、沸腾炉、往复炉和链条炉等。目的是强化锅炉燃烧，使燃料和烟气在炉膛中的停留时间更长，从而在尽可能少的助燃风下充分彻底完全地燃烧，放出更多的有效热量，达到节能、减少烟尘和 NO_x 排放等目的。富氧空气喷嘴的加法比较复杂，影响因素也非常多，需要结合具体的炉型和具体的燃烧状况来进行具体的优化分析。

4. 应用实例

某油田加热炉应用膜法富氧助燃技术后，得到如下结论：

（1）膜法富氧助燃系统运行稳定，富氧浓度、富氧流量、系统真空度等指标正常。

（2）在试验期间，火管壁未见明显烧损，改变了过去一年多时间就需要维修火管壁的现状，显著延长了火管壁的维修周期，提高了加热炉设备使用寿命。

（3）改造后，加热炉运行平稳，排烟处烟气成分相对稳定，不存在忽高忽低现象，燃烧状态好。

（4）热工测试结果表明，膜法富氧助燃技术具有一定的节能效果，能够降低加热炉能耗，实现经济运行。富氧助燃系统节气率为 3.03%左右。

（5）根据试验加热炉的实际情况，在加热炉改造过程中，利用烟气余热将冷空气和富氧空气加热，以提高入炉空气温度、降低排烟温度。其效果是有效地减少了热量损失，节约了大量燃料气。

5. 油田加热炉膜法富氧助燃经济效益分析及推广应用前景

对油田加热炉进行膜法富氧助燃技术改造，并根据试验加热炉实际情况增加了空气预热系统，可以提高其热效率、节约燃料。

油田用加热炉是油田勘探开发中的重要设备之一，尤其是我国东部油田已大面积进入高含水期及稠油和天然气的开发，加热炉显得更为重要。随着油气田勘探开发面积的增大、开发难度增大，油田用加热炉的数量越来越多。截至 2005 年，中国石油所有油田在用加热炉数量已达 18460 台。加热炉是油田的主要能耗设备，中国石油下属油田所用加热炉每年能耗总量折合成原油约 170 多万吨，耗能十分惊人。目前，油田用加热炉主要存在设备老化（平均新度系数 0.41）、小型加热炉较多、效率偏低、燃烧不充分及炉内腐蚀结垢等问题。仅大庆油田在用加热炉年耗气 $5\times10^8 m^3$ 以上，如果有 50%的加热炉应用膜法富氧助燃装置，每年将节约天然气 $1.5\times10^7 m^3$ 以上，年经济效益达上千万元以上。如果在全国油田系统采用膜法富氧助燃技术，其经济效益明显，应用前景广阔。

二、膜法富氧技术用于富氧造气（富氧连续气化）

1. 概述

富氧制气，又称为富氧气化，通过使水煤气等燃料中的氧气增多，使其成为燃烧效率更高的煤气。

工艺流程如下：

从空分装置来的氧气与造气风机来的空气混合配制成体积分数为50%~60%的富氧空气，进入空气蒸汽混合器；低压蒸汽经流量调节控制合适的汽/气比后也进入空气蒸汽混合器，与富氧空气充分混合，然后进入造气炉底部，连续上吹制取水煤气，制得的水煤气从造气炉上部出来，首先经过除尘器除去气体中的粉尘，然后进入废热锅炉回收显热，经洗气塔洗涤除尘降温后去后续工段。

富氧连续气化技术是一项综合了粉煤成型技术、固定床煤气炉技术和空气分离制氧技术的系统工程技术。它将粉煤成型用于气化，使煤气化工业企业避开了以优质块煤焦为原料的独木桥，走上了以本地粉煤为气化原料，成本低、资源丰富的广阔大道。同时，也避开了采用国外粉煤气化技术，投资大、消化期长、见效慢的曲折道路。该技术投资少、见效快、节能减排效果好。

更重要的是，型煤富氧连续气化技术，在众多煤气化企业现有装置的基础上，仅进行设备改造和技术提升，即可实现的技术。它是由多项已经用于生产实践的成熟技术的组合，是一种零风险的技术。

我国富氧连续气化（固定床煤气炉）始于20世纪60年代末，是在固定床间歇气化炉的基础上发展起来的，主要用于UGI型煤气炉。40多年来，炉型没有大的技术进步，仍然是UGI煤气炉的基本设计，工艺流程没有大的变化，自控技术也没有明显的改进。主要原因是历史上这种富氧气化生产成本偏高，与其他气化技术相比缺乏竞争，因此，一直没有得到明显的发展。

主要缺点：（1）装置不合理，热损失大，有效气体成分达不到要求；（2）煤价较低，而制氧成本偏高，用价格偏高的氧来节约用煤，生产成本不合算；（3）富氧气化CO_2偏高，脱C系统成本升高。随着科学技术进步，现在出现了一系列变化：（1）装置技术水平大幅度提高，煤气炉、炉箅、自控水平、余热回收技术、自动下灰技术、变压吸附脱C技术等；（2）制氧成本大幅度下降，由0.6元/m^3下降到0.25元/m^3；（3）煤价翻了两番，中块煤由原来的200元/t升至800元/t，粉煤由100元/t升至450元/t；（4）型煤制造技术飞速发展。

新的技术条件和历史使命注定了型煤富氧气化技术将重新焕发出勃勃生机，为我国煤化工事业的发展增加活力。

2. 化肥厂富氧连续气化技术的设计可行性

（1）富氧技术流程的开发是基于氧和高温（527℃以上）炭的反应速度（依据化学反应可能达到的速度）进行的，是极限值。常压固定床气化火层的温度分布特点属于梯级温区，气化层炭最高温度是原料的灰熔点，熔融层较薄。气化层的过渡层也不厚，其高温来源于热辐射，温度曲线较平，是四次方函数方程；过渡层以上的热炭层温度来源于热气流的对流给热，温度曲线较陡，是对数函数方程。气化有效利用的高温炭层厚度可由气化剂输入速度控制。这是富氧技术的开发原理。

（2）在富氧气化过程中，去掉了传统固定层气化所需的吹风阶段。在传统固定层气化过程中，吹风阶段为制气提供的反应热，需要大量空气提供足够的氧和碳反应，容易造成炉子吹翻，带出物增加，热损失较大；采用富氧空气作为气化剂，则只需少量的高浓度的富氧空气即可满足工艺的要求，炉子不会吹翻，带出物明显降低，碳损失小，热量得到充分利用，从而避免了传统固定层气化制气过程中的吹风阶段的限制；小粒煤、劣质煤、煤棒的气化过程会变得更加平稳，气化效率、煤的利用率得以提高，这对小粒籽煤、劣质块煤以及粉煤、劣质粉煤所做的型煤有着深远积极的意义；相对目前煤资源紧张的局面，企业的原料路线的拓展，成了制约企业的一个重要因素。采用富氧气化工艺，原料煤的利用率和原料煤的选择空间增大，企业的生存和发展就有了根本的保障。这是富氧气化技术的生命力所在。

（3）在传统固定层气化过程中，由于阀门动作频繁，吹风阶段创建火层的放空量大，制气气流进出交替次数多，使得煤耗增加且气化火层的工作时间利用率降低太多，即使采用移近阀门、缩短流程并优化操作参数的方法效果能略好一点，但仍然不能从根本上改变上述缺点。连续富氧气化能把产歇气化时约30%的吹风时间用来制气，产气量能提高30%，在相同的炉型上，如果采用这样的工艺，产能将提高30%。这是富氧气化技术被应用的原动力。

（4）由于富氧气化过程中，放热反应与吸热反应同时进行，并进入到系统中去，这样总管 CO_2 含量会增加，可以由后工续的脱碳来处理，目前的工艺完全能做到这一点。同时，采用新型富氧技术（在流程中加入下吹），能使总管 CO_2 含量下降4~5个百分点，从而缓解了后系统的脱碳压力。这是使富氧制气技术能生存的推动力所在。

（5）富氧连续气化进气流速整体均衡，可更有效地使用小粒煤；气化剂氧浓度高，使得炭和氧反应更充足，低品质的甚至是空气间歇难以气化的原料煤也可进行气化；气化火层温度梯位恒定，使得气化层高温区始终稳定在一定的范围内，灰渣残炭较低，从而达到降低煤耗的目的；只需调定氧浓度、调控好气汽比，就能调控煤气产量和气体成分，优化指标，操作更加简便，减少操作劳动强度；工艺过程、装置配置简化，降低了造气系统的故障率，有利于提高造气炉自控程度实现全面自动化。这是富氧气化技术的主要优势。

3. 化肥厂富氧连续气化技术的经济可行性

富氧连续气化的固定床煤气炉目前在国内约有20台，历史上没有得到进一步发展，主要原因是：

（1）富氧连续气化需要大型的制氧装置（深冷空分法、变压吸附法或膜分离法），一次性投资过高。20世纪末之前，我国尚不能制造10000m^3/h的空分装置，引进费用又太高，因而限制了连续富氧气化技术的运用，折算 O_2成本高达0.6元/m^3以上。

（2）1995年前煤价较低，块煤仅300元/t，优质焦仅450元/t，粉煤仅110元/t，企业不愿用成本较高的 O_2来节约成本较低的煤焦。

（3）制得的合成氨原料气成分中 CO_2气含量太高，给后续工段脱除 CO_2增加了负荷，增加了压缩工段许多动力消耗，原有造气、脱硫、脱碳装置需要停产进行改造。

（4）富氧气化的煤气炉是借用固定床间歇气化炉，设备落后，没有进行技术改造。一直到目前，富氧气化炉的专用炉箅还没有推广。

（5）工艺流程落后，进行连续上行气化，易造成上部温度过高，热损失大，经济效益差。

（6）需要稳定的原料煤种，不适应经常变化的煤种。

现在，科学技术水平已经发生了很大变化：

（1）制 O_2技术、装备发展，使空分大型化，单位成本大幅度下降，同时膜法富氧技术的出现更大大降低了制氧的成本。例如，O_2成本大幅度下降，由原来的0.6元/m^3 降到目前的 0.25 元/m^3（膜法富氧 0.15~0.20 元/m^3）。反之，煤焦价格上涨了数倍，例如焦 1200 元/t，块煤 800 元/t，粉煤 450 元/t。

以 550m^3 O_2生产 1t 合成氨为基础计算，虽然多投入了 165 元/t NH_3，但可以节约煤 300 元，蒸汽 50 元，共节约成本 350 元/t NH_3。每吨合成氨成本下降 185 元（350 元−165 元=185 元）。

（2）富氧气化工艺流程更加成熟灵活。可以切换上、下吹制气，有效地控制炉上温度。这使得富氧气化工艺应用劣质煤成为可能。

（3）富氧气化煤气炉及其关键部件技术含量大幅度提高，可靠性、经济性得到根本改善。

（4）脱碳技术发展，使原料气中含量较高的 CO_2可以顺利脱除，并可回收利用，得到二次气化。

（5）煤富氧气化对煤的适应性非常强，只要是无烟煤几乎都可以有效利用，并且炉渣中残炭很低。一是可以“吃光、烧尽”，二是炉渣作为工业原料，在市场上很受欢迎。

4. 富氧连续气化中“富氧”的概念

目前所有关于富氧连续气化的研究和报道所提及的富氧均指富氧空气，一般指成分为 50%~60%O_2、40%~50%N_2的混合气。

基本工艺为从空分装置（或变压吸附装置）送来的氧气（纯氧或 84%的富氧空气），在富氧鼓风机入口与空气混合配制成 40%~60%的富氧空气，经富氧鼓风机加压后进入混合器再与蒸汽进行充分混合，然后送往煤气发生炉底部，连续上吹制取煤气。

江西昌昱实业有限公司研究的富氧气化指的是纯氧+气化剂（蒸汽、CO_2气），目前研发成功的只有（蒸汽+纯氧）上吹和蒸汽下吹两个阶段的送顺流连续（纯氧气化剂）制气工艺。

目前国内采用富氧空气+蒸汽（常压）的厂家见表 5.2.4。

表 5.2.4　采用富氧空气+蒸汽（常压）工艺厂家

厂　　家	炉上温度(℃)	CO_2含量[%(体积分数)]	$CO+H_2$含量[%(体积分数)]
烧粉煤的平顶山化肥厂	450~500	17.3	71
烧块煤的晋开化肥厂	400~500	16~17.8	67~68
烧煤球的三明化肥厂	500	18~20	67~68
烧焦炭的 66 盐厂		13.5	72.5
烧淮南块煤的淮化		13.5	72.2

采用纯氧+煤气连续气化的在运行（加压）厂家只有两家。

采用纯氧+CO_2（1∶2 配比）连续气化的在运行（常压）厂家见表 5.2.5。

表 5.2.5　采用纯氧+CO_2连续气化工艺厂家

厂　　家	CO_2含量	$CO+H_2$含量
山东国泰	30%	65%
河南顺达	29%	68%
河北建滔	29%	67%

目前尚无纯氧+H_2O 连续气化的在运行厂家 。

5. 氧气的来源

有的企业内部其他工序中有多余的氧气，直接将氧气引入原固定层煤气炉应用，此方案最好，既经济又实用。否则需要新建制氧系统。

目前实用性最广的两种传统方法，一种是深冷空分制氧，另一种是变压吸附制氧。制氧系统的生产规模可以根据合成氨（甲醇可折氨）规模的情况选取。每吨合成氨按需要纯氧500~550m^3。来配套考虑。优质煤生产负荷较高，氧耗较低；劣质煤则相反。

深冷空分制氧的优点：氧的纯度较高，副产品较多，如液氧、液氮、液氩等，副产品经济效益好。压缩机可以用透平技术代替电动机达到节约成本的目的。缺点是工艺流程复杂，操作技术性强，系统启动后出产品所需时间较长，约 3h。变工况速度慢，约 90min。

变压吸附制氧的优点：工艺流程简单，便于操作，生产弹性大，可在正常工况的 40%~110%操作；变工况速度快，10min 即可；运行中电耗低。缺点是变压操作有安全隐患，没有副产品。

对于新型的膜法富氧技术，负压工艺可实现氧气浓度 30%，采用中空纤维膜正压工艺最高可到 40%。同其他方法相比，膜法富氧技术具有设备简单，操作方便、安全、启动快，不污染环境，投资少，用途广泛等特点，具有显著的经济效益和社会效益，工业发达国家称之为“资源的创造性技术”。具体优点如下：

（1）运行成本低。膜法技术制取每立方米米氧气成本仅为深冷法氧气成本的 1/5。

（2）占地面积小。

（3）流程简单，启停灵活，易于操作。

（4）投资少，见效快。

（5）不污染环境。

对于合成氨厂，可参考一种简单的商业模式就是能够将氧气发生系统和 CO_2 处理系统的运行转包给工业气体公司，签订长期供应合同。

6. 某化肥厂不完全富氧气化实例

1）氧气量

该厂空分车间设计产氧气量 4000m^3/h，外供净化车间 2500~2800m^3/h（双机满量），即可供造气使用的为 1200~1500m^3/h。富氧造气需要的氧气设计指标为 500~550m^3/t NH_3，单炉现发气量 8000m^3/h，产氨量为 2.42t，则需氧量为 1212m^3/h。若改为富氧连续气化，发气量增大，产氨量同时增大，则空分剩余氧气不能满足一台造气炉的需要。只能采用不完全富氧气化，即把氧气混合到空气中，氧气浓由 21%提高到 23%~24%之间即可。

2）设备配套

（1）为使燃料层布风均匀，必须使用富氧气化专用炉箅。富氧连续气化要求炉箅的高度比间歇空气气化的炉箅要低些。多边扇形炉箅虽然高度低，但是炉下带出物多，也不适用。最好选用 ZL 型铸钢炉箅。

（2）选用 ZL 型自动加煤机，可以使炭层高度保持恒定。通用型自动加煤机是每个循环间歇向炉内加煤的，加煤量和炭层高度难以控制。ZL 加煤机是连续向炉内加煤的，炉内消耗多少煤，随时补充多少，所以炭层高度可以按预先设定的炭层高度恒定。

（3）由于是富氧连续气化，所以必须选择不停炉下灰装置。

（4）造气炉改造，保持合适的高径比。富氧连续气化技术是完全上吹，气化剂由下向上恒定在一个压力朝一个方向运动。若炉子本体的高度不够，炉内燃料层较薄，蓄热能力差，易造成炉上温度高，煤气带走了大量的显热，不利于原料的消耗和煤气的降温，又会因炭层波动而造成结疤挂壁，严重时需停炉熄火打疤，影响系统安全生产。河南平顶山飞行化工的煤气炉为 ϕ3000mm、高 5800mm，夹套宽 500mm、高 2800mm，因使用效果不好，在一次停车检修时炉体和夹套同时加高了 500mm。

（5）控制系统改造。在现有间歇循环制气、特殊操作和开、停车的基础上增设富氧气化状态设定键，并能在富氧气化操作状态和空气间歇气化操作状态之间自由切换。

（6）配套设施建设。增加富氧—蒸汽混合器、废锅等。

具体的改造方案如下：

①基础数据。

空分装置氧气出压缩机压力：2.0MPa，温度 75℃（夏天温度可达 95℃）空分能力 4000m^3/h。

净化车间氧气入转化工段压力：控制大于空气压力 0.1MPa，空气压力控制大于转化炉压力 0.1MPa。转化压力：1.8~2.0MPa。转化需氧量：2 机满量 2500~2800m^3/h。

②管径计算。

考虑到焦炉气的波动，送往造气的氧气量按最大 2000m^3/h（一般可保持 1500m^3/h）、温度按 95℃、压力 2.0MPa 考虑。一期工程氧气设计流量 3400m^3/h，压力 2.5MPa，送净化车间管径 DN150mm，可以计算出流速。

据管径计算经验公式：

$$D = 18.81\ (Q_v/v)^{1/2} \tag{5.2.1}$$

式中 Q_v——25℃时介质体积流量，m^3/h；

D——管路内径，mm；

v——管内气体平均流速，m/s。

则

$$v = Q_v/\ (D/18.81)^2 = \frac{\dfrac{3400\times(273+95)}{273\times25}}{\left(\dfrac{150}{18.81}\right)^2} = \frac{183.326}{63.592} = 2.88\text{m/s}$$

不锈钢管氧气流速按 3.5m/s 计算：

$$D = 18.81\ (Q_V/v)^{1/2} = 18.81\sqrt{\frac{\dfrac{2000\times(273+95)}{273\times20}}{3.5}} = 116.724\text{mm}$$

圆整到 125mm，所以不锈钢管道选用 ϕ133mm×5mm（每米质量为 15.942kg）。

碳钢管道氧气流速按 2. 5m/s 计算：

$$D=18.81\sqrt{\frac{\frac{2000\times(273+95)}{273\times20}}{2.5}}=138.12\text{mm}$$

圆整到 150mm，所以碳钢管道选用 ϕ159×6mm（每米质量为 22. 638kg）。

③材质选择。

根据氧气站设计规范（GB 50030—1991），所有的阀门采用不锈钢。根据规范（JBT 5902—2001），工作压力大于 1MPa 时弯头必须采用不锈钢，垫片可以采用不锈钢缠绕垫或聚四氟乙烯垫片。阀门下游要保证 5 倍管径（不小于 1. 5m），调节阀组前后 5 倍管径（不小于 1. 5m）。压氧车间室内管道必须采用不锈钢。

3）费用概算

管道总长约 600m。材料大致需要阀门 4 个：自调 1 个，放空阀 2 个，弯头 30 个。

管道及附件采用不锈钢，管道约需 40 万元，阀门约需 3 万元，自调 2 万元，弯头 10 万元，防腐保温约需 4 万元。其余法兰、垫片等估价 2 万元，施工费估价 4 万元，电气、仪表估价 1 万元，总计约需 66 万元。

管道采用 20 钢，附件及阀门等采用不锈钢，管道约需 12 万，阀门约需 3. 5 万元，自调 2. 5 万元，弯头 15 万元，防腐保温约需 5 万元。其余法兰、垫片等估价 3 万元，施工费估价 4 万元，电气、仪表估价 1 万元，总计约需 44 万元。

详细估价需方案确定、配管图确定后再进行。

4）经济效益分析

造气工段目前开 5 台造气炉，两台风机。改用增氧间歇气化工艺后，如果按 1m^3半水煤气需 1m^3空气计算，5 台炉需空气量 40000m^3/h，而单台鼓风机量为 42000m^3/h，加上空分来的氧气 2000m^3/h，完全可以满足需要，此时空气中氧气浓度从 21%提高到 25%。为此可以停 1 台鼓风机，开 1 台氧压机。鼓风机和氧压机功率相当（400kW · h），但由于氧气浓度提高，单炉发气量增大，煤耗降低，因而经济效益明显。

7. 富氧间歇式气化

近年来国内有技术人员提出利用原有的 UGI 型造气炉和原用的间歇制气方法，即在适当的时机间歇地加入富氧空气，采用“富氧间歇式气化”。这样技改时无需对原有生产装置做大的改造，又可较大幅度地增加合成氨原料气的产量，节省原料煤和动力消耗，且能避免制得的合成氨原料气成分中 CO_2气含量太高。

此外，“富氧间歇式气化”用氧量只是富氧连续制气的 1/10 左右，因此，只需要配套小型控分装置或 PSA 制氧或者采用近年来逐渐替代前两者的膜富氧技术（中空纤维正压工艺）就可以了，配管系统也不需大的改造，适应劣质煤生产半水煤气。

富氧空气间歇气化技术是由武汉凤飞煤化工有限公司研制的一种新技术，即在原有的空气间歇气化的条件下，加入适量的富氧空气以完善气化过程。此技术已在浙江省清华化工有限公司应用。据报道效果良好，其半水煤气中 CO_2含量在 9. 0%以下，CO+H_2含量达 75. 8%。该技术的推广可进一步促进膜技术在该技术领域的新应用。

8. 膜法富氧技术用于煤化工富氧连续气化的前景

下面通过计算来说明采用 30%浓度富氧空气连续气化节煤效果。

基本数据见表 5.2.6，生产数据按日耗原煤 60t、日生产时间 24h、烟煤煤气产率 3.5BM/kg❶ 烟煤计算。

表 5.2.6 几种煤气化时煤气组成及煤气热值

煤种	煤气化学组成范围［%（体积分数）］												煤气热值	
	CO		H_2		$CH_4C_mH_n$		O_2		CO_2		N_2		(MJ/m^3)	
无烟煤	25.0①	30.0②	15.0	18.0	0.5	1.5	0.1	0.3	4.0	8.0	49.0	51.0	5.2	5.9
	27.5③		16.5		1.0		0.2		6.0		50.0		5.5	
烟煤	28.0	31.0	12.0	16.0	1.5	3.0	0.1	0.3	4.0	6.0	48.0	50.0	5.9	6.7
	29.5		14.0		2.3		0.2		5.0		49.0		6.3	
褐煤	24.0	26.0	17.0	19.0	3.0	3.5	0.1	0.5	6.0	8.0	46.0	48.0	6.1	6.3
	25.0		18.0		3.3		0.3		7.0		47.0		6.2	

①最小值；②最大值；③平均值。

1）煤气化耗空气量计算

以制气烟煤进行气化计算：

产出单位煤气空气耗量根据 N_2平衡计算。

单位煤气 N_2含量 49.0［单位为%（体积分数）或 BM/BM 煤气］，煤气中 N_2视为全部由空气产生，则产出 1BM 煤气耗空气＝1BM 煤气 N_2 含量/0.79（空气 N_2含量）＝0.620BM 空气/BM 煤气

产出 1BM 煤气耗氧气量＝产出 1BM 煤气耗空气×21%＝0.130BM 氧气/BM 煤气

气化单位烟煤空气耗量，按照生产数据计算。

气化单位烟煤空气耗量＝产出单位煤气耗空气×烟煤产气率
＝2.171BM 空气/kg 烟煤
＝2171BM 空气/t 烟煤
＝130253BM 空气/d
＝5427BM 空气/h

气化单位烟煤空气耗量＝空气容重×空气耗量
＝2.807kg 空气/kg 烟煤
＝2807kg 空气/t 烟煤
＝168417kg 空气/d
＝7017kg 空气/h

2）烟煤气化耗氧量计算

空气 O_2含量：21%（体积分数）；氧气密度＝32÷22.4＝1.429kg/BM

气化单位烟煤耗氧量＝空气氧含量×气化单位烟煤空气耗量
＝0.456BM 氧气/kg 烟煤
＝456BM 氧气/t 烟煤
＝27353.2BM 氧气/d
＝1140BM 氧气/h

❶ 在工程燃烧计算中，1kg 基准燃料燃烧产生的理论烟气量为 1BM。

气化单位烟煤耗氧量=氧密度×耗氧体积
=0.651kg 氧气/kg 烟煤
=651kg 氧气/t 烟煤
=39075.9kg 氧气/d
=1628kg 氧气/h

3）膜法富氧系统制富氧空气用量

富氧空气氧含量 30%。

30%富氧空气用量=气化用氧量÷30%
=1.52BM 富氧空气/kg 烟煤
=1520BM 富氧空气/t 烟煤
=91177BM 富氧空气/d
=3799BM 富氧空气/h

4）富氧气化后煤气热值变化计算

富氧后鼓风空气减少=富氧前空气量-富氧后空气量
=0.824BM 空气/kg 烟煤
=824BM 空气/t 烟煤
=49463BM 空气/d
=2061BM 空气/h
=1.066kg 空气/kg 烟煤
=1066kg 空气/t 烟煤
=63956kg 空气/d
=2665kg 空气/h

富氧后鼓风空气减少（%）=鼓风减少量÷富氧前鼓风量×100%=37.97%

即鼓风 N_2 减少（%）37.97%。

合理假设富氧煤气热值的增加全部是由于 N_2 量减少原因造成的，则煤气中 N_2 减少 37.97%。

富氧气化后煤气热值变化见表 5.2.8。

表 5.2.8 富氧气化反应煤气热值变化

组分	CO		H_2		CH_4 及 C_mH_n ④		O_2		CO_2		N_2		总计	计算热值（kJ/BM）	热值增加（%）
空气气化煤气组成[%（体积分数）]	28.0①	31.0②	12.0	16.0	1.5	3.0	0.1	0.3	4.0	6.0	48.0	50.0			
	29.5③		14.0		2.3		0.2		5.0		49.0		100.0	6063	0.00
富氧前烟煤气组成[%（体积分数）]	28.0	31.0	12.0	16.0	1.5	3.0	0.1	0.3	4.0	6.0	48.0	50.0			
	29.5		14.0		2.3		0.2		5.0		49.0				
富氧后煤气组成[%（体积分数）]	36.3		17.2		2.8		0.2		6.1		37.4		100.0	7454	22.9

①最小值；②最大值；③平均值；④除 CH_4 以外的烃类。

低位热值计算公式：

$$Q_{net,v}=C_mH_n\%\times59.846+H_2\%\times10.797+CH_4\%\times35.832+CO\%\times12.697\ (MJ/m^3)$$

5）节煤率计算

富氧气化日耗煤=（6063×60）/7454=48.805t/d

日节煤=60−48.8054=11.19t/d

节煤率=11.19÷60×100=18.66%

按照同样的计算，采用23%浓度富氧空气连续气化，节煤率为5.44%。综上所述，采用膜法富氧工艺制备的30%浓度的富氧空气替代普通空气用于富氧造气，不但能产生明显的节煤效益，提高气化强度，降低灰中碳含量，而且还能适应质量较差煤，如弱黏结性烟煤，燃点较高的煤等。

三、膜法富氧技术用于氧化反应

在有空气氧化的工艺过程中，富氧技术是装置消除瓶颈，提高装置操作灵活性、节能，降污的一项有力措施。西方发达国家及苏联早在20世纪70年代就开始了这项技术的研究，并在20世纪70年代末80年代初取得了良好效果。在国内，富氧技术也已经开始应用，并且日益得到关注。

在石油化工领域，很多化学产品是通过催化氧化反应生产的，而氧化的氧气来源于空气，如果用富氧空气替代空气，可以提高产品的数量和质量。研究表明，丙烯酸、醋酸、丙烯腈、己二酸、乙醛、甲醛、己内酰胺、硝酸、顺丁烯二酸、全氯乙烯、苯酚、氧化丙烯（1，2−环氧丙烷）、苯酐（邻苯二甲酸酐）、乙酸乙酯、（聚）氯乙烯、羰基合成醇三氯乙烯、对苯二甲酸、环氧乙烷等化工产品均可用富氧空气替代空气进行氧化反应。不仅能够增产，而且能减少放空尾气中的产品损失。此外，反应物和溶剂消耗量也较低，副产物也会较少，气体处理费用也会降低，且对环境的污染较小。

1. 膜法富氧空气用于异长叶烯催化氧化

异长叶烯是三环倍半萜烯—长叶烯异构化的产物，具有木香香气，其含氧衍生物异长叶烯酮具有浓郁的甜香、木香，并带有琥珀香气和轻微的樟凉气息，是一种很有应用价值的香料。

用于异长叶烯合成异长叶烯酮的方法有：在高沸点非质子极性溶剂（二甲基亚砜、六甲基磷酰胺和二甲基甲酰胺）中的空气氧化反应；钴盐催化的空气氧化反应和铬酸叔丁醇酯氧化反应等。目前一般以钴的有机酸盐为催化剂，在有机溶剂中通入空气对异长叶烯进行氧化，产物多为异长叶烯的多种含氧衍生物的混合物。随着反应条件不同，反应产物的组成也相应发生变化。

南京大学研究人员2006年采用自制的聚二甲基硅氧烷/聚砜（PDMs/PSF）复合膜制备富氧空气，用于异长叶烯催化氧化，主产物为异长叶烯酮。通过实验对富氧膜的性能进行了表征，并考察了富氧空气的氧浓度和富氧空气的流量对催化氧化反应的转化率及产率的影响。结果表明，转化率随氧浓度和气体流量的增加而增加，而主产物的产率并不随氧气浓度同向变化，其中在31.0% O_2 氧浓度和37.5mL/min气体流量下可获得较为理想的产率（67.5%）和转化率（59.8%）。反应体系中无有机溶剂参与，后续分离操作简便，同时避免了溶剂气味对产物香气的污染，反应体系对环境友好。

2. 膜法富氧集成用于异丙苯氧化反应

20 世纪 40 年代末，美国的 Hercules 公司和英国石油公司（BP）联合开发出异丙苯法生产苯酚丙酮的工艺，经过不断改进已成为工业化生产苯酚丙酮的主要工艺技术，目前世界上 90%以上的苯酚都采用异丙苯法生产。异丙苯氧化制备过氧化氢异丙苯（CHP）是异丙苯法生产苯酚并联产丙酮工艺的关键反应之一。传统的异丙苯氧化工艺是以空气为氧化剂，CHP 为引发剂的自催化反应，由于此过程存在转化率低、选择性低、安全性差等问题，许多学者研究了多种催化体系对异丙苯氧化反应的催化作用。

江南大学研究人员 2008 年采用超滤（UF）膜法制备了 CuO 催化剂，结合富氧膜提供的富氧气为氧化剂研究异丙苯氧化反应。并考察了催化剂用量、反应温度和不同 O_2 含量的富氧气对异丙苯氧化反应的影响。结果表明，在反应温度 90℃下，富氧膜渗透气中 O_2体积含量 28.8%。在 CuO 催化剂用量 0.01g/mL 条件下，反应 10h，过氧化氢异丙苯收率为 28%，符合工业化的要求。在相同条件下，UF 膜法 CuO 比商品 CuO 的催化剂效果提高 50%~60%，膜法富氧气使异丙苯氧化反应效率比空气氧化提高一倍。

四、膜法富氧用于催化裂化装置富氧再生工艺

催化裂化是我国最重要的原油二次加工手段。随着对轻质油品需求的不断增加，重油催化裂化技术获得了长足发展，但同时也不可避免地带来了生焦量增加的问题，这就需要有更大的催化剂烧焦能力。由于多数装置受主风机供风能力、再生器表观线速和旋风分离器入口线速等因素的限制，如果通过提高供风能力来提高装置烧焦能力将会进行多处改造而增加巨大投资。在这种情况下，提高烧焦空气中的氧含量（一般从 21%提高到 26%~30%），利用富氧再生是一个既简洁又经济的选择方案。

炼油厂在催化裂化装置上应用富氧技术具有以下优点：

（1）提高装置的处理能力。富氧再生可以有效地解决主风机能力不足或再生器气体线速限制的问题，从而提高装置的处理能力。如美国东芝加哥炼油厂用 25.5%的富氧进行再生操作，装置的处理能力提高了 15%。Pester 炼厂的 FCCU 在其他方面未作任何改动的情况下，采用富氧再生后处理量由 5×10^6t/a 提高到 6×10^6t/a。

（2）提高装置转化率，改善装置收率。富氧再生时，烧焦强度提高了，使催化剂上的碳含量下降，平衡剂活性和选择性上升，有利于降低焦炭和干气产率，增加轻油收率。

（3）提高装置操作灵活性。富氧再生可以灵活地调整装置加工量，以适应原油供应和成品油市场的变化。

（4）提高渣油掺炼比。由于富氧再生提高了装置的操作苛刻度，在不降低装置加工量的同时可以进一步提高掺渣比。国内燕山石化公司 II 套催化裂化装置将再生空气氧含量提高到 22.4%时，再生器烧焦能力提高了 21.2%，从而使装置处理量基本不变的情况下掺炼减压渣油的比例从 57.1%提高到了 85.1%。

（5）节省新装置建设投资和老装置改扩建工程量。对于新建装置，若考虑富氧再生，可以减小再生器体积、催化剂回收系统及烟气能量回收系统的尺寸，从而节约投资。对于老装置的改扩建，富氧方案投资少，改造停工时间短或不需要停工。

（6）节能降耗、改善环境污染。在相同的加工量情况下，使用富氧再生由于主风量的减少，烟气带走的能量就会减少。在烧焦所需氧气量不变的情况下，空气中氧气含量每增加

1%，理论上烟气量就会降低 4%~5%。另外，富氧能减少 NO_x 和 SO_x 的产生，可降低外排烟气对环境造成的污染。对于加工含高硫原料时，为了使氧化硫尽快转化，最好考虑应用富氧再生工艺。

Linde 公司东芝加哥炼油厂 FCCU 装置采用富氧再生，反应温度由 521℃提高到 532℃，再生密相温度由 725℃增至 740℃。结果转化率由 72.4%提高到 76.2%，汽油产率由 3.53kt/d 增至 3.60kt/d，扣除包括氧气成本在内的各种操作费用后，利润总额增加 8671 美元/d。

燕山石化公司炼油厂 II 套催化裂化装置于 1998 年采用富氧再生工艺，实际生产中氧浓度达 23%~26%，经济效益达 2640 万元/a。

五、富氧制硫酸

富氧制硫酸一般所需要氧含量为 23%~30%，标准状态下流量小于 15000m³/h。采用膜分离装置产生的富氧空气代替普通空气焙烧硫铁矿并实施富氧转化，不仅可使通过装置的气量减少 21%~32%，而且由于氧含量的提高，既缩短了焙烧时间，又强化了转化过程。

六、克劳斯硫回收工艺中的富氧技术

硫化氢是石油天然气加工过程中伴生的有害气体，会引起油、气输送管道和设备的腐蚀并污染环境。脱硫和硫化氢的综合利用是石油天然气开采、储运和加工工业中的一个重要工艺过程。目前，我国从天然气中回收硫元素普遍采用的是克劳斯硫回收技术。

近年来，随着我国天然气西气东输和天然气应用范围的扩大，天然气消耗量日益增加。天然气净化厂副产的酸性气体量也随之增加，从而使许多已建成的硫回收装置面临如何提高处理能力的问题，以纯氧或富氧空气替代空气的富氧技术普遍受到关注。

在传统的克劳斯硫回收工艺中，酸性气体中的硫化氢与空气直接接触发生燃烧，利用空气则意味着通过克劳斯装置的 2/3 的气流是氮气。增加空气中氧浓度或使用纯氧替代空气，可以提高现有克劳斯装置的尾气处理能力，新建装置还可大大降低克劳斯和尾气处理装置的占地空间和基建费用。但是在克劳斯硫回收技术领域中，富氧技术起步较晚。20 世纪 70 年代初，德国的一套硫回收装置曾经使用富氧空气处理贫酸气，但其目的仅仅是为了提高克劳斯燃烧炉的温度。这是由于采用富氧工艺技术增加了进入装置的氧气量，会导致反应炉温度升高，使其在硫回收工艺中的应用受到限制，例如反应炉温度的限制、反应炉耐火材料的限制、废热锅炉效率的限制、硫酸气流比的控制以及氧气阀的密封性和可靠性等。

这些因素均会导致装置发生事故，同时还有氧气供应的费用问题。为此，世界许多公司和研究机构先后开发了多种富氧硫回收技术，如 Cope、Oxyclaus、Sure、No TICE 工艺和 P-Co mbustion 技术（后燃烧技术）等。这些富氧技术采用各种不同的方法克服了富氧燃烧带来的问题，使富氧技术成功地在硫回收装置上实现工业化。

在富氧硫回收技术中，根据富氧空气的氧含量不同，使用的工艺和设备也不同。与此同时增加了富氧设备，也增加了装置的操作费用，因此，选用合适的供氧方式非常重要。

一般液态氧最适合用于小型用户或非连续性用户。对于连续性用氧气户，建议选用非低温供氧法：装置处理能力小于 20~30t/d 采用 PSA 或膜法富氧技术；处理能力较大，达到 100t/d 的装置采用 PSA。对于用氧大户（大于 100t/d），应考虑低温供氧装置。

第三节 膜法富氧助燃集成技术工程应用

膜法富氧助燃集成技术，特别是局部增氧助燃技术目前在国内外成功应用于30多种窑炉，累计给用户节省了数亿元的综合效益。本节主要介绍该技术在焚烧炉、芳烃加热炉、减压加热炉、油田加热炉、注汽炉、油/气混烧炉和煤炉中的典型应用，使用该技术不仅明显节能，而且延长了炉龄并明显减少了CO、CO_2、NO_x、SO_x及粉尘的排放。局部增氧助燃集成技术在石油化工领域的节能减排和节约资源等方面具有广阔的前景。

目前大连化物所研发的局部增氧助燃集成技术已经十分成熟，获得了2010—2011年度中国膜工业协会科学技术奖一等奖和2012年度辽宁省科技进步二等奖，并取得10多个国家授权专利，已被国内外热工专家普遍认可。如林宗虎院士在《自然杂志》上发表的《低碳技术及其应用》中不仅引用了大连化物所开发的典型工艺流程和案例，还认为具有显著的节能减排效果。目前大连化物所开发的有关装置品种齐全，可以配套3000t锅炉以下的各种窑炉，主要有撬装式、集装箱式、现场组合式、户外型、防爆型、手动、半自动、全自动及连锁型，完全能满足石油化工领域的各种需求。

图5.3.1为大庆石化炼油厂130t油/气混烧锅炉触摸屏上显示的膜法富氧助燃系统工艺流程。如高效空气过滤系统中空气过滤棉的更换时间根据现场环境设定，到时自动提示和报警，更换后清零。控制方便简单，可以实现全自动无人化操作。膜法富氧助燃集成技术已经在石油化工领域的焚烧炉、油田加热炉、焚烧炉、芳烃加热炉、减压加热炉、注汽炉、油/气混烧锅炉和链条炉等窑炉中成功实施，均取得了明显的节能减排效果。

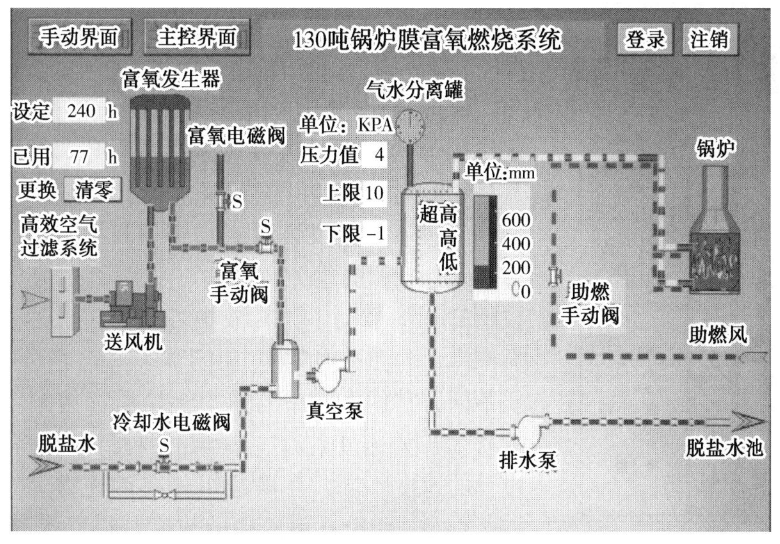

图5.3.1　触摸屏显示膜法富氧助燃系统工艺流

第六章　渗透蒸发和蒸气渗透膜技术的应用

第一节　渗透蒸发技术简介

渗透蒸发，或称渗透汽化（Pervaporation，简称 PV），以及蒸气渗透（Vapour Permeation，简称 VP）是用于液（气）体混合物分离的一种新型膜技术。它是在液体混合物中组分蒸气分压差的推动下，利用组分通过致密膜的溶解和扩散速度的不同实现分离的过程。其突出的优点是能够以低的能耗实现蒸馏、萃取、吸收等传统方法难以完成的分离任务，特别适于蒸馏法难于分离或不能分离的近沸点、恒沸点有机混合物溶液的分离；对有机溶剂及混合溶剂中微量水的脱除、废水中少量有机污染物的分离及水溶液中高价值有机组分的回收具有明显的技术上和经济上的优势。还可以同生物及化学反应耦合，将反应生成物不断脱除，使反应转化率明显提高。渗透蒸发技术在石油化工、医药、食品、环保等工业领域中具有广阔的应用前景及市场，不仅本身具有污染少甚至零污染的优点，还可以从体系中回收污染物。它是目前正处于开发期和发展期的技术，国际膜学术界的专家们称之为 21 世纪化工领域最有前途的高技术之一。

一、分离原理及特点

1. 分离原理

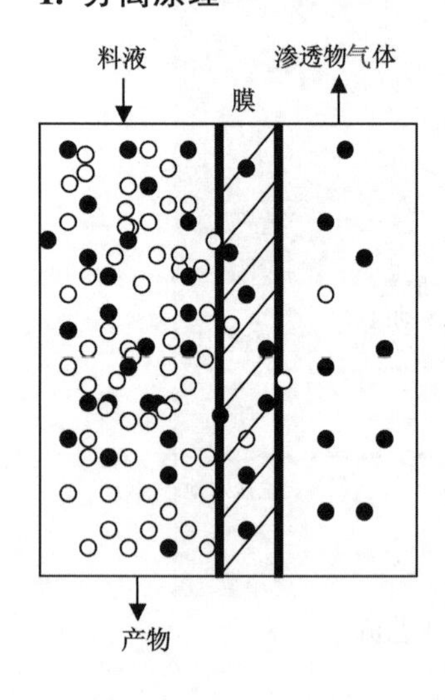

图 6.1.1　渗透蒸发的分离原理示意图

渗透蒸发过程的分离原理如图 6.1.1 所示。具有致密皮层的渗透蒸发膜将料液和渗透物分离为两股独立的物流，料液侧（膜上游侧或膜前侧）一般维持常压，渗透物侧（膜下游侧或膜后侧）则通过抽真空或载气吹扫的方式维持较低的组分分压。在膜两侧组分分压差（化学位梯度）的推动下，料液中各组分扩散通过膜，并在膜后侧汽化为渗透物蒸气。由于料液中各组分的物理化学性质不同，它们在膜中的热力学性质（溶解度）和动力学性质（扩散速度）存在差异，因而料液中各组分渗透通过膜的速度不同，易渗透组分在渗透物蒸气中的比例增加，难渗透组分在料液中的浓度则得以提高。由此可见，渗透蒸发膜分离过程主要是利用料液中各组分和膜之间化学物理作用的不同来实现分离的。渗透蒸发过程中组分有相变发生，相变所需的潜热由原料的显热来提供。

渗透蒸发过程赖以完成传质和分离的推动力是组分在膜两侧的蒸气分压差，组分的蒸气分压差越大，推动力越大，传质和分离所需的膜面积越小，因而在可能的条件下，应最大限度地提高组分在膜两侧的蒸气分压差。这可以通过提高组分在膜上游侧的蒸气分压，或降低组分在膜下游侧的蒸气分压来实现。为提高组分在膜上游侧的蒸气分压，一般采取加热料液的方法。由于液体压力的变化对蒸气压的影响不太敏感，料液侧采用常压操作方式。为降低组分在膜下游侧的蒸气分压，可以采取以下几种方法。

1）冷凝法

在膜后侧放置冷凝器，使部分蒸气凝结为液体，从而达到降低膜下游侧蒸气分压的目的。如果同时在膜的上游侧放置加热器，如图 6.1.2 所示，这种方式也称作“热渗透蒸发”过程，最早是由 Aptel 等人研究提出的。但这种操作方式的缺点是不能有效地保证不凝气从系统中排出，同时蒸气从下游侧膜面到冷凝器表面完全依靠分子的扩散和对流，传递速度很低，从而限制了膜下游侧可达到的最佳真空度，因而这种方法的实际应用意义不大。

2）抽真空法

在膜后侧放置真空泵，将渗透过膜的渗透物蒸气抽出系统，从而达到降低膜下游侧蒸气分压的目的，如图 6.1.3 所示。这种操作方式适用于一些膜后真空度要求比较高，且没有合适的冷源来冷凝渗透物的情况。但由于膜后渗透物的排除完全依靠真空泵来实现，会大幅度增加真空泵的负荷，而且这种操作方式不能回收有价值的渗透物，对以渗透物作为目标产物的情形（如从水溶液中回收香精）不适用。

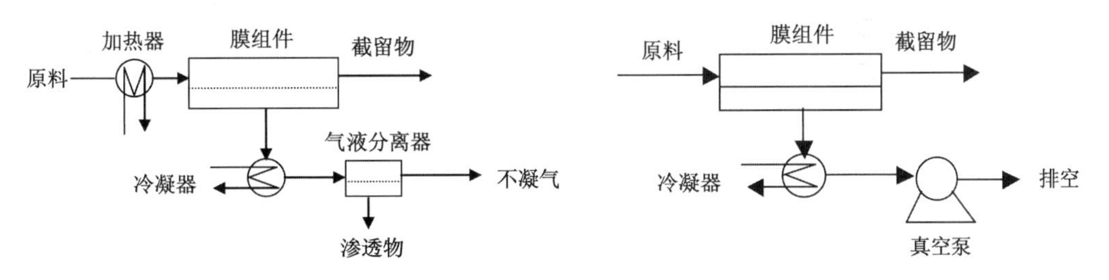

图 6.1.2 “热渗透蒸发”过程示意图　　图 6.1.3 下游侧抽真空的渗透蒸发过程示意图

3）冷凝加抽真空法

在膜后侧同时放置冷凝器和真空泵，使大部分的渗透物凝结成液体而除去，少部分的不凝气通过真空泵排出，如图 6.1.4 所示。同单纯的膜后冷凝法相比，该法可使渗透物蒸气在真空泵作用下，以主体流动的方式通过冷凝器，大大提高了传质速率。同单纯的膜后抽真空的方法相比，该法可以大大降低真空泵的负荷，还可减轻对环境的污染，因而被广泛采用。

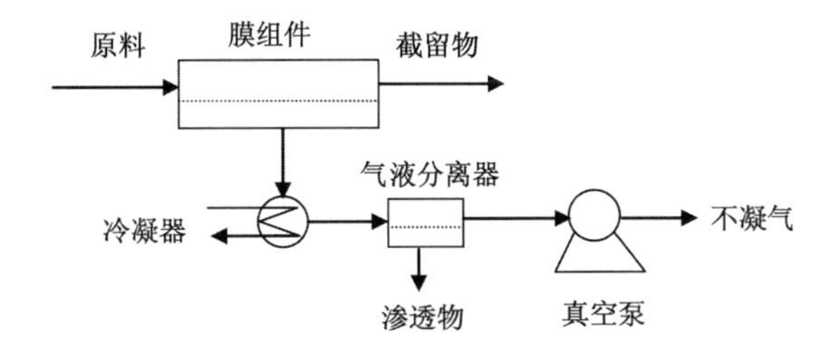

图 6.1.4 下游侧冷凝加抽真空的渗透蒸发过程示意图

4）载气吹扫法

不同于上述几种方法，载气吹扫法一般采用不易凝结、不和渗透物组分反应的惰性气体（如氮气）循环流动于膜后侧。在惰性载气流经膜面时，渗透物蒸气离开膜面而进入主体气流，从而达到降低膜后侧组分蒸气分压的目的。混入渗透气体的载气离开膜组件后，一般也经过冷凝器，将其中的渗透蒸气冷凝成液体而除去，载气则循环使用，如图 6.1.5 所示。在特定情形下也可以考虑采用可凝气为载气，离开膜组件后载气和渗透物蒸气一起冷凝后分离，载气经汽化后循环使用，如图 6.1.6 所示。这种方式在工业上较少采用。

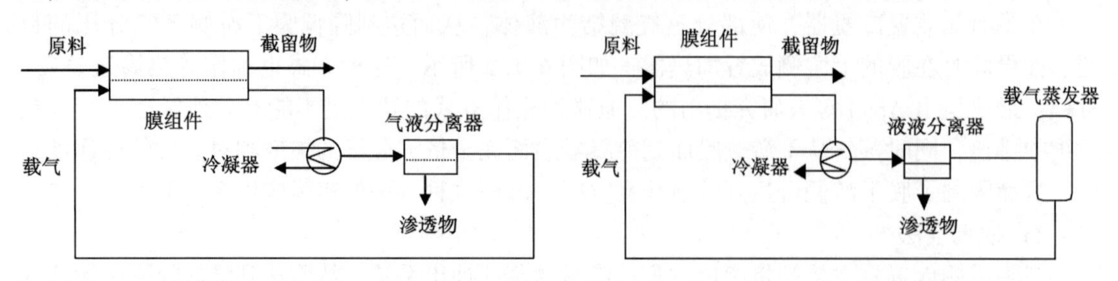

图 6.1.5 下游侧惰性气体吹扫渗透蒸发过程示意图　图 6.1.6 下游侧可凝载气吹扫渗透蒸发过程示意图

5）溶剂吸收法

这种方法类似于膜吸收，在膜后侧使用适当的溶剂，使渗透物组分通过物理溶解或化学反应而除去。吸收了渗透物的溶剂需经过精馏等方法再生后循环使用，如图 6.1.7 所示。这种方法称为吸收渗透蒸发法。与下游侧抽真空或载气吹扫法相比，该方法操作较为复杂，在膜后侧的传质阻力往往较大，因而不常用。

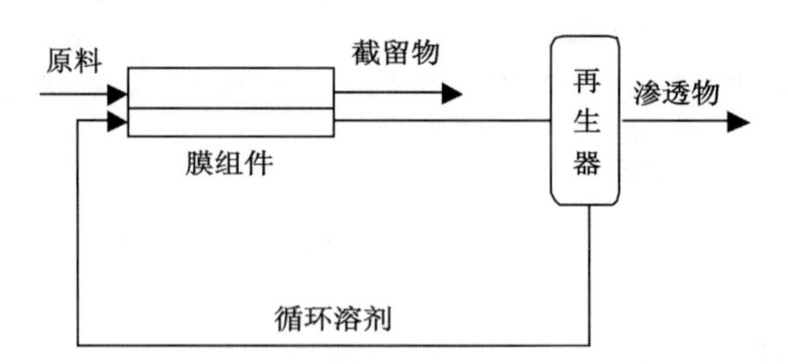

图 6.1.7 下游侧采用溶剂吸收法的渗透蒸发过程示意图

在上述几种渗透蒸发过程中，料液相维持液相，分离过程中渗透物通过吸收料液的显热汽化为蒸气。近年来，一些研究者提出了所谓的“蒸气渗透”过程。在该过程中，原料液经加热蒸发后变为蒸气，然后通过膜进行分离。在膜的下游侧，同样可以利用上述几种方式维持低的组分分压。蒸气渗透过程和渗透蒸发过程的原料相态不同，渗透蒸发过程涉及组分的相变而蒸气渗透过程无相变发生，但其分离原理、过程设计原则基本类似，因而本书将这两种过程一并讨论。有关渗透蒸发和蒸气渗透过程的异同点在随后章节中将做具体比较。

2. 过程特点

与蒸馏等传统的分离技术相比，渗透蒸发过程具有如下的优点：

（1）高效。选择合适的膜，单级就能达到很高的分离度。一般地讲，渗透蒸发过程的分离系数可以达到几百甚至上千，远远高于传统的精馏法所能达到的分离系数，因而所需装置体积小。

渗透蒸发过程的分离原理不再是传统精馏法的气液两相之间的热力学平衡，因而组分的分离可以不受相平衡的限制，能够用于恒沸物或近沸物体系的分离。

（2）能耗低。一般比恒沸精馏法节能 1/2~2/3。

（3）过程简单，附加的处理少，操作方便，而且系统可靠性和稳定性高。

（4）过程中不引入其他试剂，产品和环境不会受到污染。

（5）渗透蒸发系统具有较高的适应性。一套渗透蒸发系统不仅可以用来处理浓度范围很大的同种分离体系，而且可以用来处理多种不同的分离体系。如同一套渗透蒸发脱水系统，可以应用于多种有机溶剂的脱水。另外，同一套系统可以适应不同处理量的料液。

（6）渗透蒸发过程可以维持较低的操作温度，能够用于一些热敏性物质的分离。

（7）便于放大，便于与其他过程耦合和集成。

渗透蒸发过程的通量较小，一般每平方米膜面积每小时渗透物的量小于 20kg，通常在数百克至数千克。因而目前主要适用于从大量体系中分离出少量的渗透物，如有机溶剂中少量水的脱除、废水中少量有机污染物的分离。对于待分离体系中组分浓度相近的情形，还有待于开发高渗透通量的膜，以进一步提高渗透蒸发过程的经济性。

二、国内外技术发展历程

目前，人们普遍认为渗透蒸发（pervaporation）这一概念最早由 Kober 于 1917 年在研究水通过火棉胶器壁从蛋白质—甲苯溶液中选择渗透时提出。其后，Farber 于 1935 年提出了用渗透蒸发过程浓缩蛋白质，Heisler 等于 1956 年完成了渗透蒸发法进行乙醇脱水的实验研究。但直到 20 世纪 50 年代中期的 40 年间，关于渗透蒸发过程的研究始终是零散的，也没有引起人们的广泛重视。

20 世纪 50 年代末期，美国石油公司（Amoco）Binning 等人的研究工作极大地促进了渗透蒸发技术的发展。他们利用纤维素膜和聚乙烯膜对渗透蒸发过程分离碳氢化合物和醇水混合物进行了系统的研究，发表了多篇论文，申请了 10 多项专利，并建立了规模为 $10ft^2$ 膜面积的间歇性渗透蒸发装置。

在 20 世纪 60 年代的 10 年间，渗透蒸发技术的研究取得了较大的进展，合成了多种渗透蒸发膜，并对许多有机水溶液和有机混合物体系进行了研究，但这些研究仍然停留在实验室验证的阶段。

20 世纪 70 年代的世界能源危机促进了渗透蒸发技术的进一步发展和商业化。由于人们对可再生能源和节能分离技术的重新认识和研究，发酵法制备和浓缩能源成为人类可持续发展的迫切需求，人们对渗透蒸发技术的兴趣进一步增加。加之反渗透和气体分离技术等新膜技术的广泛应用、新型膜制备技术的成功和新型膜材料的合成，使渗透蒸发技术的经济、环保竞争力进一步增加。德国的 GFT 公司在 20 世纪 70 年代中期率先开发出优先透水的聚乙烯醇/聚丙烯腈复合膜（GFT 膜），在欧洲完成中试试验后，于 1982 年在巴西建立了乙醇脱水制无水乙醇的小型工业生产装置，成品乙醇生产能力为 1300L/d，从而奠定了渗透蒸发膜技术的工业应用基础，也成为渗透蒸发技术研究和应用过程中的一个里程碑。随后，在 1984 年到 1996 年间，GFT 在世界范围内共建造了 63 个渗透蒸发装置。这些装置的生产能力一般为 1000 ~50000L/d，其中最大的一套生产装置生产无水乙醇的能力达到 4×10^4t/a，于 1988 年在法国的 Betheniville 建成。

20 世纪 90 年代末，GFT 公司被 Sulzer Chemtech 公司并购之后，Sulzer Chemtech 公司继续推进渗透蒸发过程的工业化应用。据统计，到 2005 年，全世界建造了 300 多套 PV 装置。

目前已有400多套工业装置在运行。

蒸气渗透过程的研究发展近20年才起步，第一套工业规模的蒸气渗透装置于1989年9月投入运行。Favre等的统计表明，到1994年共有约38套工业装置在运行，1998年达到了100套，2005年约有260套。膜组件统计数据表明，VP技术的发展和工业应用是极为迅速的。

我国对渗透蒸发和蒸气渗透技术的研究始于20世纪80年代初，主要工作集中在优先透水膜的研制和醇中少量水的脱除。近年来也开展了优先透有机物膜、水中有机物脱除、有机混合物的分离及渗透蒸发与其他过程集成的研究。

在工业化方面，1999—2000年，清华大学和北京燕山石化公司联合进行了渗透蒸发苯脱水及C_6溶剂油脱水中试，并获成功。2001年底，山东蓝景膜技术工程有限公司以清华大学为技术依托，进行渗透蒸发膜产业化开发，在山东省泰安高新技术开发区建成了渗透蒸发复合膜生产基地，能生产10余种牌号的渗透汽化复合膜产品，用于不同有机物体系脱水。2003年6月在广州天赐建立了我国第一套处理量为7000t/a的异丙醇脱水装置，并开始在我国石油化工、制药及相关工业领域推广应用。目前在全国已有80套渗透蒸发工业装置在运行（表6.1.1），其中规模最大的是东北制药总厂的3.2×10^4t/a乙醇脱水装置，为我国工业领域的节能降耗、促进传统工艺的技术提升改造发挥了重要作用。

表6.1.1　山东蓝景膜技术工程有限公司在我国建立的渗透蒸发工业装置

用　　途	地　　区	规模（t/a）	数量（套）
乙醇脱水	广东、江苏、浙江、安徽、四川、山东、河北、陕西、辽宁、北京、天津、重庆、河南、黑龙江、广西、湖南	600~32000	31
异丙醇脱水		300~20000	25
正丙醇、丁醇脱水		3000~10000	5
酯类脱水		500~20000	10
四氢呋喃脱水		1000~15000	4
甲苯脱水		3000~20000	5
总计			80

三、渗透蒸发膜性能评价指标

渗透蒸发过程的主要作用元件是膜，评价渗透蒸发膜的性能主要有两个指标，即膜的渗透通量和选择性。

1. 渗透通量

渗透通量为在单位面积和单位时间内渗透过膜的物质量，其定义式如下：

$$J=\frac{M}{At} \tag{6.1.1}$$

式中　M——透过膜的组分的渗透量，g；

A——膜面积，m^2；

t——操作时间，h；

J——渗透通量，g/（$m^2\cdot h$）。

渗透通量用来表征组分通过膜的渗透速率，其大小决定了为完成一定分离任务所需膜面积（即膜组件）。膜的渗透通量越大，所需膜的面积就越小。

渗透通量受许多因素的影响，包括膜的结构与性质、料液的组成和性质、操作温度、压力和流动状态等。

2. 选择性

膜的选择性表示渗透蒸发膜对不同组分分离效率的高低，一般用分离系数 α 来表示。

$$\alpha = \frac{Y_A/Y_B}{X_A/X_B} \tag{6.1.2}$$

式中 Y_A、Y_B——分别为渗透物中 A 与 B 两种组分的摩尔分数；

X_A、X_B——分别为原料液中 A 与 B 两种组分的摩尔分数。

如果两种组分透过膜的速率相同，Y_A/Y_B 等于 X_A/X_B，分离系数 α 等于 1，即膜对组分 A 和 B 无分离能力。如果组分 A 比 B 更易透过膜，Y_A/Y_B 大于 X_A/X_B，分离系数 α 大于 1。组分 A 比 B 的透过速率越大，则 α 越大。如果 B 基本不能透过膜，则 α 趋于无穷大。显然，膜的分离系数越大，组分分离得越完全。

有时，也用增浓系数 β 来表征膜的分离效率，定义式如下：

$$\beta = \frac{Y_F}{X_F} \tag{6.1.3}$$

式中 Y_F、X_F——分别为易渗透组分在渗透物和料液中的摩尔分数。

增浓系数越大，膜对易渗透组分的选择性越好。增浓系数 β 应用于多组分体系时比较方便。一般情况下，分离系数 α 应用较为普遍。

无论是分离系数还是增浓系数，均受料液性质和操作条件的影响。因此，人们有时也用表征汽—液相平衡的 McCabe-Thiele 图来描述渗透蒸发过程中膜的选择性。图 6.1.8 给出了乙醇/水体系的渗透蒸发分离过程（使用 PVA 优先透水膜）和精馏分离过程的 McCabe-Thiele 图。对渗透蒸发过程，也可以应用类似于精馏中的图解法对过程进行初步设计。

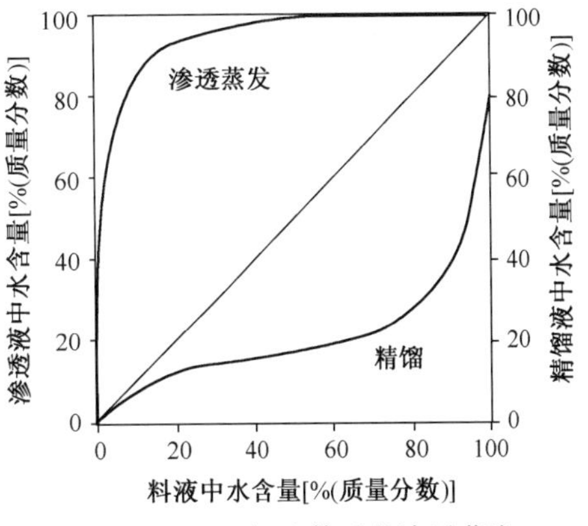

图 6.1.8 乙醇/水体系的渗透蒸发（使用 PVA 优先透水膜）和精馏过程的 McCabe-Thiele 图

渗透通量和分离系数往往是相互矛盾的。分离系数高的膜，渗透通量一般较小。综合考虑这两个因素的影响，Huang 和 Yeom 引入了渗透蒸发分离指数（*PSI*），它定义为分离系数和渗透通量的乘积。

$$PSI = J \times \alpha \tag{6.1.4}$$

这种定义的缺点是不能正确反映当分离系数为 1 时的情况，因为当分离系数为 1 时，*PSI* 也可能很大。为此，Huang 和 Feng 引入修正的渗透蒸发分离指数（*PSI*），定义为：

$$PSI = J \times (\alpha - 1) \tag{6.1.5}$$

3. 膜寿命

膜的寿命一般指在一定的使用条件下，膜能够维持稳定的渗透性和选择性的最长时间。膜的寿命受其化学、机械和热稳定性能的影响。对于工业上可接受的渗透蒸发膜，其寿命要求在1年以上。

第二节　渗透蒸发膜

渗透蒸发膜有多种分类方法。按结构可分为均质膜、非对称膜和复合膜；按基本分离体系可分为优先透水膜、优先透有机物膜和有机物分离膜；按膜材料可分为有机高分子膜、无机膜和有机/无机杂化膜；按膜的形态可分为玻璃态膜、橡胶态膜和离子型聚合物膜。本节将从膜材料分类角度对渗透蒸发膜进行介绍。

一、高分子膜

1. 高分子膜的种类

1）均质膜

渗透蒸发过程所用的均质膜为质地均匀且无物理孔的致密薄膜，厚度一般为几十微米至几百微米，均质膜通常是在空气中自然蒸发凝胶而成的。这类膜的特点是制备简单，性能容易控制，但由于厚度较大，组分通过膜的阻力较大，导致渗透通量较小。因此，这类膜没有实际应用的价值，常被用作实验室研究用膜，用来研究组分在膜中的溶解和扩散特性，或用来比较和初步筛选膜材料。

2）非对称膜

渗透蒸发过程所用的非对称膜由同一种材料制备而成，膜的结构并非均匀一致，而是沿膜的厚度方向由疏松逐渐变为致密，疏松的部分主要起机械支撑的作用，致密的皮层主要起分离作用，致密皮层的厚度为0.1~1.0μm。

常用的制备非对称膜的方法为相转化法。其中用于制备具有致密皮层非对称膜的方法为蒸发凝胶法。

非对称膜的分离性能主要取决于致密分离层，通常致密分离层越薄，通量越大，因而膜的研究致力于减小致密分离层的厚度。致密分离层厚度的减小一般都伴随着缺陷产生可能性的增加，从而劣化膜的选择性。制备非对称膜的材料既要有良好的分离性能，又要有优良的成膜性能，但目前能同时满足这两个要求的膜材料非常少见，从而限制了非对称渗透蒸发膜的研究和应用。

3）复合膜

渗透蒸发复合膜的特点是在多孔的基膜（支撑层）上覆盖一层致密的分离层，支撑层和分离层可以使用不同的材料。复合膜的基膜一般为非对称的超滤膜，主要起机械支撑的作用，厚度为10~100μm，基膜一般制备在厚度约100μm的无纺布上（如聚酯无纺布）。致密分离层的厚度一般为0.1μm至几个微米，分离层越薄，渗透通量越大。复合膜的电镜照片如图6.2.1所示。

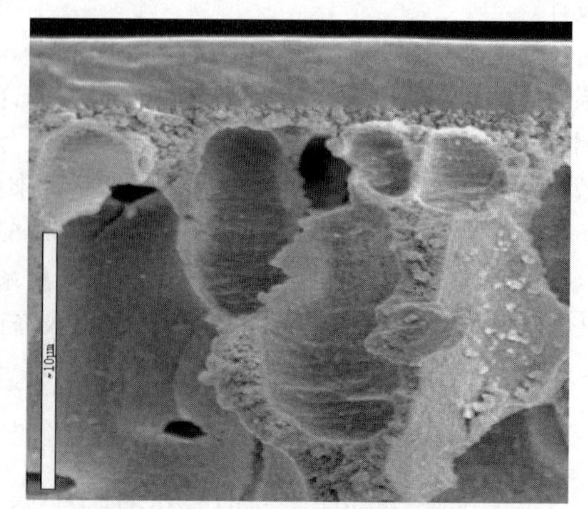

图6.2.1　渗透蒸发复合膜电镜照片

由于复合膜的基膜和分离层采用不同的材料制备而成，从而大大地增加了渗透蒸发膜的选择范围和适应性。目前，工业上所用的渗透蒸发膜主要为复合膜。

2. 复合膜的制备方法

1）层压结合法

这种方法的操作过程类似于日常生活中在绘画上裱上一层塑料薄膜的过程。做法是先分别制备支撑层和分离层，然后在外力的作用下将两者叠合在一起。层压结合法适用于基膜和分离层不相容的情形，而且可以很好地控制分离层的厚度，这一点对实验室研究膜的传递机理比较有用。缺点是分离层的厚度不能太薄，而且在压合过程中基膜和分离层必须紧密结合在一起，它们之间的任何间隙都将劣化渗透蒸发的分离选择性，因而这种方法在工业上的使用并不广泛。

2）涂布法

涂布法的基本做法是先将致密分离层的膜材料溶解于合适的溶剂中，配制成一定浓度的膜液，然后用涂布、浸渍或喷涂等方法将膜液均匀地涂布在基膜上，经干燥、交联、淋洗、烘干等后处理制备而成。涂布过程是复合膜制备过程的关键步骤之一，要求涂布而成的分离层薄而均匀、无孔致密、与支撑层结合牢固。

3）表面聚合法

表面聚合法就是将单体直接涂在基膜表面，就地进行聚合，形成致密分离层，使单体的聚合反应和复合膜的制备同步进行。一般情况下，表面聚合法制备的分离层，也需要进行后处理，以提高分离层的机械或分离性能。

4）表面反应法

表面反应法是通过合适的化学反应将分离层活性材料结合到基膜表面。通常，基膜要先进行一定的化学处理以使其表面产生一定的活性基团，然后将活化处理后的基膜与含有分离层活性材料的试剂进行接触，使其发生化学反应而将分离层活性材料结合到基膜表面。

5）辐照接枝法

辐照接枝法是通过紫外线或γ射线对基膜表面进行活化处理，从而在基膜表面产生一定的活性基团，然后将基膜与含有分离层活性材料的试剂进行接触，使其发生化学反应而在基膜表面形成活性分离层。由此可见，辐照接枝法实际上也是表面反应法一类，所不同的是辐照接枝法是通过辐照技术在基膜表面产生活性基团。

6）蒸气气相沉积法

蒸气气相沉积法制备复合膜是化学气相沉积法（CVD）在膜领域的典型应用。它的具体步骤为，在高真空条件下使单体蒸发，然后沉积到基膜表面，最后通过单体间的聚合反应而在基膜表面形成分离层。这种方法的优点是可以制备出很薄的分离层，而且通过改变操作条件和单体组成可以灵活地改变分离层的性能。实际上，这种方法也可归为表面反应法一类，所不同的是通过蒸气气相沉积的方法将聚合物单体涂覆到基膜表面。

7）等离子体聚合法

等离子体聚合法是采用等离子体技术，在高真空条件下，通过气体放电而产生的等离子体对单体蒸气和基膜表面进行处理，从而在基膜表面形成活性分离层。通过改变操作条件，等离子体聚合法可以制备出不同性能的渗透蒸发复合膜。而且等离子体聚合法除适用于含不饱和键的聚合物单体外，也能应用于含饱和键的有机化合物。近年来，一种称为等离子体接枝填充聚合技术也被用于制备渗透蒸发复合膜。该方法使用对料液具有惰性的多孔支撑层，在等离子体的作用下聚合物单体接枝到支撑层孔中。由于多孔支撑层的惰性可以限制分离膜的溶胀，从而使膜具有更好的稳定性和分离性能。这种方法制备的膜对于有机物体系的分离和从水中脱除有机物比较适用。尽管人们对等离子体聚合技术的研究已经有 30 多年的历史，但目前用这种技术制备的渗透蒸发膜还只用于中试试验中，这主要是因为这种技术用于大规模的工业膜制备仍然存在一些技术困难，另外膜性能的重复性也需要进一步改进。

3. 膜材料及膜的分离特性

从应用角度讲，渗透蒸发膜分为优先透水膜、优先透有机物膜和有机物/有机物分离膜。值得注意的是，这里所指的膜都是对活性分离层而言，不涉及基膜的性质。下面分别介绍这 3 类膜的材料及相关的膜分离性能。

1）优先透水膜

优先透水膜要求其活性分离层含有一定的亲水性基团，可以与水发生氢键作用、离子—耦极作用或耦极—耦极作用，从而具有一定的亲水性。一般地讲，优先透水膜大都处于玻璃态或为离子型聚合物。从膜材料角度可以分为以下几类。

（1）含亲水基团的非离子型聚合物膜。

这种膜的活性分离层材料为含有羟基（-OH）、酰胺基（-NHCO-）、醚基（-O-）、羰基（-CO-）等亲水基团的非离子型聚合物，例如聚乙烯醇（PVA）、聚羟基甲撑（PHM）、交联聚甲基丙烯酸酯等。

以聚乙烯醇为分离层而制备的渗透蒸发膜是世界上第一张商品膜（GFT 膜），目前仍然广泛用于有机溶剂的脱水。聚乙烯醇是聚醋酸乙烯的水解产物，其分子链上含有大量的羟基，羟基在大分子上主要处于 1、3 位置，也有少量处于 1、2 位置。聚乙烯醇具有良好的水溶性、成膜性、黏接力和乳化性，有卓越的耐油脂和耐溶剂性，因而是一种优良的渗透蒸发透水膜材料。但聚乙烯醇作为水溶性高分子，存在耐水、耐热、耐溶剂性差及蠕变较大等缺点。为了克服上述缺点，提高聚乙烯醇渗透汽化膜的耐水性，增加膜的寿命，需对聚乙烯醇膜进行后处理，解决其溶于水的问题。对聚乙烯醇进行化学交联处理是一种有效的方法。化学交联可以采用缩醛化反应、酯化反应、辐射等方法对聚乙烯醇膜进行处理。商品化的乙醇脱水复合膜就采用经马来酸交联的聚乙烯醇为活性分离层。

马来酸对聚乙烯醇膜进行交联时，发生了分子间脱水而交联。聚乙烯醇非结晶区的部分羟基与羧基发生如下的（主要）反应。

$$2\left[\mathrm{CH_2{-}\underset{\mathrm{OH}}{\underset{|}{CH}}{-}CH_2{-}\underset{\mathrm{OH}}{\underset{|}{CH}}}\right]_n+\mathrm{HO\underset{\mathrm{O}}{\underset{\|}{C}}{-}CH{=}CH{-}\underset{\mathrm{O}}{\underset{\|}{C}}OH}\xrightarrow{\mathrm{H^+}}\begin{array}{c}\left[\mathrm{CH_2{-}CH{-}CH_2{-}CH}\right]_n\\ |\\ \mathrm{O}\\ |\\ \mathrm{O{=}C{-}CH{=}CH{-}C{=}O}\\ |\\ \mathrm{O}\\ |\\ \left[\mathrm{CH_2{-}CH{-}CH_2{-}CH}\right]_n\end{array}+2\mathrm{H_2O}$$

20世纪80年代初期，德国GFT公司率先开发成功GFT商品膜，其性能见表6.2.1。

表6.2.1　GFT膜性能一览表

型　　号	1000	1001	1510	1005	2302
主要用途	有机溶液脱水	有机溶液脱水（高水分）	异丙醇脱水	有机酸脱水	胺系有机溶液脱水
膜材料	PVA	PVA	PVA	PVA	PVA
可处理料液中水含量［%（质量分数）］	≤15	≤50	≤20	≤20	
最高使用温度（℃）	100	100	100	100	100
进料浓度［%（质量分数）］	95（乙醇）	90（乙醇）	90（异丙醇）	80（乙酸）	
操作温度（℃）	80	80	80	80	
渗透通量［kg/（m^2·h）］	0.225	0.350	0.700	0.500	
透过液浓度（%）	<5（乙醇）	<3（乙醇）	<5（异丙醇）	≤1（乙酸）	

此外，在实验室中还研究了其他几种不同的交联剂。李福绵等人通过缩醛化，在聚乙烯醇主链上引入了吡啶基和芳叔胺基官能团，这些材料都表现了很强的亲水性。

张可达等人研究了以草酸、柠檬酸、偏苯三酸酐、邻苯二酸酐及1，6-己二酸为交联剂的交联聚乙烯醇膜。渗透蒸发的实验结果表明，交联剂的结构对渗透蒸发膜的性能有很大的影响。当使用同样当量剂量的交联剂时，交联剂的官能团越大，膜的分离系数越大，而通量越小。交联剂分子中芳香基的存在将导致渗透通量的增大和分离系数的减小。

（2）含亲水基团的离子型聚合物膜。

这类膜的分离层由含有亲水基团的离子型聚合物膜材料制备而成。根据亲水离子基团的电荷种类不同，又可分为阳离子型聚合物、阴离子型聚合物和阴阳离子复合聚合物。

典型的阳离子型聚合物如壳聚糖、聚丙烯基铵氯化物和聚乙烯醇改性聚阳离子等。

典型的阴离子型聚合物如含$-SO_3H$基团的磺化聚乙烯、含$-COO^-$基的羧甲基纤维素（CMC）、藻朊酸及聚乙烯醇改性聚阴离子等。

阴阳离子复合物是在一定的条件下，由电荷相反的两种高分子离子通过相互作用而形成的聚电解质复合物（Polyelectrolyte complex，简称PEC），或称聚离子复合物（Polyion complex，简称PIC）。聚电解质复合物不仅可以由两种电荷相反的高分子离子形成，还可以由一种高分子离子和离子型表面活性剂、聚磷酸盐、聚硅酸盐等形成。聚电解质复合物的作用力主要是相反电荷基团间的库仑力，另外还有亲疏水性引起的相互作用力、氢键和范德华力。在一定条件下将具有相反电荷的聚电解质水溶液混合可能会产生PIC的沉淀。

阴阳离子聚合物膜的种类有：以壳聚糖为一种配对离子的阴阳离子复合物膜，基于聚乙烯醇的阴阳离子复合物膜，以聚丙烯酸为一种配对离子的阴阳离子复合物膜。

各种基于聚丙烯酸的聚电解质复合物膜对乙醇水的分离性能见表6.2.2。

表 6.2.2 聚丙烯酸型聚电解质复合物膜的乙醇水分离性能

对立离子	进料中乙醇的含量［%（质量分数）］	进料温度（℃）	分离系数 α	通量 J［g/（m^2·h）］
聚烯丙基胺	95	70	750	510
PCA-101	95	70	1710	790
PCA-107	95	70	1940	820
PAL-2	95	70	830	340
PCQ-1	95	70	380	220
聚乙烯亚胺	95	70	220	830
壳聚糖	95	70	547	70
	70	40	387	407

（3）亲水改性膜。

采用共聚、共混和接枝等技术，在疏水材料中引入亲水基团，也可以得到优先透水膜。其中等离子体接枝或辐射接枝技术一般适用于聚四氟乙烯或聚偏氟乙烯等化学性质较稳定的高聚物。

2）优先透有机物膜

优先透有机物膜的材料通常选用极性低、表面能小和溶度参数小的聚合物，如聚乙烯、聚丙烯、有机硅聚合物、含氟聚合物、纤维素衍生物和聚苯醚等。这些聚合物一般处于橡胶态，但也有少数玻璃态聚合物，如聚乙炔衍生物，呈现出优先透有机物性质。

（1）有机硅聚合物。

有机硅聚合物具有很好的憎水、耐热性能和很高的机械强度及化学稳定性，对醇类、酯类、酚类、酮类、卤代烃类、芳香族烃类、吡啶等有机物都有很好的吸附性。选用的有机硅聚合物除最常用的聚二甲基硅氧烷（PDMS）外，还有聚三甲基硅丙炔（PTMSP）、聚乙烯基二甲基硅烷（PVDMS）、聚乙烯基三甲基硅烷（PVTMS）、聚甲基丙烯酸三甲基硅烷甲酯（PTSMMA）、聚六甲基二硅氧烷（PHMDSO）等。以 PDMS 为例，它对多种有机物都显示出一定的优先透过性，见表 6.2.3，但 PDMS 膜对所有醇类的分离系数都小于 100。

表 6.2.3 PDMS 膜对水中一些有机物的分离特性

有机物	膜厚（μm）	料液中有机物浓度［%（质量分数）］	料液温度（℃）	膜后压力（Pa）	分离系数 α	渗透通量 J［g/（m^2·h）］
乙醇	100	5~5.5	22.5	100	7.6	24
乙醇	100	8	30	70	10.8	25
乙醇	1	5	30		7.4	350
1-丙醇	100	5.5	22~25		19.1	22.5
2-丙醇	100	5.5	22~25		9.5	21.2
1-丁醇	180	1	30	100	72	87
1-丁醇	180	6.0	30	100	82	170
二噁烷	180	10	25		43.6	152
氯仿	125	200mg/L	22	400	500	33
	125	1000mg/L	22	400	1400	52
	1	700mg/L	30		200	500

Chen 等制备了 PDMS 复合膜，在乙醇发酵渗透蒸发耦合分离系统中考察了 PDMS 膜的稳定性。童灿灿等以正己烷为溶剂、以正硅酸乙酯为交联剂制备了 PDMS/PVDF 复合膜，用于丙酮—丁醇发酵液的分离，对丙酮和丁醇的分离系数分别达到 19.1 和 22.2。Zhou 等利用乙烯基三甲氧基硅烷处理 silicate-1 分子筛表面，获得了分离性能较高的渗透蒸发复合膜，在 50℃时，对丁醇/水的分离系数大于 160，效果明显。

（2）含氟聚合物。

含氟聚合物也是一种得到广泛研究的优先透有机物膜材料。典型的含氟聚合物有聚四氟乙烯（PTFE）和聚偏氟乙烯（PVDF），此外还有聚六氟丙烯（PHEP）、聚磺化氟乙烯基醚与聚四氟乙烯共聚物（Nafion），聚四氟乙烯和聚六氟丙烯的等离子体共聚物等。这些材料的化学性质稳定，耐热性好，疏水性强，抗污染性好，但除 PVDF 外难溶于一般的溶剂，通常采用融熔挤压法或在聚合其间直接成膜。

（3）纤维素衍生物。

通过酯化、醚化、接枝、共聚和交联等方式对纤维素类高聚物材料进行处理，调节其高分子链段中亲憎水功能团的比例，也可以制备得到优先透有机物的渗透蒸发膜。

3）有机混合物分离膜

与有机物脱水或从水中脱除有机物不同，有机物/有机物体系分离膜的研究和开发十分复杂和困难，因为其涉及的体系非常多，体系之间的性质差异也非常大。在膜材料的选择方面，没有像有机物脱水或从水中脱除有机物这两种过程那样有规可循，即有机物脱水可以选择亲水膜，从水中脱除有机物可以选择亲有机物膜，而有机物/有机物分离膜的材料必须针对单个的体系进行选择和设计。根据极性差异，有机混合物体系可以分为极性/非极性混合物，极性/极性混合物和非极性/非极性混合物。对于第一类极性/非极性混合物，可以根据其极性差异来选择和设计膜材料，对于第二类和第三类混合物，必须针对混合物组分的分子大小、形状、化学结构的差异选择和设计膜材料。下面就有机物/有机物分离体系及膜材料的研究情况进行介绍。

（1）醇/醚分离膜。

醇/醚分离具有典型意义的例子是甲醇/甲基叔丁基醚（MTBE）的分离和乙醇/乙基叔丁基醚（BTBE）的分离。已经研究的膜材料包括醋酸纤维素、聚酰亚胺、Naifon、聚苯醚和聚吡咯等，这些膜材料分离甲醇/甲基叔丁基醚的实验结果见表 6.2.4。研究表明，聚酰亚胺是一种比较好的膜材料，其对甲醇/甲基叔丁基醚的分离不仅具有较好的分离系数，而且具有较高的通量。

表 6.2.4 一些膜材料分离甲醇/甲基叔丁基醚的典型实验结果

膜材料	料液中甲醇含量［%（质量分数）］	操作温度（℃）	分离系数 α	渗透通量 J ［$g/(m^2 \cdot h)$］
Naifon-117	3.2~5.3	室温	25	53.3
Naifon-417	3.2~5.3	室温	25	189.5
		50	35	637.2
聚酰亚胺	4.1	60	1400	600
聚吡咯	5~20	50	62~100	35~125
聚苯乙烯磺酸/Al_2O_3	5~14.3	25	1200~3500	1.1~63

（2）芳烃/烷烃分离膜。

典型的芳烃/烷烃分离体系有苯/环己烷和甲苯/正辛烷或异辛烷的分离。用于分离苯/环己烷的膜材料有：聚乙烯醇/聚烯丙胺共混物、聚乙烯醇/聚烯丙胺 Co 螯合物、聚丙烯酸甲酯接枝聚乙烯和聚γ-甲基-L 谷氨酸酯等。

用于分离甲苯/环己烷的膜材料有：聚乙烯醇/聚丙烯酰胺、聚乙烯、聚膦酸/醋酸纤维素和液晶聚合物等。

用于分离甲苯/辛烷的膜材料有：聚酯、聚氨酯和聚酰亚胺/聚酯共聚物等。

（3）芳烃/醇类分离膜。

芳烃/醇类分离的典型体系有苯、甲苯与甲醇、乙醇混合液。由于醇类具有较高的极性而芳烃的极性较小，这类体系的分离属于极性/非极性溶剂的分离，可以利用组分极性和分子大小的差异选择和设计膜材料。已经研究过的膜材料包括全氟磺酸、PPO 和聚吡咯等。

（4）同分异构体分离膜。

相对于上述的分离体系，同分异构体的分离更为困难，因为同分异构体，如二甲苯同分异构体和丁醇同分异构体，各异构体之间的性能差异很小，因而要求分离膜具有很高的分离特异性。目前所开发的膜，例如聚丙烯酸/环糊精膜、聚乙烯醇/环糊精膜等，分离系数及通量还很小，距离实际应用较远。

二、无机膜

无机膜具有优良的分离性能和化学稳定性，可以在高温条件下使用，有非常广阔的应用前景，近 10 年来无机渗透蒸发膜已成为膜技术领域研究开发重点之一。按材料分，无机膜可分为陶瓷膜、合金膜、高分子金属配合物膜、分子筛膜、玻璃膜等；按结构分，无机膜可以分为两类，即非支撑型膜和支撑型膜，其中支撑型无机膜的研究更为广泛和深入。

1. 无机膜的制备方法

1）非支撑型无机膜

非支撑型膜也称作自支撑型膜，可以通过传统的湿法（“就地”水热合成反应）、分子筛纳米颗粒浇铸成型或固体相态转化等方法制备而成。

（1）“就地”水热合成法。

在“就地”水热合成过程中，分子筛膜一般先在聚四氟乙烯、纤维素或聚乙烯等支撑体上制备，然后通过拆装或焚烧的方法将这些支撑体除去。利用这种方法，目前已经成功地制备出硅酸盐（Silicalite）、ZSM-5、SAPO 和 L 型分子筛非支撑膜。这种膜一般由随机且疏松排列的不规则晶体组成，因而具有较大的脆性，同时膜中存在许多孔缺陷，从而影响了其分离性能。

（2）分子筛纳米颗粒浇铸成型法。

将分子筛溶胶置于一个支撑平面上，如用蜡处理过的皮氏培养皿中，缓慢将水蒸发后，将膜从培养皿表面剥离即可得到非支撑型无机膜。这种膜没有微米级的缺陷，可以作为纳米颗粒第二次浇铸成型的支撑底膜，缺点是脆性较大。

（3）固体相态转化法。

将硅土或硅土/氧化铝凝胶和某种分层化合物混合后，添加有机胺，然后在封闭条件下加热处理，使其转化为分子筛无机膜。用这种方法已经成功地制备出了硅酸盐（Silicalite）、ZSM-5 和 ZSM-11 分子筛非支撑型无机膜。这种膜存在微米级的缺陷，但由于膜比较厚，有比较高的机械强度，可以用于分离和催化反应过程。

2）支撑型无机膜

支撑型无机膜类似于高聚物复合膜，是将分离层材料结合在支撑体的表面而成的。支撑体提供机械支撑作用，薄的分离层起分离作用。类似于高聚物复合膜，支撑型无机膜的材料选择范围更加广泛，研究也更为深入。支撑型无机膜的制备方法有：传统的液相“就地”水热合成反应、气相合成反应（干凝胶转化）、二次生长（secondary growth）、分子筛纳米颗粒浇铸成型或这些方法的集成等。

（1）“就地”水热合成法。

先用黏土和纤维素通过挤压成型制备出蜂窝状支撑体模板，然后将其放入炉中，在温度为 1650℃下加热处理后，支撑体模板转化为含多铝红柱石和硅石玻璃的烧结体。将烧结体置于含有机模板（template）的热碱性溶液中，硅石溶解于溶液中，剩余的多铝红柱石将形成多孔状结构，与此同时，硅石将转化为 ZSM-5 晶型并沉积于多铝红柱石的蜂窝状支撑体模板表面。这种分子筛膜的分离层和支撑体结合非常牢固，即使在 900℃下使用 60h 也没有裂缝或针孔产生。

（2）二次生长合成法。

二次生长合成法是将分子筛纳米颗粒涂层或接种到支撑体上，然后用通常的水热合成反应生长成为连续的薄膜。涂层或接种分子筛纳米颗粒的方法包括简单的涂覆或吸附，用表面活性剂处理支撑体表面后再吸附，或脉冲激光消融法等。

（3）微波技术和上述技术的集成方法。

利用微波技术和上述技术的集成过程来制备无机支撑膜是近年来比较热门的研究课题之一。在水热合成法制备以硅酸盐（silicalite-1）结晶为分离层、硅为支撑体的无机膜时，微波加热可以得到具有取向性的无机膜。在微波的作用下在阳极电镀处理过的多孔型/氧化铝支撑体表面，可以得到在垂直方向排列整齐的 $AlPO_4$-5 和 SAPO-5 无机膜。微波处理的主要作用就是保持结晶形成过程的方向性，同时缩短结晶时间，进而控制膜的性能。

2. 无机膜材料及膜的分离特性

适合作为渗透蒸发膜分离层的无机材料主要是无机微孔晶体材料，即沸石分子筛。该膜材料是具有四面体骨架结构的硅铝酸盐，具有规则的孔道结构，较大的比表面和较强的吸附性。沸石分子筛膜的厚度为几微米或十几微米，具有规整均一、分子水平大小可控可调的孔结构，有良好的热稳定性，其分离选择性优于有机物膜。

目前研究比较多的渗透蒸发膜材料主要有亲水性的 NaA、NaY、NaX 及 T 型，可作为有机溶剂脱水膜，表 6.2.5 为部分分子筛脱水膜的分离性能实验结果。

表 6.2.5 沸石分子筛膜进行醇水溶液脱水的渗透蒸发实验结果

膜材料	分离体系	料液中水浓度 [%（质量分数）]	料液温度（℃）	渗透通量 [kg/（m^2·h）]	分离系数 α
NaA	异丙醇/水	5	70~80	1.16~1.67	4700~10000
NaA	乙醇/水	10	75~125	3.80~5.60	3600~5000

续表

膜材料	分离体系	料液中水浓度[%（质量分数）]	料液温度（℃）	渗透通量[kg/（m^2·h）]	分离系数 α
NaA	异丙醇/水	5	70	1.44	10000
Silica 硅石、二氧化硅	乙醇/水	10	80	1.00	800
Silica	异丙醇/水	5	70	2.00	1000
Silica	正丁醇/水	5	80	2.90	1200
Mordenite 丝光沸石	乙醇/水	10	50	0.16	139

在亲水沸石分子筛膜中，NaA 分子筛膜因其具有优良的对醇水溶液的分离选择性，已被开发成工业上实用化的技术，目前有商品膜出售。

三、有机—无机杂化膜

大部分传统的膜材料是有机聚合物，这些材料在高温、高压和有机溶剂中的稳定性较差。单纯的无机材料具有良好的耐温、耐溶剂性能，但是无机膜成本高且大面积制备相当困难，因而限制了其广泛应用。因此，制备有机—无机杂化膜以兼顾两者的优点，是当前渗透蒸膜的研究热点，但目前还处于实验室研究阶段。

有机—无机杂化膜包括 3 种基本类型：无机主链、有机基团通过共价键或螯合键连接在无机主链上；有机分子分散在无机主链中；有机交联单元固定在无机主链上，如图 6.2.2 所示。第一种类型可以看作是无机、有机间在原子尺度上的复合，杂聚硅氧烷属于这一类型；后两类是在无机分子和有机大分子基础上形成的，一般称为有机—无机纳米复合材料。无机和有机单元间连接的化学性质，对于整个体系的结构和性能有很大的影响。

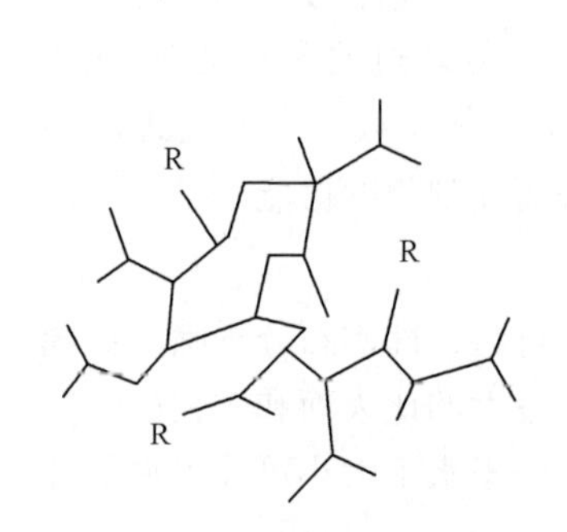

(a) 有机基团修饰无机骨架

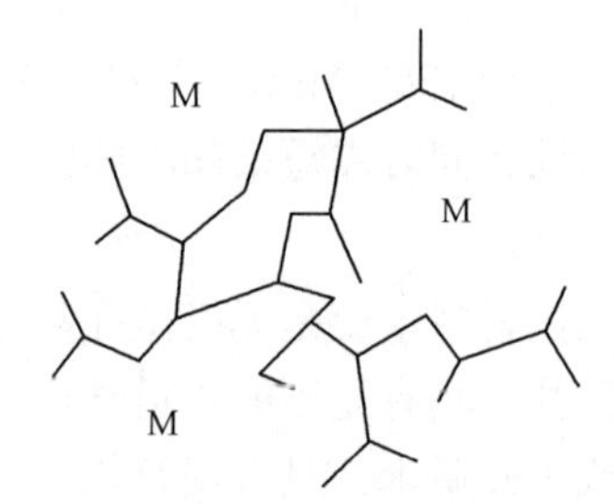

(b) 有机分子分散在无机网络中

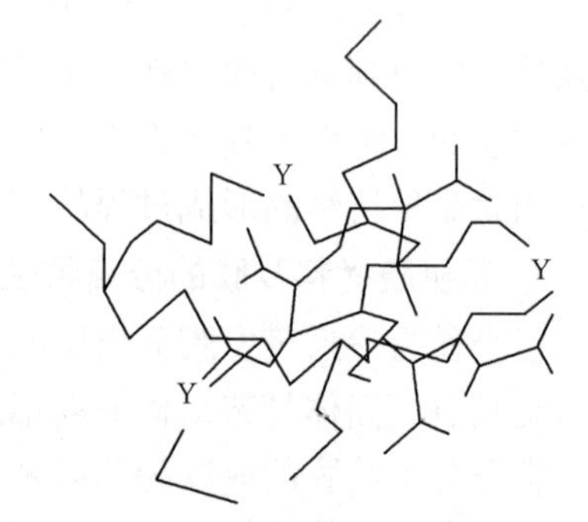

(c) 具有互穿网络的有机—无机复合物

图 6.2.2　三种有机—无机杂化膜的结构

R—有机或有机官能团，如烷基、芳香基、酸、碱等；M—染料、酸、碱、合成物等；
Y—无机分子和有机主链间的化学链接，如螯合键或共价键

有机—无机复杂化膜的制造方法通常采用溶胶—凝胶法，类似于有机高聚物膜，可以制备均质膜和复合膜。

已经研究过有机—无机杂化膜材料如下。

1. 杂聚硅氧烷

杂聚硅氧烷为含有—Si—O—Si—骨架、具有硅氧烷性质并由含硅键的有机官能团或成网络元素（如 Al 或 Ti）修饰的一种化合物。

杂聚硅氧烷膜材料具有溶解性小、在有机溶剂中难溶胀以及耐高温的优点，可以通过控制反应条件和配比调节杂聚硅氧烷的结构，有可能用于高温膜过程。在材料中引入特殊的有机官能团，也有可能用于一些特殊的分离过程。

2. 聚乙烯醇/二氧化硅共混膜

该膜具有优良的机械性能和稳定性。通过溶胶—凝胶（Sol-Gel）法，将这两种材料有效地结合在一起，就有可能得到新型的有机/无机复合材料。

3. 沸石或硅酸盐填充 PDMS 膜

为了提高 PDMS 膜对醇的选择性，可以在膜中加入沸石或硅酸盐等优先吸附醇的填充物。

近年来用碳纳米管填充 PDMS 膜也有报道。

四、国内外渗透蒸发商品膜产品简介

1. 优先透水商品膜

尽管世界范围内对优先透水膜已经进行了广泛的研究，但到目前为止，能提供工业应用的优先透水膜的厂商仍比较少。世界上主要的优先透水膜及生产商见表 6.2.6。

表 6.2.6 优先透水商品膜产品

膜商品名	提供商	膜特征	用途
PERVAP 2200	Sulzer Chemtech	交联的 PVA/PAN 复合膜	
PERVAP 2201	Sulzer Chemtech	交联的 PVA/PAN 复合膜	选择性增加，通量下降
PERVAP 2202	Sulzer Chemtech	交联的 PVA/PAN 复合膜	酯类脱水
PERVAP 2205	Sulzer Chemtech	交联的 PVA/PAN 复合膜	酸类脱水
PERVAP 2210	Sulzer Chemtech	交联的 PVA/PAN 复合膜	醇类深度脱水
PERVAP 2510	Sulzer Chemtech	交联的 PVA/PAN 复合膜	异丙醇脱水
GKSS Simplex	GKSS	聚电解质/PAN 复合膜	
MPV0702	山东蓝景膜技术工程有限公司	改性 PVA/PAN 复合膜	无水乙醇的生产
MPV9803	山东蓝景膜技术工程有限公司	改性 PVA/PAN 复合膜	苯、甲苯、己烷、环己烷、甲乙酮、碳六油等溶剂中微量水脱除
MPV9804	山东蓝景膜技术工程有限公司	改性 PVA/PAN 复合膜	有机硅环体、一氯甲烷等有机溶剂微量水脱除
MPV0301	山东蓝景膜技术工程有限公司	改性 PVA/PAN 复合膜	酮类、醚类、酯类、乙二醇等溶液脱水
MPV0605 MPV0901	山东蓝景膜技术工程有限公司	改性 PVA/PAN 复合膜	含水 10%（质量分数）左右的乙醇、异丙醇等溶液脱水
MPV0302	山东蓝景膜技术工程有限公司	改性 PVA/PAN 复合膜	异丙醇脱水
MPV0303	山东蓝景膜技术工程有限公司	改性 PVA/PPES 复合膜	特殊醇脱水
MPV0902 MPV0803	山东蓝景膜技术工程有限公司	改性 PVA/PAN 复合膜	含水超过 15%（质量分数）的醇脱水

2. 优先透有机物商品膜

优先透有机物膜的研究开发已经有几十年的历史，已实现工业化的应用。为了提高膜产品的竞争力，优先透有机物膜的分离系数和通量还有待于进一步提高。世界上生产优先透有机物商品膜的公司见表6.2.7。

表6.2.7 目前世界上生产优先透有机物膜的公司

膜商品名	生产商	膜特征	用途
PERVAP 1060	Sulzer Chemtech	交联的PDMS/PAN复合膜	
MTR 100	Membrane Technology and Research Inc.	交联的PDMS/多孔支撑层复合膜	
MTR 200	Membrane Technology and Research Inc.	交联的EPDM-PDMS/多孔支撑层复合膜，分离层由两层构成	
GKSS PEBA	GKSS	PEBA/多孔支撑层复合膜	用于脱除酚类
GKSS PDMS	GKSS	交联的PDMS/多孔支撑层复合膜	
GKSS PMOS	GKSS	交联的PMOS/多孔支撑层复合膜	
MPV1301	山东蓝景膜技术工程有限公司	新型改性PDMS/PVDF复合膜	水中去除丁醇、丙酮、异丙醇

3. 有机混合物分离商品膜

目前世界上仅有Sulzer Chemtech公司提供两种商品化的有机物/有机物分离膜，见表6.2.8。

表6.2.8 有机物/有机物分离商品膜

膜商品名	生产商	应用范围	应用举例
PERVAP 2256 1	Sulzer Chemtech	甲醇提取	甲醇与甲基叔丁基醚（如MTBE）分离
PERVAP 2256 2	Sulzer Chemtech	乙醇提取	乙醇与乙基叔丁基醚（如ETBE）分离

4. 分子筛优先透水商品膜

目前，提供NaA分子筛优先透水膜的公司有荷兰PERVATECH公司、日本三井物产株式会社以及我国的武汉智宏思博化工科技有限公司、南京九天科技有限公司、北京中科普行科技发展有限公司和山东蓝景膜技术工程有限公司等。

第三节 渗透蒸发膜组件

渗透蒸发过程所用的膜组件主要有板框式、螺旋卷式、圆管式和蝶片式。

一、板框式膜组件

板框式膜组件是目前应用最为广泛的渗透蒸发膜组件。山东蓝景膜技术工程有限公司的板框式膜组件产品如图6.3.1和图6.3.2所示，其板框式膜组件结构图如图6.3.3所示。

图 6.3.1　500mm×500mm 板框式膜组件

图 6.3.2　500mm×275mm 板框式

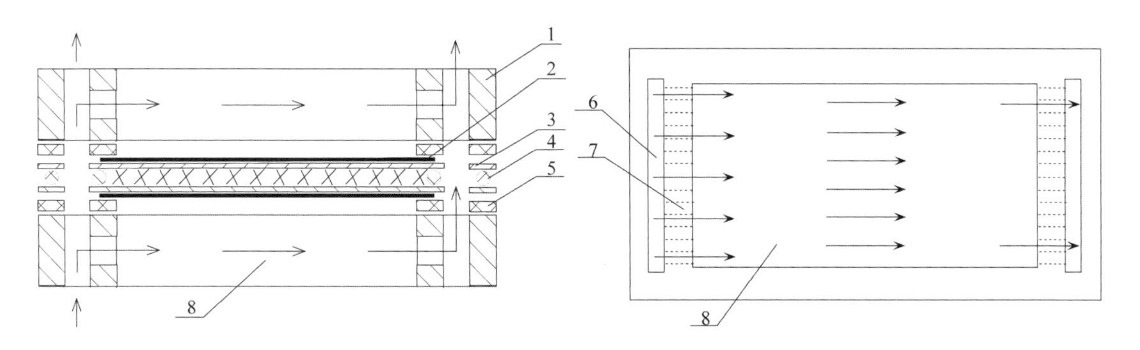

图 6.3.3　蓝景膜板框式膜组件结构示意图

1—板框；2—膜；3—支撑板；4、5—垫圈；

6—料液主流道；7—进框流道；8—框内料液流道

原德国的 GFT 公司渗透蒸发组件也为板框式膜组件，其结构示意图如图 6.3.4 所示。

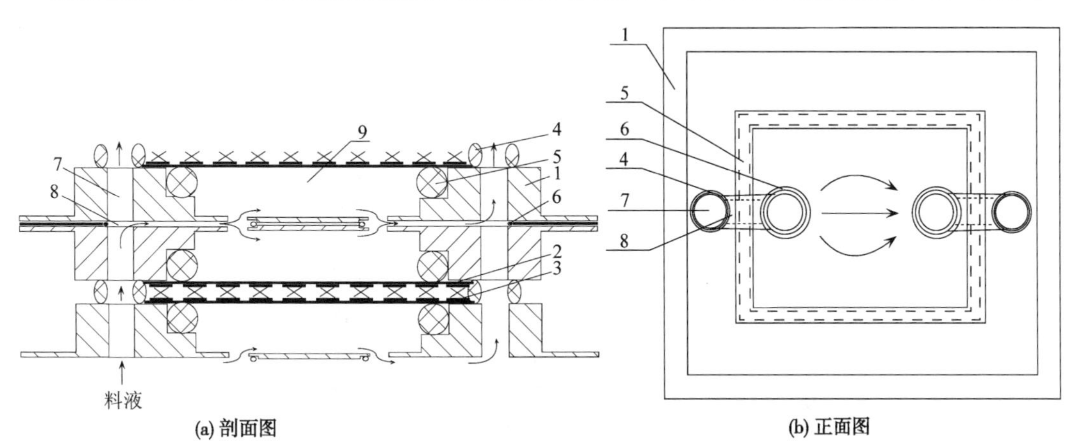

图 6.3.4　GFT 板框式膜组件结构示意图

1—膜框；2—膜；3—支撑板；4、5、6—垫圈；

7—料液主流道；8—进框流道；9—框内料液流道

板框式膜组件由盖板、膜框、支撑板、膜和弹性垫片等部件组成，其中由 1 块膜框和 1 块支撑板构成组件单元，其间放置膜与垫片。板框式膜组件原则上也都可以用于蒸气渗透过程。

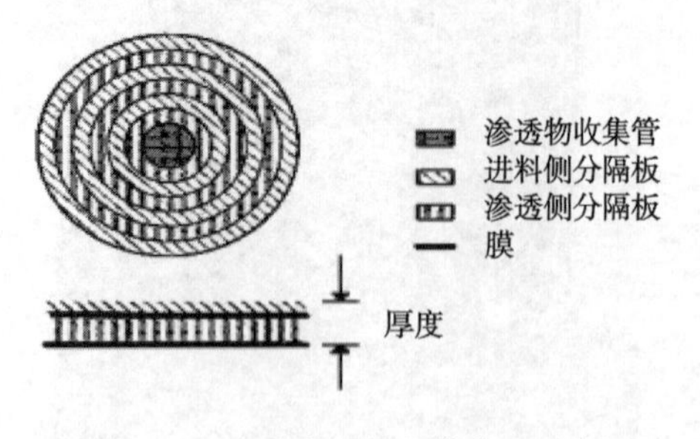

图 6.3.5　卷式膜组件的横截面示意图

二、卷式膜组件

卷式膜组件实际上使用的也是平板膜，只不过将平板膜和支撑材料、分隔材料等一起绕中心管卷起来，因而卷式膜组件的单位体积的膜面积要大于板框式膜组件。卷式膜组件多用于低温下从水中提取低浓度有机物。组件的横截面和立体构造示意图见图 6.3.5 和图 6.3.6。

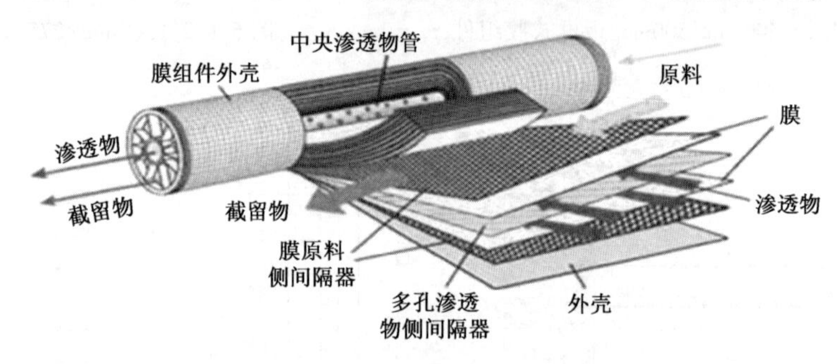

图 6.3.6　卷式膜组件的构造示意图

美国膜技术和研究公司生产的系列卷式蒸气渗透膜组件直径为 0.1~0.2m，长 0.9m，可以同时有 4 根组件封装在标准真空罩内。使用时，组件之间可以串联排列，也可以并联排列。

三、管式膜组件

一般地讲，管式膜组件多见于无机膜，因为无机膜组件制备时所需的支撑体一般是管状的陶瓷或金属材料。日本三井物产株式会社生产的分子筛渗透蒸发管式膜组件如图 6.3.7 所示。目前，该公司可以提供从单管到最多 344 管的渗透蒸发组件，组件总膜面积为 0.03~10m^2。

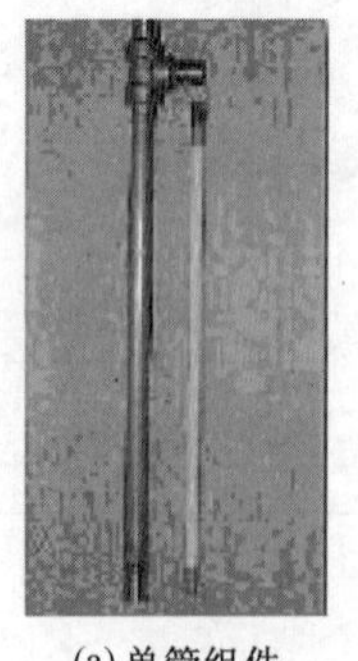

(a) 单管组件

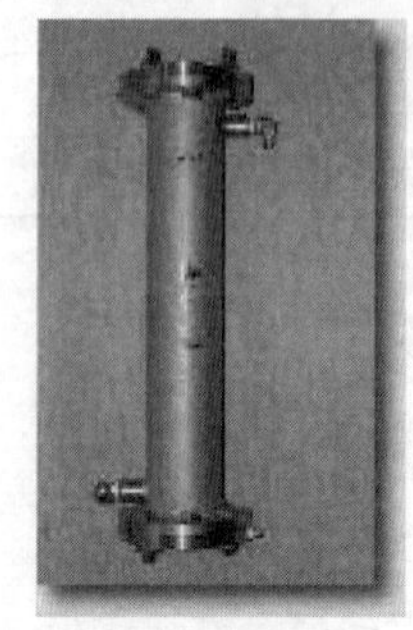

(b) 多管组件

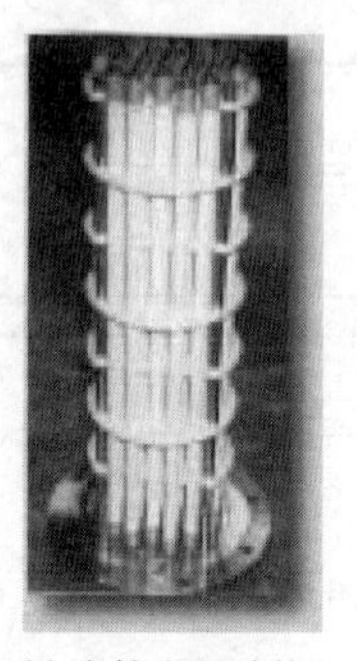

(c) 多管内部结构

图 6.3.7　分子筛渗透蒸发管式膜组件

四、渗透蒸发膜组件供应商

渗透蒸发膜组件的供应商见表 6.3.1。

表 6.3.1　主要生产渗透蒸发膜组件的公司

公　司	组件类型	膜	应用领域
Sulzer Chemtech（瑞士）	板框式、卷式	优先透水膜、优先透有机物膜、分子筛填充优先透有机物膜	水/有机物分离；有机物/有机物分离；空气中 VOC 的去除
MET（美国）	卷式	优先透有机物膜	水和空气中 VOC 的去除
GKSS（德国）	卷式、蝶片式	优先透有机物膜	水和空气中 VOC 的去除
PERVATECH（荷兰）	管式	陶瓷优先透水膜	有机溶剂脱水
山东蓝景膜技术工程有限公司（中国）	板框式、管式、卷式、蝶片式	优先透水膜、优先透有机物膜	有机溶剂脱水；水中有机物脱除
南京九天科技（中国）	管式	优先透水膜	有机溶剂脱水

第四节　渗透蒸发膜工艺流程及操作条件的确定

对于一个给定的分离任务，进行渗透蒸发膜分离过程的工艺流程和操作条件的确定可以分为以下几个主要步骤。

一、选择适合的渗透蒸发膜

渗透蒸发膜是渗透蒸发过程的关键元件，渗透蒸发过程能否用来分离某一种特定的体系关键是是否有合用的膜。对于一个给定的分离任务，可能有多种膜可供选择，例如醇/水体系的分离，可以选择优先透水膜，也可以选择优先透醇膜，而且优先透水膜和优先透醇膜也有多种不同的材料可供选择。制膜所用的聚合物不同，膜的分离性能会有非常大的差别。应该综合考虑具体的体系性质、膜的选择性和通量、膜的稳定性等因素，选出最佳的膜。由于渗透蒸发过程的通量一般较小，因此，一个比较普遍的膜选择原则是膜对体系中的少量组分要有优先选择性。例如对于高浓度醇中少量水的分离，交联的聚乙烯醇膜可能是目前最好的选择，但对于低浓度醇/水体系的分离，可能优先透醇膜更具有经济性。

二、选择工艺流程和操作方式

1. 基本流程的确定

在选择确定合适的膜后，就要确定分离所用的基本流程，例如是采用渗透蒸发的操作方式，还是采用蒸气渗透的方式，以及确定下游侧合适的操作方式。一般地讲，料液侧加热，膜后侧采用冷凝加抽真空的流程安排是渗透蒸发膜过程最普遍的操作方式，对于蒸气渗透膜分离过程，膜后侧采用冷凝加抽真空的流程也比较普遍，其基本的工艺流程如图 6.4.1 所示。操作时，料液通过泵进入预热器和加热器，达到预定温度后进入渗透蒸发膜组件，料液在流经膜面的过程中，在膜两侧组分蒸气分压的作用下，优先渗透组分气化、渗透通过膜而进入膜后侧，然后渗透气体在真空作用下流经冷凝器，优先渗透组分被冷凝成液体后经气液分离器后排出，不凝气则经真空泵排出系统。工业实际中，由于膜的分离系数不可能达到无限大，总会有部分难渗透物组分渗透通过膜而进入膜后侧，根据不同的渗透液体系，需要对渗透液进行不同的后处理。例如，对于醇/水分离体系，一般情况下膜后侧得到的是很稀的醇溶液，渗透液可以用精馏法浓缩处理后返回渗透蒸发膜过程的进料侧。

根据不同的分离体系，有时渗透物是目标产物，有时渗余物是目标产物。前者如从水溶液中用优先透有机物膜回收各种香精，后者如各种有机溶剂的脱水等。

为了充分利用系统能量，减小系统能耗，有时可以利用渗余液来作为预热原料液以提高料液的温度。

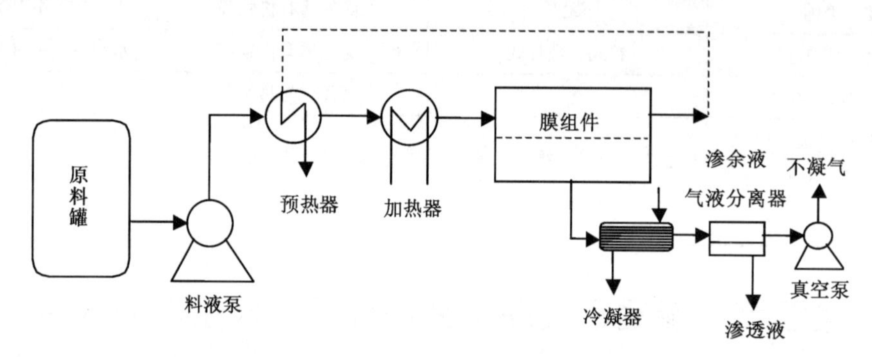

图 6.4.1　料液侧加热、膜后侧采用冷凝加抽真空的连续式渗透蒸发膜分离过程示意图

2. 连续/间歇操作方式的确定

同其他所有的化工分离过程类似，渗透蒸发膜分离过程可以采用连续式操作，也可以采用间歇式操作。图 6.4.1 为一种连续式操作的过程。料液侧加热，膜后侧采用冷凝加抽真空的间歇式渗透蒸发膜分离过程示意图如图 6.4.2 所示。其与连续式操作的唯一不同点是流经膜面的渗余液要返回料液罐，不断地循环，直到料液达到要求为止。间歇式操作比较适合于小批量料液的处理，或膜的通量比较小、单级操作需要较大膜面积的情形。对于物料性质和操作条件多变的分离体系，间歇式操作也比较适宜。但对于大规模的工业生产，或渗余液要作为下游工艺原料的情形，连续式操作是比较合适的。

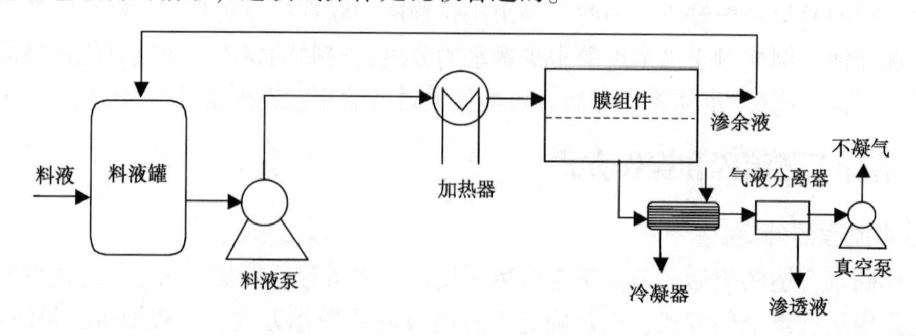

图 6.4.2　料液侧加热、膜后侧采用冷凝加抽真空的间歇式渗透蒸发膜分离过程示意图

3. 膜组件排列方式的确定

工业上所用的渗透蒸发膜组件一般是定型产品，单个膜组件有确定的膜面积和处理量的

限制。因此，对于一个给定的分离任务，如果料液处理量大于单膜的极限处理量，就要考虑采取多个膜组件并联处理的方式；如果料液处理所需的总膜面积大于单个膜组件的面积，就要考虑采取多个膜组件串联处理的方式；如果料液的处理量和总膜面积都大于单个膜组件的相应指标，就要考虑采取多个膜组件串、并联的方式。上述三种膜组件的排列方式如图 6.4.3 所示。

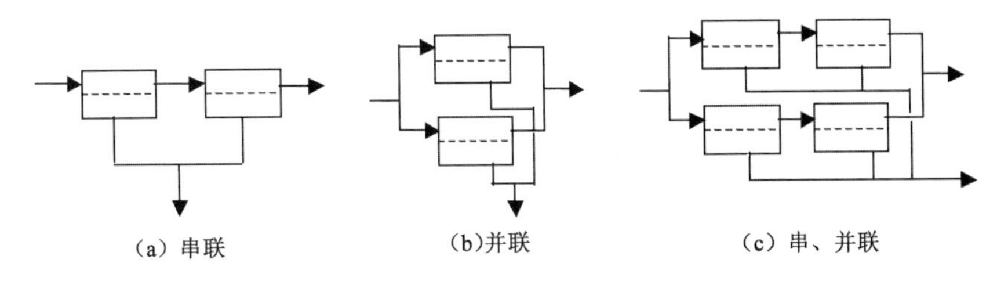

图 6.4.3　三种膜组件的排列方式

在上述的串、并联操作中，总的膜组件个数 N 可通过下式计算：

$$N=\frac{\text{总膜面积}}{\text{单个膜组件的面积}} \tag{6.4.1}$$

需并联的膜组件个数 N_s 可通过下式计算：

$$N_s=\frac{\text{总处理量}}{\text{单个膜组件的处理量}} \tag{6.4.2}$$

因此，需串联的膜组件个数 N_p 为：

$$N_p=\frac{N}{N_s} \tag{6.4.3}$$

4. 加热方式的确定

由于渗透蒸发过程涉及组分的相变，而组分相变所需的潜热需由料液的显热供给。因此，在渗透蒸发过程中，料液温度将不断下降，从而导致渗透通量的下降。当料液温度下降很大，渗透通量很小时，就要考虑在过程中从外界输入热量，以维持料液的温度在一个比较高的水平。理论上讲，渗透蒸发过程有几种加热方式可供选择，即不加热、恒温度加热、恒功率加热、级间恒膜面积加热和级间恒温度差加热等。

利用基于平板膜的渗透蒸发过程的物料恒算和热量恒算模型，韩宾兵等对无外源加热、等温加热、恒功率加热，恒温差级间加热（当温度低于某一值后加热料液到起始温度）和恒膜面积级间加热（当间隔膜面积到某一值后加热料液到起始温度）5 种条件进行了模拟计算。计算条件：乙醇水溶液，年处理量 400m^3，入口温度 80℃，入口水含量可变，出口水含量要求小于 0.2%，膜后真空度 1600Pa，年运行时间以 8000h 计，忽略过程的热焓损失，料液密度近似以乙醇密度计算。

1）无外源加热

在无外源加热条件下，进料中水含量对水浓度剖面和温度剖面的影响如图 6.4.4 所示。当进料中水含量较低时（如 1%），过程中料液温度不会下降很多（料液温度大于 70℃），料液的显热可以满足渗透汽化过程所需的热量，可以不用外源加热；但当进料中水含量较高时（如 6%），如果外界不提供热量，料液温度将降至接近 20℃，所需膜面积超过 420m^2，大大降低了过程的经济性。因此，当料液中水含量较高时，外源加热是必需的。

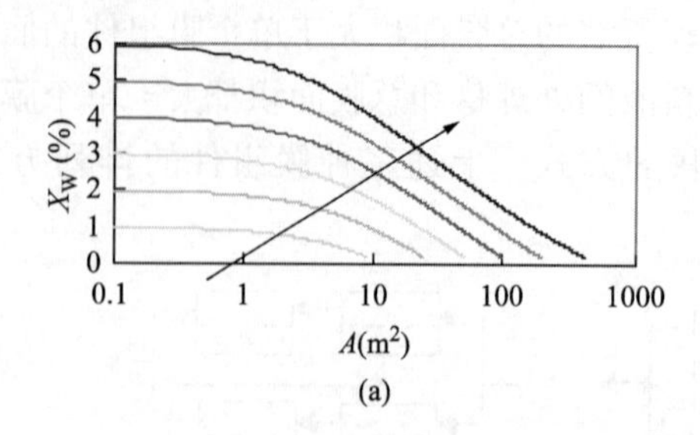

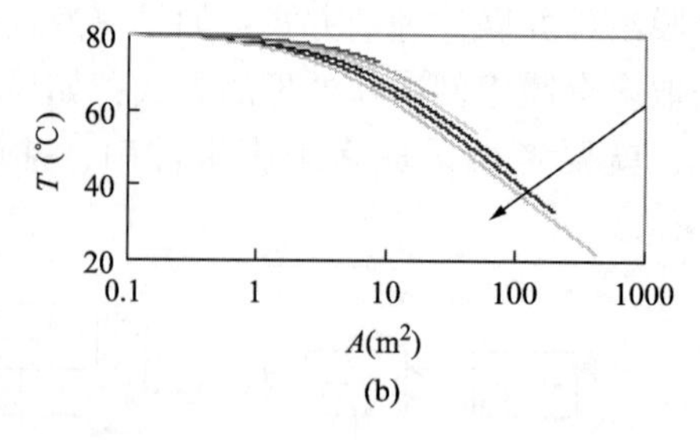

图 6.4.4　无外源加热条件下进料水含量对水浓度剖面（a）和温度剖面（b）的影响

进料中水的质量分数按图中箭头所示［图 6.4.4（a）中从下到上，图 6.4.4（b）中从右到左］，分别为 1%、2%、3%、4%、5%和 6%。

2）等温加热

在等温（80℃）条件下，进料中水含量对水浓度剖面和单位面积加热功率剖面的影响如图 6.4.5 所示。由图 6.4.5 可见，在等温加热条件下，料液温度不下降，渗透通量能保持一个较高的水平，因而料液中水浓度下降较快。渗透通量沿膜面不是一个常数，外部提供的热量沿膜面分布也不是一个常数，而是沿膜面呈下降趋势，进料中水含量越低，单位面积加热功率下降的幅度越小。由于单位面积加热功率沿膜面变化，这种操作方式实现起来是不现实的。

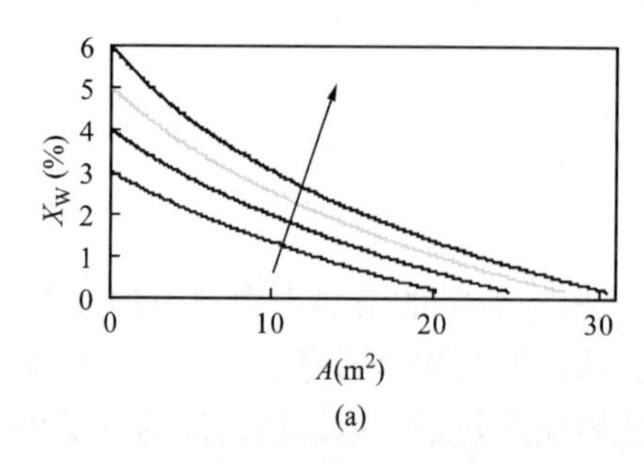

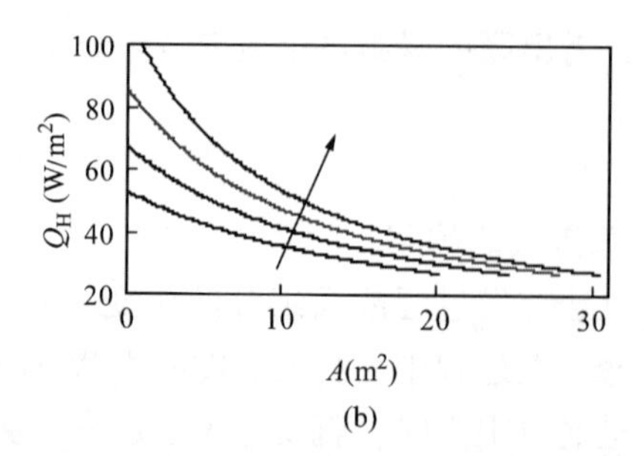

图 6.4.5　等温加热条件下进料中水的含量对水浓度剖面（a）和单位面积加热功率剖面（b）的影响

进料中水质量分数按图中箭头所示（从下到上）分别为 3%、4%、5%和 6%。

3）恒功率加热

在恒功率加热条件下，单位面积加热功率对水浓度剖面和温度剖面的影响如图 6.4.6 所示。由温度剖面可见，当单位面积加热功率较小时，温度沿膜面出现最小值，随单位面积加热功率增大，最小值前移，最后消失，温度沿膜面单调增大。这种操作方式对单位面积加热功率的选择比较苛刻，单位面积加热功率高，所需膜面积较小，但料液的最高温度可能超过体系要求；单位面积加热功率过低，所需膜面积又较大，因而在实际应用时有一定限制。

单位面积加热功率按图中箭头所示［（图 6.4.6（a）中从上到下，图 6.4.6（b）中从左到右］分别为 105.6W/m²、83.3W/m²、55.6W/m²、27.8W/m² 和 16.7W/m²。

4）级间加热

级间加热是工业上常用的操作方式，包括恒温差级间加热和恒膜面积级间加热两种方

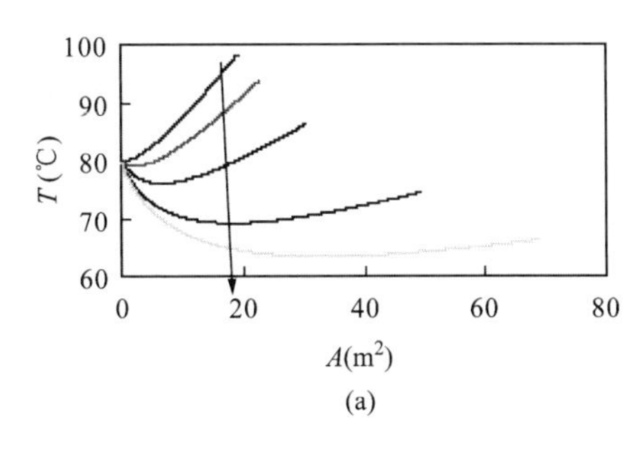

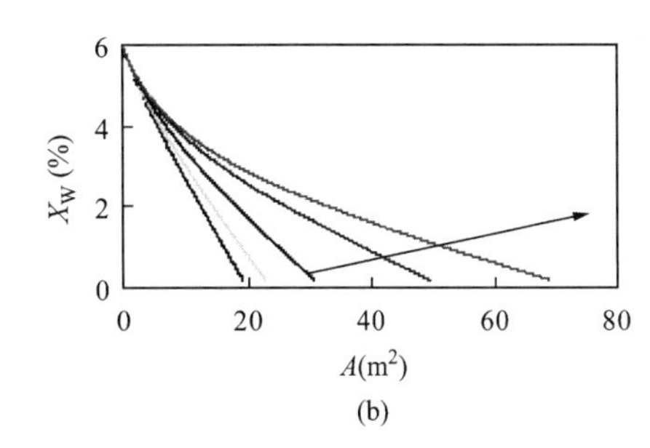

图 6.4.6 恒功率加热条件下，温度剖面（a）和单位面积加热功率对水浓度剖面（b）的影响

式。在恒温差（温度从 80℃降到 70℃后再加热料液至 80℃）级间加热条件下，进料中水含量对水浓度剖面和温度剖面的影响如图 6.4.7 所示。由图可见，温度剖面呈锯齿型分布，每一个最低的锯齿点代表级间加热的位置，最低锯齿点的间隔不均匀，沿膜面呈增大趋势。

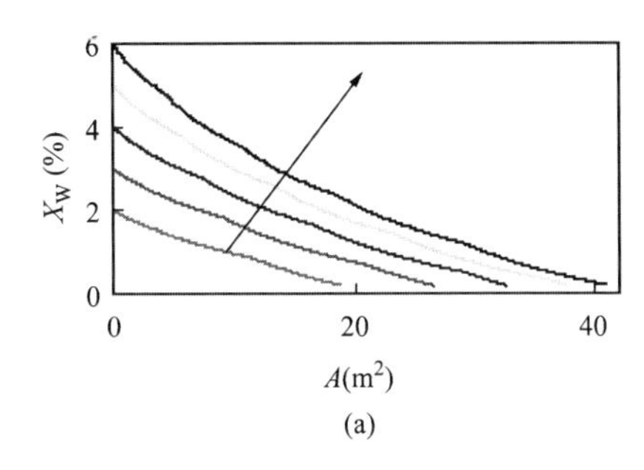

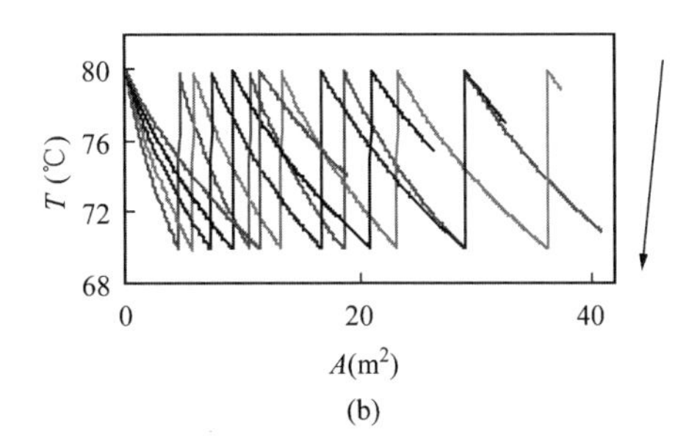

图 6.4.7 恒温差级间加热条件下，进料中水含量对水浓度剖面（a）和温度剖面（b）的影响

进料中水的质量分数按图中箭头所示［图 6.4.7（a）中从下到上，图 6.4.7（b）中从上到下］分别为 2%、3%、4%、5%和 6%。

实际上，工业上所用的膜组件一般是定型的，级间加热的位置一般选在两个膜组件之间。在恒膜面积级间加热条件下，加热膜面积对水浓度剖面和温度剖面的影响如图 6.4.8 所示。由图可见，间隔加热膜面积越小，所需的总膜面积越小，当间隔加热膜面积很小时，将趋近于恒温操作；随膜面积增加，每一间隔加热膜面积料液的温度差减小。

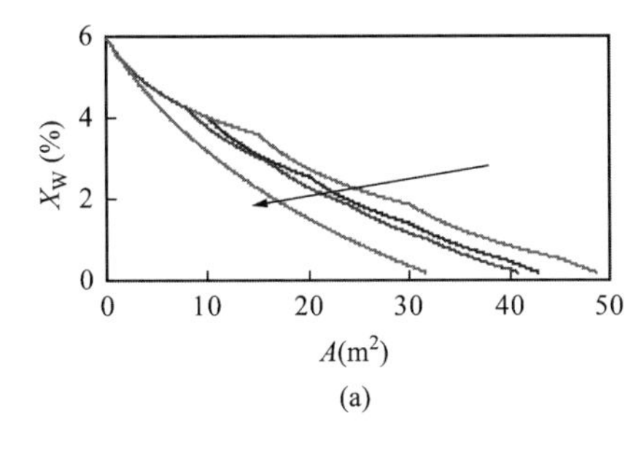

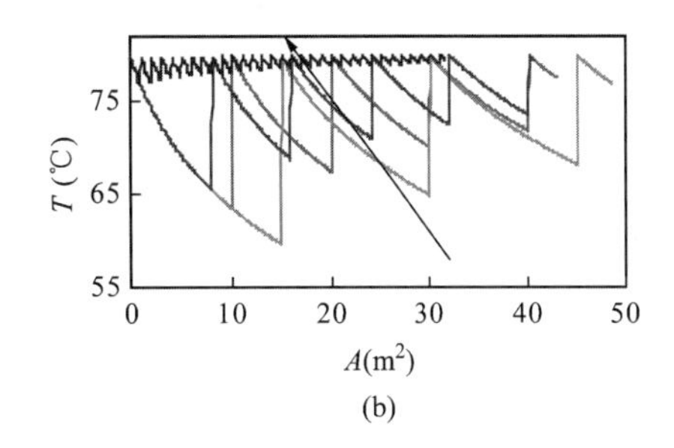

图 6.4.8 恒膜面积级间加热条件下，加热膜面积对水浓度剖面（a）和温度剖面（b）的影响

间隔加热膜面积按图中箭头所示［图 6.4.8（a）中从上到下，图 6.4.8（b）中从下到上］分别为 15 m²、10 m²、8 m²和 1 m²。

5）各种加热方式的比较

在不同加热条件下渗透蒸发处理乙醇水溶液所需的膜面积和平均的单位面积加热功率见表6.4.1，计算条件为：处理量400m³/a，入口温度80℃，入口水含量6%，出口水含量小于0.2%。

表6.4.1　不同加热条件下的膜面积和平均的单位面积加热功率

加热方式	膜面积（m²）	平均的单位面积加热功率（W/m²）
不加热	422.2	0
恒温（80℃）	30.4	49.2
恒功率	30.4	55.6
级间加热（恒温差10℃）	40.9	30.1
级间加热（恒膜面积10m²）	42.9	33.5

由表6.4.1可知，在初始条件相同的条件下，当平均的单位面积加热功率选择合适时，恒温和恒功率两种操作方式的膜面积都较小，但平均的单位面积加热功率较高，而级间加热方式所需的膜面积较高，但平均的单位面积加热功率相对较低。实际上对于工业应用来讲，许多情况下是需要加热的，但恒温操作显然不现实；恒功率加热实现起来也比较困难，且能耗较大；膜组件一般是定型产品，级间加热，尤其是恒膜面积级间加热方式便于实施，应用比较普遍。

三、操作条件的确定

在确定了具体的工艺流程后，就要确定具体的操作条件。操作条件包括操作温度、压力、膜后真空度和流速等。如果给定的分离体系的组成可变，操作条件的确定还应该包括组分的组成等。所有这些操作条件最后都将反应在流程的操作成本中。而膜面积将决定主要的投资成本，因为渗透蒸发膜组件是渗透蒸发过程的核心部件，占投资成本的60%~70%。一般地讲，操作成本和投资成本是一对矛盾，即膜面积、操作温度和膜后真空度等的确定需要通过优化计算来确定。

1. 操作温度

操作温度是影响渗透蒸发过程的重要因素，它通过影响料液中各组分在膜中的溶解度和扩散速度，从而最终影响到渗透蒸发过程的渗透通量和分离系数。温度对溶解度的影响比较复杂，尽管一般情况下组分在料液侧的蒸气分压随温度提高而增大，从而提高了渗透蒸发过程的推动力，但对于渗透物组分在膜中的溶解度，有时温度的影响是正影响，有时是负影响，即随温度升高，组分在膜中的溶解度下降。例如，水在甲醛处理的PVA膜的溶解和正己烷在聚丙烯膜中的溶解就属于这一种情形。温度对溶解度的影响一般可以用Arrhenius方程表示：

$$S = S_0\exp[-\Delta H_s/(RT)] \qquad (6.4.4)$$

式中　S——渗透物分子在膜中的溶解度；

S_0——本征溶解度；

ΔH_s——溶解热，主要与聚合物的状态，即玻璃态或橡胶态和渗透物的性质有关。

一般情况下，温度升高，渗透物在膜中的扩散系数增大，而且符合Arrhenius方程。

$$D = D_0\exp[-E_D/(RT)] \quad (6.4.5)$$

式中 D——渗透物分子在膜中的扩散系数；

D_0——本征扩散系数；

E_D——扩散活化能，与聚合物的状态，即玻璃态或橡胶态有关。

温度对扩散系数的影响主要是因为随温度升高，聚合物链节间的活动性增加，自由体积增大，渗透物分子的活动性也增大，从而导致扩散系数的增大。

一般情况下，随着温度升高，渗透物的渗透通量增大，渗透通量和温度的关系也符合 Arrhenius 方程。

$$J = J_0\exp - [E_J/(RT)] \quad (6.4.6)$$

式中 E_J——渗透活化能，通常其值在 17~63 kJ/moL 范围内。

一般而言，温度每提高 10~12℃，渗透通量可以提高 1 倍。对分离系数的影响，在一般情况下温度升高，分离系数下降。

综上所述，提高料液的温度可以减小料液的黏度，提高组分的扩散系数，使组分的渗透通量增加，从而使为完成一定的分离任务所需的膜面积减小，达到降低投资成本的目的。同时料液温度的提高，可以相应降低膜后侧对真空度的要求，降低操作成本。但料液温度的提高，将增加加热料液所需的能耗，使操作成本增加。而且料液温度的提高受到膜的耐温性和耐溶剂性的限制，过高的温度将降低膜的使用寿命，缩短换膜周期，从而增加换膜成本。所以，料液的温度应该根据分离体系的性质和膜的性质，通过优化投资成本和操作成本后综合考虑。

2. 操作压力

料液侧操作压力的变化对渗透蒸发过程的影响比较小，主要源于其对组分在料液侧的蒸气分压的影响较小，对组分在膜中溶解度和扩散速度的影响也较小。因而一般情况下，料液侧的压力只是为了克服料液流动的阻力。但对于渗透蒸发过程，在某些情况下，提高料液温度，同时又要避免易挥发组分的汽化，此时应适当提高操作压力。

3. 膜后真空度

膜后侧压力的变化影响过程的推动力，因此，它对渗透蒸发过程有较大的影响。膜后侧压力越小，真空度越高，膜两侧的推动力越大，渗透通量也越大。

分离系数也受到膜后侧压力的影响。通常情况下，膜后侧压力的变化对难挥发组分的影响更为明显，膜后侧压力的减小将导致难挥发组分在膜后侧的相对含量增加。因而当难挥发组分是优先渗透组分时，如用优先透水膜从苯中脱除微量水，随膜后侧压力的降低，分离系数增加。

综上所述，膜后侧压力减小将导致渗透通量增加，从而减小了体系分离所需的总膜面积，进而使投资成本下降。但膜后侧压力的减小将增加真空泵的能耗，从而增加操作成本。在膜后侧冷凝加抽真空的情况下，要保证渗透物蒸气冷凝成液体，膜后侧的压力应该超过该冷凝温度下组分的饱和蒸气压。

可见，要采用低的膜后压力，必须降低组分的饱和蒸气压，也就要求相应地降低冷凝器的冷凝温度。但冷凝温度越低，冷凝器的能耗越大，相应地操作成本增加。而且冷凝温度的选择应避免组分的凝固，以免凝固物堵塞流道，同时利于渗透物排出系统。

因此，膜后侧真空度的选择也需综合考虑渗透通量、冷凝温度等因素后优化确定。

4. 流动状态

流动速度及由此导致的不同的流动状态也是影响渗透蒸发过程的重要因素。渗透蒸发过程是一个传质和传热同时存在的分离过程，同其他过程类似，也将产生极化现象，包括浓差极化和温差极化。

料液侧流体的流动影响渗透蒸发过程的浓差极化和温差极化。一般而言，提高料液流速，可以增加流体流动的湍流程度，减薄浓度边界层和温度边界层，保证流体在膜面分布得更均匀，减少沟通和死区。但提高流体流速将增加膜组件的阻力，增加能耗，从而使操作费用增加。因此，合适的流动速度和流动状态也需经优化后确定。对于板框式膜组件，常用膜面流速的流速范围为 2~3cm/s。

5. 料液组成

料液的组成直接影响组分在渗透蒸发膜中的溶解度，进而影响组分在膜中的扩散系数和最终的分离性能。随料液中优先渗透组分浓度的增加，总的渗透通量增加。料液组成对分离系数的影响比较复杂。料液组分浓度的变化将影响膜的渗透通量和分离系数，进而影响所需的膜面积。因此，对料液组成的确定需根据膜的性能和上、下游工艺流程综合确定。

四、膜面积的确定

膜面积确定的关键是获得在操作温度、浓度范围内膜的渗透通量和分离系数随料液浓度的变化关系。渗透通量的计算可以有几种方法：经验关联式、传质系数法、渗透系数法、根据传递机理建立的模型。

正如前文所述，组分的渗透通量受到许多因素的影响，在膜和膜组件确定的条件下，组分的渗透通量是料液性质和操作条件的函数。料液的性质和操作条件在渗透蒸发过程中沿膜面方向是变化的，因而组分的渗透通量在渗透蒸发过程中并不是一个常数，沿膜面而变化。为了要得到比较精确的设计数据，需要利用组分渗透通量的各种关联式，通过求解微分方程组而得到。这需借助于计算机进行设计。

综上所述，为完成给定分离任务所需的膜面积和操作条件的确定往往是矛盾的，最终反应在成本上，就是投资成本和操作成本之间的矛盾。对于渗透蒸发过程，膜组件所占的比例较大，一般为 60%~70%。通常，过程设计都是以追求最小的膜面积为目标，这样确定的操作条件往往是所使用的膜或设备的极限条件。实际上，从最优化角度讲，应该将膜面积和操作条件量化为成本，然后在一定的边界条件下通过优化确定最佳的膜面积和操作条件。

第五节　渗透蒸发技术的应用

根据不同的体系，渗透蒸发技术的应用主要集中在三个方面，即有机溶剂脱水、水中脱除有机物和有机物/有机物的分离。渗透蒸发过程的分离原理不受热力学平衡的限制，它取决于膜和渗透物组分之间的相互作用，因而特别适合于恒沸物或近沸物体系的分离，例如有机物和水的恒沸或近沸体系中水的脱除。对于组分浓度相近体系的分离，渗透蒸发与其他过程的耦合在经济上更有优势。通过渗透蒸发过程选择性地除去反应体系中的某一种生成物，促使可逆反应向生成物的方向进行，也是渗透蒸发技术很重要的应用。

一、有机溶剂脱水

有机溶剂脱水是渗透蒸发技术研究最多、应用最普遍、技术最成熟的应用。目前已经有工业应用实例或研究过的有机溶剂如下。

醇类：乙醇、丙醇同分异构体、丁醇同分异构体、戊醇同分异构体、环己醇和苯甲醇等。

甘醇类：乙二醇、丙二醇、丁二醇、二甘醇、三甘醇、硫醇等。

酮类：丙酮、丁酮（MEK）、甲基叔丁基酮（MIBK）等。

芳香族化合物：苯、甲苯、苯酚等。

酯类：乙酸甲酯、乙酸乙酯、乙酸丁酯、苯甲酸甲酯、醋酸乙二醇酯、硬脂酸丙二醇酯等。

醚类：甲基叔丁基醚（MTBE）、乙基叔丁基醚（BTBE）、二异丙基醚（DIPE）、二乙醚、四氢呋喃（THF）等。

有机酸：乙酸、己酸、辛酸等。

氯代烃：一氯甲烷、二氯甲烷、三氯甲烷等。

脂肪烃：$C_3 \sim C_8$的脂肪烃等。

此外，还有有机硅类化合物等。

有机物脱水的应用可以按不同的方法分类，按体系的沸点性质可分为恒沸物体系（如乙醇/水）和非恒沸物体系（如丙酮/水）的分离；按脱水体系的溶解性质和水含量可分为有机水溶液（水和有机溶剂互溶）的分离和有机物中微量水的脱除（如苯中微量水中的脱除等）。

1. 无水乙醇和燃料乙醇的生产

恒沸液的分离是渗透汽化最能发挥优势的领域。其中无水乙醇的生产是渗透汽化脱水的典型。世界上第一套渗透汽化的工业试验装置和第一个最大的渗透汽化生产装置都是用于无水乙醇的生产。

常压下，乙醇与水的混合物中乙醇质量分数为 95.6%时，与水发生共沸。制取含醇 99.8%（质量分数）以上的无水乙醇，需要采用萃取精馏、恒沸精馏或加盐精馏，这些方法过程复杂、能耗高、污染严重。采用渗透蒸发法可比传统方法节能 1/2~2/3，而且可以避免产品和环境受污染，因而渗透蒸发法比传统的精馏法优越。

随着煤、石油和天然气等不可再生能源不断被消耗，人类一直在寻找新的能源和替代物。从目前正在开发的众多产能技术来看，乙醇是未来石油的良好替代物。

乙醇作为清洁燃料的添加剂或代用品给燃料乙醇生产大发展带来良好的机遇。渗透蒸发技术将彻底改革传统的高能耗的燃料乙醇生产工艺路线，代之以高效、低能耗的渗透蒸发膜分离工艺，从而使生产燃料醇的成本大大降低。

用渗透蒸发法从工业乙醇制取无水乙醇的典型工艺流程图如图 6.5.1 所示。料液与渗余液换热后经加热器升温进入膜组件，流经膜面时水优先透过渗透蒸发膜而进入膜的下游侧。由于渗透组分从料液中吸收热量，导致料液温度降低，为保证组分的渗透通量不致降低过多，料液在流经一定面积的膜后要通过中间加热器以提高料液的温度，随后料液进入下一单元的膜组件。当料液中水含量达到预定要求，此时的渗余液即为无水乙醇产品。为充分利用系统的能量，渗余液一般要与进料进行换热。膜下游侧的渗透物蒸气在真空泵的作用下，流经冷凝器，经汽/液分离后液体渗透物进入下一工序。少量未冷凝的渗透物蒸气和不凝气经真空泵抽出。

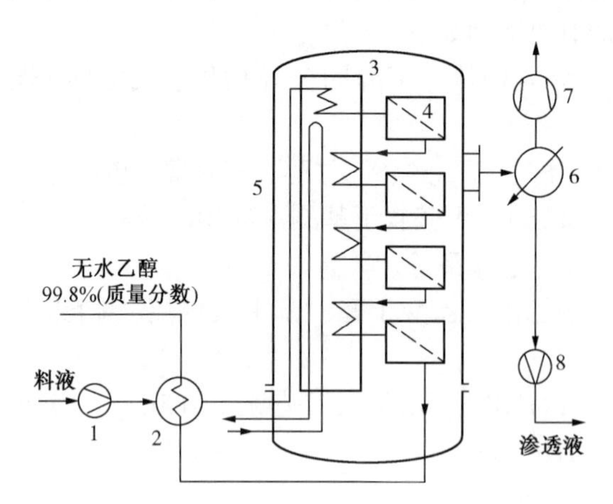

图 6.5.1 渗透蒸发法制取无水乙醇的工艺流程

1—料液泵；2—预热器；3—中间加热器；4—膜组件；
5—真空容器；6—冷凝器；7—真空泵；8—渗透液泵

对于水含量小于10%的分离体系，要求渗余液水含量为数百微克每克时，渗透蒸发法具有经济竞争力。当料液中水含量较高时，如从水含量高达90%的发酵液直接制备无水乙醇，单纯的渗透蒸发法或恒沸精馏、萃取精馏等特殊的精馏操作并不经济，而普通精馏和渗透蒸发过程的集成将是最佳的选择，可以充分发挥普通精馏在高浓度水条件下的优势和渗透蒸发过程在低浓度水条件下的分离优势。图 6. 5. 2 示出了从发酵液制备无水乙醇的精馏/渗透蒸发集成过程。由于发酵液中乙醇含量较小而且发酵液中还含有其他组分，分离过程中首先利用初馏塔从发酵液中分离出增浓的乙醇/水溶液作为精馏塔中的进料。精馏塔的塔顶得到的乙醇/水的恒沸液进入渗透蒸发膜组件，渗余液得到含水量低于 2000mg/L 的无水乙醇，而渗透液则返回精馏塔。

这种集成过程的优点除了可以充分发挥精馏过程和渗透蒸发过程的优势外，同各种特殊的精馏过程相比，还有很多的优点：过程不需要外加的化学添加剂（萃取剂或恒沸剂），可以节省大量的操作费用，如以苯为恒沸剂，生产能力 140000L/d 的恒沸精馏法制备无水乙醇的工厂，年苯消耗费用约 12 万美元；渗透蒸发过程的渗透液可以返回精馏塔的中部，过程中几乎没有乙醇的损失，而恒沸精馏过程中乙醇的平均损失为 4%；过程中无含恒沸剂或萃取剂的废水的排放，减少了对环境的污染；精馏塔顶得到的物流直接进入渗透蒸发膜组件，物料不需要再加热，通过能量回收装置可以将渗余液的热量回收，使所需蒸汽量仅是精馏法的 1/6，而且是低品质的蒸汽，从而减小了能耗，最大限度地提高了能量利用效率。Tusel 和 Brüschke 等的研究表明，采用这种集成过程从 94%的乙醇水溶液制备 99. 85%的无水乙醇时，投资成本和操作费用将比恒沸精馏法分别节约 28%和 40%。

Lurgi 公司的工业运行数据得出的结论表明，从 94%的乙醇水溶液制备 99. 85%的无水乙醇，与恒沸精馏法比较，渗透蒸发法的操作费用可以节约 60%（表 6. 5. 1）。表 6. 5. 2 对渗透蒸发与蒸馏、吸附法进行了比较。

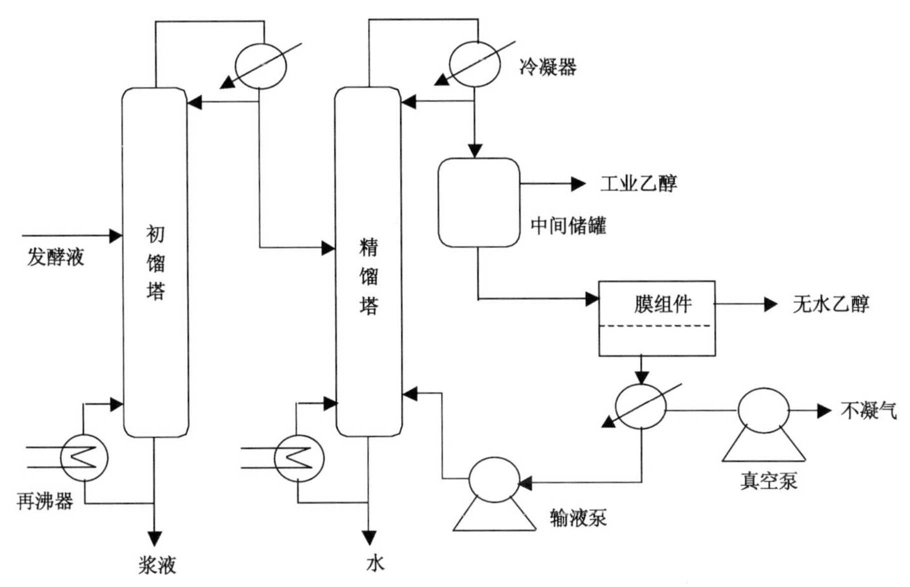

图 6.5.2 从发酵液制取无水乙醇的精馏/渗透蒸发集成过程示意图

表 6.5.1 从 94%的乙醇/水溶液制备 99.85%的无水乙醇时恒沸精馏法和渗透蒸发法操作费用的比较

单位：马克/t 无水乙醇

项 目	恒沸精馏（环己烷为恒沸剂）	渗透蒸发
低压蒸汽	50~75	6.25
冷却水	7.5	2
电力消耗	2.25	5.7
挟带剂	2.4~4.5	
膜		8~16
总计	62~89	22~30

表 6.5.2 从 94%的乙醇水溶液制备 99.9%的无水乙醇时各种方法操作费用的比较

单位：马克/t 无水乙醇

项 目	蒸汽渗透法	渗透蒸发法	恒沸精馏法	吸 附 法
蒸汽		6.40	60.00	40.00
电力	20.00	8.80	4.00	2.60
冷却水	2.00	2.00	7.50	5.00
膜更换费用	9.50	15.30		
夹带剂			4.80	
分子筛更换费用				25.00
总计	31.50	32.50	76.30	72.60

2. 异丙醇脱水

异丙醇也是常用的有机溶剂和原料。目前，异丙醇脱水是除乙醇脱水外渗透蒸发过程主要的应用领域。与乙醇水溶液类似，异丙醇也可以和水在 80.37℃形成共沸物，共沸物中含异丙醇 87.7（质量分数）%、水 12.3（质量分数）%。通常，要想得到异丙醇含量超过恒沸点的产物，需用以苯、异丙醚或二氯乙烷为恒沸剂的恒沸精馏法。渗透蒸发法用于异丙醇脱水也有明显的经济上和技术上的优势。

渗透蒸发法与恒沸精馏法进行异丙醇脱水操作费用的比较见表 6.5.3，从表中可以看出，采用渗透蒸发法比恒沸精馏法的总能耗节省 2/3。

表 6.5.3　采用不同方法进行 88%异丙醇脱水的能耗比较

单位：kW・h/（100kg）

项　目	恒沸精馏	吸　附	渗透蒸发
蒸发能耗	17	3.3	4
冷凝能耗	17		
冷却水		3.3	4
泵能	2	22	4
总计	36	29	12

3. 有机物中微量水的脱除

在化工生产过程中，许多情况下要求原料或溶剂中的水含量达到 10^{-6}数量级。对于这类微量水的脱除，恒沸精馏法显然是不经济的。吸附法设备庞大、操作复杂，而且水含量随时间发生变化，吸附剂的再生、更换以及过程中产生的废液、废气等的处置大大降低了过程的经济性。而渗透蒸发法由于其高选择性比恒沸精馏法和吸附法具有更好的经济和技术竞争力。

目前已经工业应用的体系有苯、甲苯、己烷、环己烷等有机溶剂中微量水脱除。可将苯中含水量从 600μg/g 脱至 50μg/g 以下，甲苯中含水量从 1000μg/g 脱至 200μg/g 以下，C_6溶剂油中的含水量从 200μg/g 脱至 5μg/g 以下。表 6.5.4 为苯中微量水脱除的经济性比较。

表 6.5.4　5×10^4t/a 苯脱水不同工艺的年消耗概算（按年运行 8000h 计）

恒沸精馏法			
项　目	单　耗	金额（万元）	备　注
蒸汽消耗	840 kg/h	67.2	0.3MPa 蒸汽，100 元/t
冷却水	31t/h	3.7	0.15 元/t
电耗	33kW・h/h	26.4	1.0 元/（kW・h）
合计		97.3	
渗透蒸发法			
项　目	单　耗	金额（万元）	备　注
折合蒸汽总消耗	200kg/h	16.0	0.3MPa 蒸汽，100 元/t
电耗	11 kW・h/h	8.8	1.0 元/（kW・h）
膜和密封材料		13.0	
合计		37.8	

注：苯入口水含量 0.06%，出口水含量 0.005%。

二、水中脱除或回收有机物

目前，渗透蒸发技术已经用于从多种水体系中提取或去除有机物，包括从发酵液中提取有机物，从果汁中提取芳香物质，从酒类饮料中去除乙醇，从废水中回收溶剂或除去废水中的有机污染物等。

1. 废水中脱除有机污染物

渗透蒸发法已经成功地用于从废水中脱除挥发性有机污染物，如酚、苯、乙酸乙酯、各种有机酸、卤代烃等。

Lipski 和 Côté 对渗透蒸发法从水中脱除三氯乙烯的经济性进行了分析。评价基准为：水中三氯乙烯浓度 10mg/L，脱除率 99%，料液流量 $10m^3/h$，温度 25℃，硅橡胶膜的成本按 200 美元/m^2计算。最佳条件下每处理 $1m^3$废水总的费用为 0. 56 美元，而相同条件下汽提法的费用为 0. 75 美元/m^3，活性炭吸附法的费用约为 0. 8 美元/m^3。

2. 酒类饮料中去除乙醇

从酒类饮料中除去乙醇是渗透蒸发技术在食品工业中最早的应用。使用优先透有机物膜使乙醇优先透过，可以降低啤酒或果酒中的乙醇含量，同时得到乙醇浓度较高的乙醇水溶液。

3. 从饮料中回收芳香物质

在食品和饮料工业中，产品中芳香物质的含量是非常重要的指标，直接关系到产品的口味和消费者的认可。这些芳香物质包括醇类、酯类、醛类和一些烃类。从饮料中回收和浓缩芳香物质的传统蒸馏法不可避免地会造成产物变质。而渗透蒸发技术可以在很大程度上避免这个问题。例如 Bengtsson 等采用渗透蒸发技术从苹果汁中回收或浓缩芳香物质。实验表明，C_2~C_6醇的浓缩系数一般为 5~10，醛类的浓缩系数一般为 40~65，而酯类的浓缩系数则可达到 100 以上。目前，用于芳香物质回收和浓缩的膜主要是有机硅类膜。

可回收的芳香物质超过 100 余种，主要有以下几类物质：内酯类，酯类，醇、醛类，含硫化合物类，酮、酚类等。

表 6. 5. 5 为渗透蒸发回收芳香物质的部分实验结果。

表 6. 5. 5 渗透蒸发法从水溶液中回收芳香物质的部分实验结果

物质名称	分子式	来源或香味	膜	操作温度（℃）	有机物通量 [g/（m^2·h）]	分离系数 α	浓缩系数 β
δ-癸内酯	$C_{10}H_{18}O_2$	椰子、桃	PDMS GFT	45	0. 25		10
γ-辛内酯	$C_8H_{14}O_2$	椰子、奶油	PDMS GFT	45			14
丁酸乙酯	$C_6H_{12}O_2$	菠萝	PDMS GFT	30	3. 2		247
异丁酸乙酯	$C_6H_{12}O_2$	柑橘	PDMS DC（130 μm）	25	2. 11		1410
乙酸己酯	$C_8H_{16}O_2$	苹果	PDMS GFT	5			83
氨基苯甲酸甲酯	$C_8H_9NO_2$	葡萄	PDMS-PC	33~60	0. 028~0. 144		11-19
苯甲醇	C_7H_8O	绯红、水果	PDMS GFT	25	0. 02		2. 5
邻甲酚	C_7H_8O	霉味	PEBA GKSS	50	2. 8		150
辛烯-3-醇	$C_8H_{16}O$	蘑菇	PDMS GFTz	25	1. 9		390
2-苯基乙醇	$C_8H_{10}O$	玫瑰	PDMS DC	25	0. 04		37
麝香草酚	$C_{10}H_{14}O$	树木，焦臭味	PEBA GKSS	50	8. 4		380

续表

物质名称	分子式	来源或香味	膜	操作温度（℃）	有机物通量[g/（m^2·h）]	分离系数α	浓缩系数β
反-2-己烯醛	$C_6H_{10}O$	绿色、杏	PEBA GKSS（50 μm）				140
2-甲基丁醛	$C_5H_{10}O$	可可、咖啡	PDMS 1060	20	0.21		388~282
糠基糠醛硫醇	C_5H_6OS	鱼腥、油腻	PDMS	29	1.3	36	
S-甲基硫醇丁酸	$C_5H_{10}OS$	腐烂味、卷心菜	PEBA GKSS	30	0.3~0.14		1205~700
3-羟基丁酮	$C_4H_8O_2$	黄油	PEBA	50~70			2~2.3
2-壬酮	$C_9H_{18}O$	玫瑰、茶	PDMS DC	25	2.4		3200
2，5-二甲基吡嗪	$C_6H_8N_2$	坚果类	PDMS GFT	25	0.13		15
柠檬油精	$C_{10}H_{16}$	柑橘	PDMS	67	0.44	1831	
香草醛	$C_8H_8O_3$	香草	PEBA GKSS				17

三、有机混合物分离

用渗透蒸发法分离有机混合物是目前渗透蒸发过程工业化应用最有挑战性的课题之一，也是今后渗透蒸发技术最重要的应用之一。尽管围绕有机混合物分离的研究已经进行了很多年，针对不同的体系开发了多种膜材料，但到目前为止，世界范围内只有醇/醚分离装置在运行，其他都还处于实验室研究阶段。

醇、醚混合物的分离主要是甲醇/甲基叔丁基醚（MTBE）和乙醇/乙基叔丁基醚（ETBE）的分离。如前文所述，尽管甲基叔丁基醚（MTBE）和乙基叔丁基醚（ETBE）作为无铅汽油的添加剂，对人类健康有潜在危害，但目前仍然是主要的无铅汽油的添加剂。

MTBE 由甲醇和异丁烯反应而成。为了提高异丁烯的转化率，过程中一般使用过量的甲醇，因而在反应完成后需要将甲醇从产物中分离出来循环使用。由于甲醇和 MTBE 可在 51.3℃形成甲醇含量 14.3%（质量分数）的恒沸物，目前工业上普遍采用水洗法将甲醇溶解于水，然后用精馏法回收甲醇，这种方法能耗高且过程复杂。1989 年，美国的空气产品和化学品公司（Air Products and Chemicals Inc.）开发了渗透蒸发/精馏集成过程用于分离 MTBE 生产中的产物，该流程命名为 TRIM™。流程采用对甲醇/MTBE 有很高选择性的醋酸纤维素膜卷式组件，从反应产物中分离出大部分的甲醇后，剩余物流进入精馏塔，在塔底分出 MTBE，在塔顶分出甲醇和反应副产物丁烷，这部分甲醇在甲醇回收器中回收后进入反应器使用。据估计，采用该流程可以减少设备投资 5%~20%，降低蒸汽消耗量 10%~30%。

四、FCC 汽油脱硫

液体燃料燃烧过程中会释放出大量污染物，如 SO_x、NO_x、CO_x 等，其中 SO_x 对环境的污染为尤严重，还会提高车辆 NO_x 的排放量，更是产生酸雨的直接原因。

汽油是一种由烷烃、C_5~C_{14}烯烃、环烷烃和芳烃组成的复杂的混合物，它是原油经过异构化、重整和催化裂化而制得到。FCC 环节得到的汽油（简称 FCC 汽油）占总汽油 30~40%，是汽油中最重要的硫来源（高达 85%~95%）。因此，从 FCC 汽油中脱硫是深度脱硫的关键。汽油中典型的硫化合物有硫醇（RSH）、硫化物（R_2S）、二硫化物（RSSR）、噻吩及其衍生物。碱清洗过程后，噻吩及其衍生物进入 FCC 汽油，占总硫含量的很大一部分（80%以上）。同时，噻吩类化合物及其衍生物具有更小的反应活性，比其他种类的硫化合物更难脱除。因此，目前的研究主要集中于 FCC 汽油中噻吩的脱除。

渗透蒸发技术成为近年来脱硫研究中一项非常有吸引力的技术。

虽然针对渗透蒸发脱除液体燃料中硫组分的研究非常多，但目前仅有两项渗透蒸发脱硫技术（S-Brane 和 TranSep™）在工业上得到了应用。

S-Brane 技术是由美国的 W. R. Grace 公司 2003 年开发的，用于从 FCC 汽油和其他石脑油中脱除含硫烃分子。随着 S-Brane 技术工艺流程的改进，工业生产能力可达到（5000～40000）$\times 10^4$bbl/d。该技术所使用的是聚酰亚胺聚合物膜，选择性地除去硫化物分子。所需的膜面积取决于进料组成、体积、目标纯度以及分离器和加氢装置的处理能力。该工艺的生产成本为 100～500 美元/（10^4bbl），而其他的除硫技术的成本高达 1000～2000 美元/（10^4bbl）。这是因为，相比其他的方法，S-Brane 结合催化加氢脱硫（HDS）过程，能够在较低的操作温度（67. 121℃）和压力（6. 9～20. 7kPa）下，显著降低总氢气需求量。S-Brane 技术是使用管式膜组件的膜法处理工艺，能较好地与现有的或新的加氢装置相结合，生产出低含硫量的汽油，减少现有的氢处理设备的工作量，提高汽油的辛烷值。

五、渗透蒸发和其他过程集成的应用

渗透蒸发过程已经成功地应用于许多工业过程中，但每一种技术都有其应用范围和适用性，在许多情况下，单独使用渗透蒸发工艺并不是最佳选择，而渗透蒸发和其他过程的集成则可以充分发挥这些技术的优势，提高其经济性。目前，研究最多、应用最成功的集成过程主要有渗透蒸发与精馏过程和渗透蒸发与反应过程集成两类，反应过程包括酯化反应及生化反应。

1. 渗透蒸发与精馏过程集成

该技术研究始于 20 世纪 50 年代末，20 世纪 80 年代开始应用于工业生产过程，表 6. 5. 6 为部分采用渗透蒸发与精馏集成的应用体系。

表 6. 5. 6 渗透蒸发和精馏过程的集成过程

分离体系	苯/环己烷分离、羧酸酯/羧酸/甲醇、碳酸二甲酯/甲醇、甲基叔丁基醚/甲醇、乙基叔丁基醚/醇
应用	分离恒沸物
集成过程	渗透蒸发—精馏
渗透蒸发膜	亲有机物膜

用集成过程来分离低挥发性的组分和恒沸物体系，能够克服精馏过程中需要第三组分的加入、变压操作、所需塔板数多、过程复杂、操作困难等缺点，经济性主要来自于操作费用的节省，第三组分的减小等。

2. 渗透蒸发与酯化反应过程集成

利用渗透蒸发可以优先渗透某一种组分的特性，将渗透蒸发过程和反应过程进行集成，将反应过程中生成的某一种产物或副产物不断去除，从而促使可逆反应向生成物的方向移动。许多有机反应，如酯化反应和苯酚—丙酮缩合反应，都会产生水。这些反应一般都属于可逆反应，最终达到某种反应平衡状态。如果能将反应生成的水除去，就可以促进反应向生成物的方向进行。

研究表明，采用集成过程比单纯酯化反应节能60%左右。表6.5.7是有关渗透蒸发和酯化反应集成过程的部分应用体系。

表6.5.7　渗透蒸发和反应过程的集成过程

分离体系	乳酸乙酯/水、丁二酸二乙酯/水、单硬脂酸甘油酯/水、乙酸异丙酯/水、油酸甲酯/水、果糖十八烯酸酯/水、乙酸异戊醇酯/水、外消旋布洛芬/水、邻苯二甲酸二异丁酯/水、乙酸苯甲醇酯/水、油酸异戊醇酯/水、油酸杂醇油酯/水、乙酸甲酯/水、乙酸龙脑酯/水
应用	从反应器中除去水以促使反应转化率提高
集成过程	渗透蒸发—酯化反应
渗透蒸发膜	亲水膜

3. 渗透蒸发与生化反应过程集成

在生化领域，用细胞或酶进行生物发酵反应时，代谢产物往往会阻碍反应的进行。如发酵法制乙醇过程中，产物乙醇的在线分离能提高过程的产率；发酵法制丙酮/丁醇/乙醇过程中，毒性产物丁醇的在线分离可以提高发酵过程的效率。

目前渗透蒸发/生化反应集成过程的研究主要集中在乙醇/丁醇发酵—分离耦合体系，所使用的装置也多为外置式，这种集成过程以乙醇发酵或丁醇发酵的集成过程为主，许多科研工作者对这两种过程做了大量的研究。同非集成的釜式过程相比，可以使产率增加300%～500%；同非集成的连续式过程相比，可以使产率增加80%～100%。

第六节　渗透蒸发在我国的工业应用实例

山东蓝景膜技术工程有限公司（以下简称蓝景公司）是我国第一家也是规模最大的生产和销售有机高分子渗透蒸发膜及组件的公司。自2003年6月以来，在我国20余个省市建立了80余套工业装置，用于乙醇、异丙醇、正丙醇、正丁醇、叔丁醇、丙酮、四氢呋喃、乙酸乙酯、乙酸甲酯、苯、甲苯、一氯甲烷等有机溶剂及混合溶剂脱水。涉及的应用领域有石油化工、医药、精细化工、生物科技、新能源、纺织印染、涂料等行业，现列举几个应用实例。

一、乙醇脱水制取无水乙醇

应用实例：东北制药集团年产32000t无水乙醇的渗透蒸发装置。

东北制药集团在磷霉素钠的生产过程中，采用乙醇作循环溶剂，当乙醇中水的质量分数高于5%时就不能再继续使用，需要对含水的乙醇进行脱水。用加盐萃取精馏法可以将乙醇中的水脱除，但会引入乙二醇等杂质，影响药品的安全性。采用渗透蒸发技术进行乙醇脱水，不仅降低运行成本，而且在产品中不引入任何杂质。将该乙醇用于后续药品生产中，产品晶形好，收率高，质量稳定，安全性也大大提高，给用户带来了良好的经济效益和环境效益。

该项目采用渗透蒸发和精馏过程集成工艺，来自磷霉素钠生产过程的循环溶剂，经过精馏塔除去高沸点的杂质，得到乙醇含量为94%~95%（质量分数）的乙醇/水溶液，经渗透蒸发装置脱水后，产品为99.5%（质量分数）的无水乙醇再回到生产线。装置于2012年投入运行，采用蓝景公司生产的MPV0702牌号的渗透蒸发复合膜，牌号为MPD-Ⅰ膜组件，总膜面积为1500m^2，分别装入4个真空罩，采用两个真空罩串联为一组，两组并联为一条生产线。图6.6.1是东北制药集团32000t/a无水乙醇生产装置工艺流程图，图6.6.2为装置的实景照片。

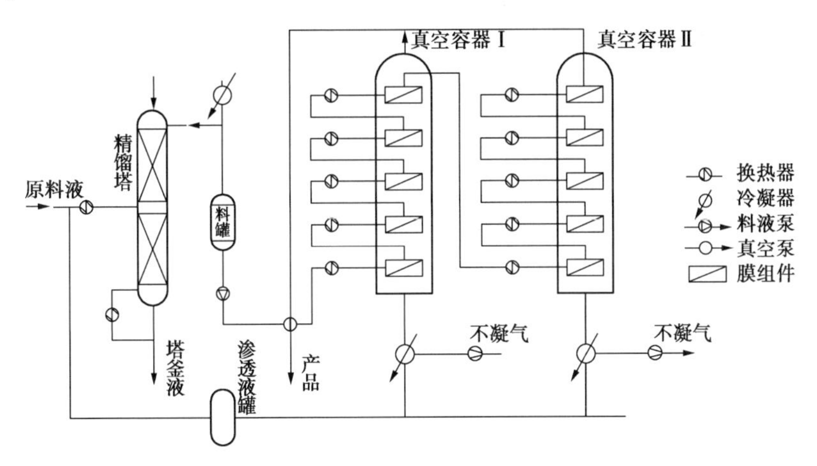

图6.6.1 东北制药集团32000t/a无水乙醇生产工艺流程示意图

图6.6.2 东北制药集团32000t/a无水乙醇生产装置实景照片

此外，东北制药集团还于2005年10月建立了5000t/a的渗透蒸发无水乙醇生产装置，于2006年5月建立了3000t/a的渗透蒸发无水乙醇生产装置。

二、异丙醇脱水

应用实例1：广州天赐高新材料科技公司7000t/a异丙醇脱水装置。

广州天赐高新材料科技有限公司在某化妆品添加剂的生产过程中，采用异丙醇作为循环溶剂，将体系中的水分带出。随着溶剂套用次数的增多，异丙醇溶剂中水含量增大，当溶剂中水含量达到12%左右时，循环溶剂不能满足工艺要求，无法继续套用。采用传统的恒沸精馏法脱水，回收的溶剂质量达不到要求，直接导致终端产品的不合格，只好将含水量较高的溶剂废弃，造成严重的资源浪费和环境污染。

2003年3月，由清华大学设计、蓝景公司提供渗透蒸发膜，年处理能力为2000t的异丙醇水溶液的设备，解决了该企业异丙醇溶剂回收的难题，满足了企业的生产需求。这是我国第一套自行设计建造、拥有完全自主知识产权的渗透蒸发膜分离工业系统。该系统的完成，标志着渗透蒸发膜分离这一高新技术在我国开始实现产业化应用。该企业随后又在2003年5月建立了一套年处理能力5000t的渗透汽化膜系统。

以上两套系统用于化妆品添加剂生产中循环溶剂异丙醇脱水，每年回收异丙醇循环溶剂7000t（异丙醇中含水量低于1%）。不但回收了溶剂，减少了有机溶剂的排放，能耗降低70%以上，而且因溶剂质量改善使化妆品添加剂产品的收率提高15%~20%。

该装置采用蓝景公司生产的牌号为MPV0301的渗透蒸发复合膜，牌号为MPP-Ⅰ膜组件，总面积170m²，其工艺流程见图6.6.3，图6.6.4是装置实景照片。

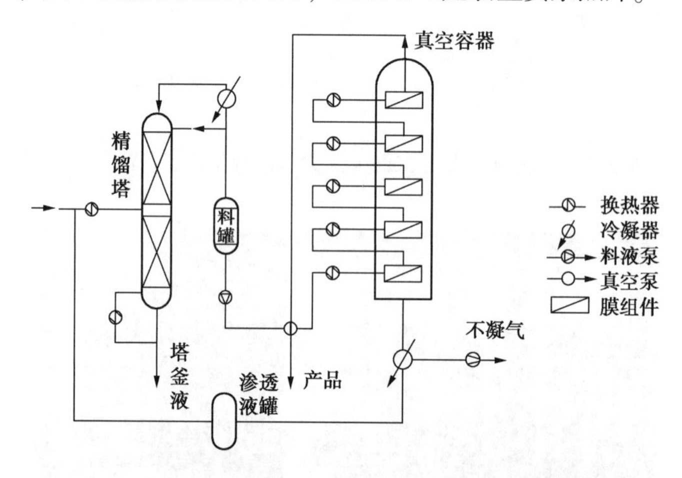

图6.6.3　广州天赐7000t/a异丙醇溶剂回收装置工艺流程图

(a) 2000t/a渗透蒸发膜系统

(b) 5000t/a渗透蒸发膜系统

图6.6.4　广州天赐7000t/a渗透蒸发法异丙醇溶剂回收装置实景照片

应用实例 2：泸州北方硝化棉公司 5000t/a 异丙醇脱水装置。

2004 年 6 月，蓝景公司在该企业建立了油漆涂料行业的第一套渗透蒸发工业装置。年处理能力 5000t，用于该企业漆棉产品生产过程中异丙醇溶剂的回收及循环使用，节能 70%以上。该项目的实施，实现了企业生产绿色环保油漆、涂料的愿望，提高了产品的国际竞争力，适应了国内外市场对绿色环保产品的需求。该装置采用蓝景公司生产的牌号为 MPV0501 的渗透蒸发复合膜，牌号为 MPD-Ⅰ膜组件，总膜面积为 160m²，其工艺流程见图 6.6.3，图 6.6.5 是装置的实景照片。

(a) 渗透蒸发膜系统整体

(b) 渗透蒸发膜系统局部

图 6.6.5　泸州北方硝化棉公司 5000t/a 渗透蒸发法异丙醇脱水系统实景照片

三、无水叔丁醇生产

应用实例：淄博四泰联合化学有限公司 3000t/a 无水叔丁醇生产装置。

叔丁醇是具有广泛用途的石化产品之一，可作为汽用添加剂，以提高汽油的辛烷值。

2004 年 3 月，蓝景公司在山东省淄博四泰联合化学有限公司建立了我国第一套年生产能力为 3000t 无水叔丁醇的渗透蒸发系统，将原料中的水含量由 15%降至 0.5%以下。该装置充分发挥了渗透蒸发的独特技术优势，比恒沸蒸馏节能 70%以上，具有良好的经济效益和环境效益。图 6.6.6 是装置的实景照片。

(a) 渗透蒸发膜系统整体

(b) 渗透蒸发膜系统局部

图 6.6.6　3000t/a 渗透蒸发法无水叔丁醇生产装置实景照片

四、四氢呋喃脱水

应用实例：山东齐鲁安替制药公司15000t/a四氢呋喃脱水装置。

传统的四氢呋喃脱水技术为加盐萃取精馏及分子筛脱水。其中加盐萃取精馏技术在萃取剂回收中产生大量的含盐萃取剂残渣，难以处理。分子筛脱水则存在脱附能耗高，被淘汰的分子筛处理困难等问题。采用渗透蒸发技术脱水，不使用外加试剂，节能环保。

齐鲁安替制药公司生产头孢菌素原料药的过程中，采用渗透蒸发工艺，进行四氢呋喃溶媒的脱水回收，装置的总设计处理能力为15000t/a，一期处理能力5000t/a，原料含水量7%（质量分数），产品含水量低于0.5%（质量分数）。该装置所用渗透蒸发膜为蓝景公司生产的MPV0800号复合膜，膜面积为150m^2，其工艺流程同图6.6.3，图6.6.7是装置的实景照片，自2010年初投产运行以来，产品质量稳定，四氢呋喃溶媒的回收率显著提高，能耗降低。

图6.6.7　四氢呋喃溶媒回收装置的实景照片

五、甲苯脱水

应用实例：浙江新华制药公司甲苯脱水项目。

浙江新华制药公司在某原料药中间体的生产中使用“甲苯—碳酸二甲酯”混合溶剂作为反应催化剂，在生产中发现，随着套用次数的增加混合催化剂中的水含量不断上升，严重影响反应的进行。之前曾采用其他脱水方式，效果不好。2009年，浙江新华制药公司采用了蓝景公司的渗透蒸发技术，进行混合溶媒的脱水精制，装置的工艺流程图见图6.6.8。采用蓝景公司生产的牌号为MPV9803的渗透蒸发膜，进行混合溶媒的脱水精制，年处理量为10800t，原料水含量为1800μg/g，产品水含量不高于700μg/g。该装置自投产至今，运行正常，产品质量稳定。采用这套装置后，解决了长期困扰的生产难题，产品产率有明显提高，生产过程较之旧工艺更为稳定易控，避免了附加污染物的引入，保障了产品安全。装置的实景照片见图6.6.9。

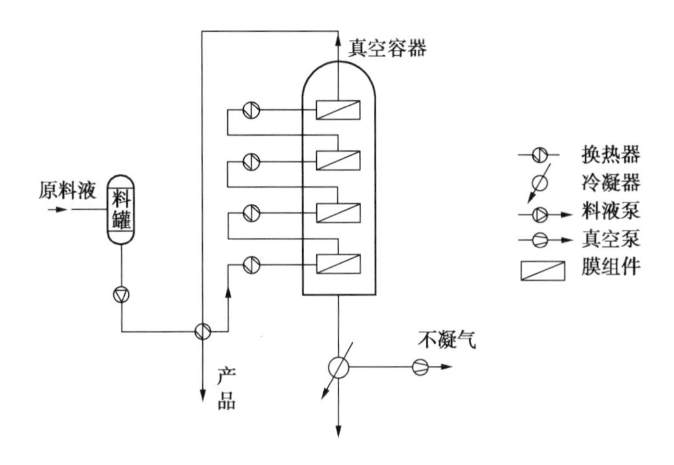

图 6.6.8 脱除甲苯中微量水的渗透蒸发工艺流程

图 6.6.9 用于甲苯脱水的渗透蒸发装置实景照片

第七节 GKSS 渗透蒸发和蒸气渗透技术

从 20 世纪 80 年代中期开始，有关渗透蒸发的研究开始活跃起来，通过专利申请情况可以用来评估或预测一项技术的工业应用现状和前景。统计数据表明，1980—1999 年的 20 年中，欧洲国家共授权了 37 项有关渗透蒸发的专利和 17 项有关蒸气渗透的专利，其中德国 GKSS 研究中心分别占有 10 项渗透蒸发专利和 7 项蒸气渗透专利，占总数的31%，占主导地位。下文将具体讨论 GKSS 渗透汽化和蒸气渗透技术的研究现状。

一、分离基本原理

溶解扩散模型认为 PV 传质过程分为三步（图 6.7.1）：渗透物小分子在进料侧膜面溶

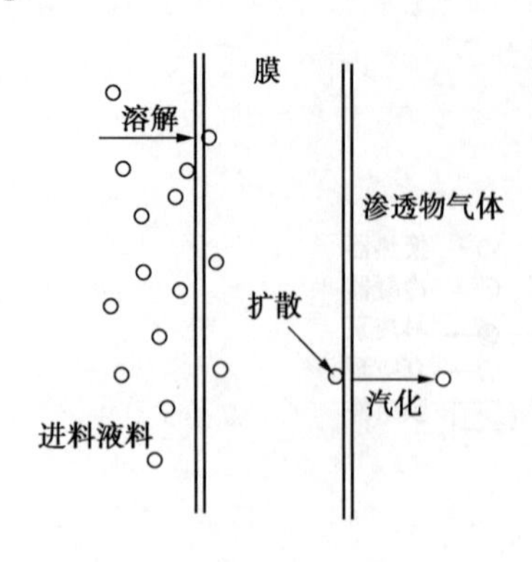

图 6.7.1 溶解扩散模型示意图

解（吸附），在活度梯度的作用下扩散过膜，在透过侧膜面解吸（汽化）。

在 PV 的典型操作条件下，第三步速度很快，对整个传质过程影响不大。而第一步的溶解过程和第二步的扩散过程不仅取决于高聚物膜的性质和状态，还和渗透物分子的性质、渗透物分子之间及渗透物分子和高聚物材料之间的相互作用密切相关。因而溶解扩散模型最终归结到对第一步和第二步，即渗透物小分子在膜中的溶解过程和扩散过程的描述。VP 与 PV 的不同点在于 VP 的加料为混合蒸气或蒸气与不凝气的混合物，但是膜内的状态以及渗透物扩散通过膜的规律基本相同。

二、渗透蒸发（PV）和蒸气渗透（VP）的比较

VP 是 PV 的一种变形，两者的流程示意图如图 6.7.2 所示。

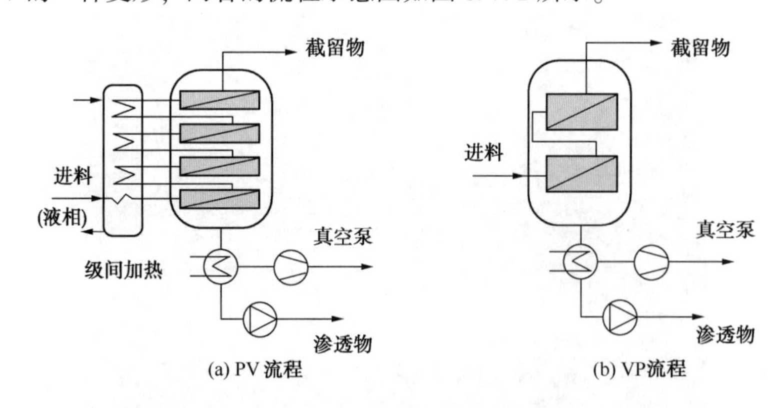

图 6.7.2 PV 和 VP 流程示意图

两者的共同点是：

（1）推动力均是组分在膜两侧的蒸气压差。

（2）分离相同体系使用同种膜。

（3）膜后侧的情况完全相同，均为真空，采用相同的方法移去渗透物。

（4）膜内的状态以及渗透物扩散通过膜的规律基本相同。

两者的不同点归纳如下：

（1）VP 的加料为蒸气，气体在膜组件中的流动状况较液体好，分布均匀，物质在气相中的扩散系数大，浓差极化的影响小。

（2）PV 过程中渗透物有相变，渗透物的相变热靠料液的显热来供给，因此 PV 过程中料液的温度不断下降，从而导致渗透通量的下降，通常采用级间加热的方式来维持料液的温度；对于 VP 来说，渗透物无相变，过程中加料温度基本不变，过程沿等温线进行，VP 的平均渗透通量比 PV 大，所以完成相同的分离任务，VP 所需要的膜面积小。

（3）VP 的操作温度通常比 PV 高，温度高渗透通量大，所需膜面积小。

（4）VP 的蒸气加料比 PV 的液体加料杂质含量小，膜受加料中杂质损害的危险小。

在实际工业应用中，如无水乙醇生产中，由于 VP 的渗透通量大，因此，VP 法比 PV 法节省设备投资费用，因而总成本也比较低；在异丙醇脱水中，VP 法竞争力更加明显。

三、GKSS 膜及分离器

1. GKSS 渗透汽化膜

渗透汽化膜可分为三类，即水优先透过膜、有机液优先透过膜和有机液/有机液分离膜。膜的结构和材质是影响选择性和渗透通量的关键因素，因此寻找高性能的膜是这种膜技术工业化的技术关键之一。GKSS 的膜研制开发水平居世界领先地位，其开发的渗透汽化商品膜如表 6.7.1 所示。

表 6.7.1　GKSS 渗透汽化商品膜

商品膜名称	用　途
GKSS Symplex	优先透水膜
GKSS PDMS	优先透有机物物膜
GKSS POMS	优先透有机物物膜
GKSS PEBA	优先透有机物物膜

图 6.7.3 为 GKSS Symplex 的膜结构示意图，它是聚电解质复合物膜，水通量要优于目前使用比较广泛的交联聚乙烯醇膜 PVA。

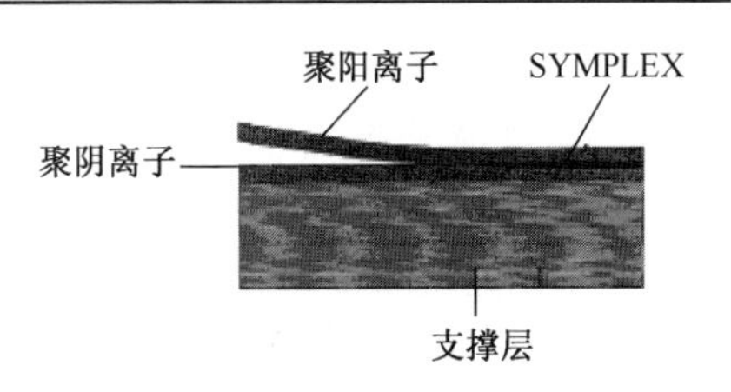

图 6.7.3　GKSS SYMPLEX 结构示意图

传统上，大部分膜材料是有机聚合物材料，这些材料在高温、高压和有机溶剂中的稳定性较差；单纯的无机膜材料具有的良好的耐温、耐溶剂性能，但是无机膜材料成本高而且大面积制备相当困难。GKSS 新近研制开发的一种有机/无机纳米复合膜，综合了两者的优点，克服了传统膜材料的一些缺点（比如渗透通量小），极大地扩大了技术应用领域。图 6.7.4 为 GKSS 有机/无机纳米复合膜材料与传统交联 PVA 膜的水的渗透通量比较，从图中可以看到，这种新型膜材料的渗透通量要优于交联 PVA 膜。

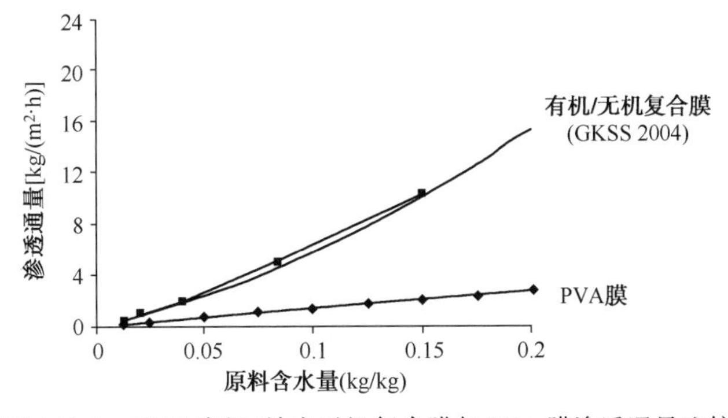

图 6.7.4　GKSS 有机/纳米无机复合膜与 PVA 膜渗透通量比较

2. GKSS 渗透汽化膜组件

渗透汽化技术实现工业化的另一个关键因素，是膜组件的设计是否合理。目前运行中的渗透汽化膜组件多数是板框式，这种膜组件内的流体力学状况较差，不利于克服膜表面的极化现象。膜下游的真空度对渗透汽化的分离性能有直接影响，控制真空侧的压力损失仍是螺旋板膜组件和中空纤维膜组件制造中的技术难题。GKSS 研制出一种新型 GKSS GS 型膜组件，在设计上综合考察了对传输效率和热力学的影响因素，优化组件性能，保证其最佳的流速和气流分布，妥善处理了原料侧的传质阻力和渗透侧的压降问题。

图 6.7.5 为德国 GKSS 研究中心开发的 GKSS GS 型膜分离器结构图。其结构特点是：在中间开孔的两张椭圆形平板膜之间夹有间隔层，周边经热压密封后组成信封状膜套袋。一定数量的膜套袋由多孔中心管连接，中心孔处经过密封处理后组成膜堆，固定于外壳中成为膜分离器。膜分离器内设有多重折流板以保证组件内气体流速恒定并通过有效改变气体流动方向，使气流与膜表面有效接触。该组件性能优异，操作方便，膜片容易更换、而且无需黏合。图 6.7.6 示出了 GKSS GS 型膜组件的性能，图中曲线是在综合了自由体积理论、膜组件压力降以及浓差极化等因素后，模拟计算得到的结果，曲线上的实点为不同操作条件下的得到的实验数据，可以看出，组件的真实性能很好地吻合了计算机模拟性能曲线。

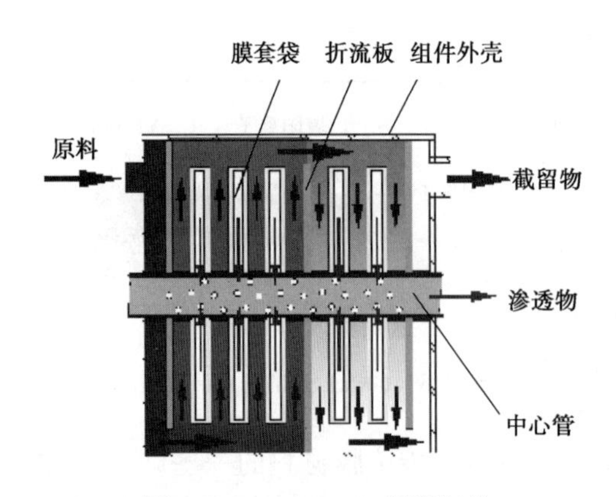

图 6.7.5 GKSS GS 型膜组件

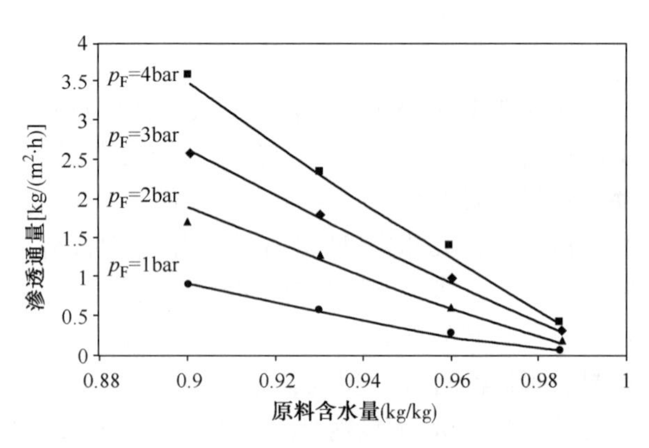

图 6.7.6 GKSS GS 型膜组件性能曲线

四、GKSS 渗透蒸发及蒸气渗透技术工业应用

PV 和 VP 技术用于液体和气体混合物的分离，其突出的优点是能够以低的能耗实现蒸馏、萃取、吸附等传统的方法难以完成的分离任务。它特别适于蒸馏法难于分离或不能分离的近沸点、恒沸点混合物以及同分异构体的分离；对有机溶剂及混合溶剂中微量水的脱除及废水中少量有机污染物的分离具有明显的技术上和经济上的优势；还可以同生物及化学反应耦合，将反应生成物不断脱除，使反应转化率明显提高。

1. 无水乙醇的生产

VP 脱水技术适用于一定的料液浓度范围：对于水含量小于 10%的分离体系，要求渗余液水含量 10^{-4}数量级时，VP 具有经济竞争力。当料液中水含量较高时，如从水含量高达 90%的发酵液直接制备无水乙醇，单纯的 VP 技术并不经济，而普通精馏和 VP 过程的集成将是最佳选择，以实现液体混合物的高效分离。为实现表 6.7.2 的分离任务，分别采用恒沸精馏和蒸气渗透+常压乙醇蒸馏塔这两种方法，流程图见图 6.7.7 和图 6.7.8。

表 6.7.2 乙醇脱水数据

参 数	数 值
原料质量流量（kg/h）	4500
原料中乙醇含量［%（质量分数）］	10
原料压力（MPa）	0.1
原料温度（℃）	91.4
要求产品中乙醇含量［%（质量分数）］	99.9

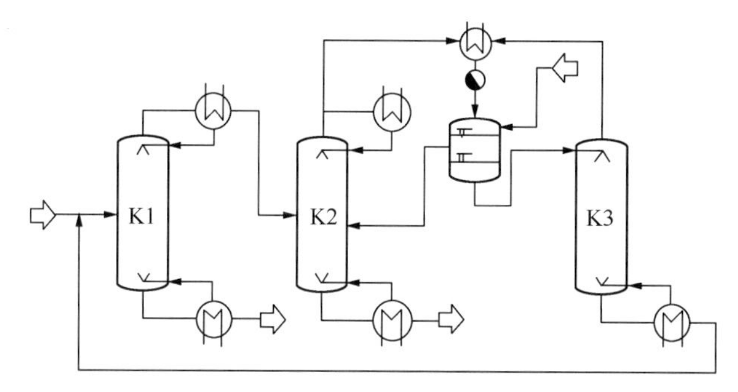

图 6.7.7 恒沸精馏流程示意图

恒沸精馏为目前工业上常用方法。从乙醇精馏塔 K1 塔顶出来的组成接近恒沸液的酒精送入恒沸精馏塔 K2，用恒沸剂将水从塔顶带出，塔底得到无水乙醇，塔顶馏出物经冷凝分层后，富恒沸剂相返回恒沸精馏塔 K2，贫恒沸剂相继续进入 K3，塔底得到的水/乙醇混合物返回 K1，塔顶馏出物汇同 K2 塔顶馏出物进行冷凝分层。

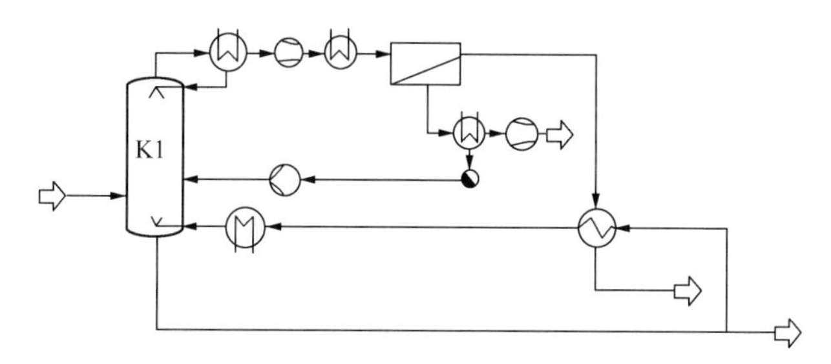

图 6.7.8 蒸气渗透+常压乙醇蒸馏

含有乙醇 10%的发酵液进入初馏塔 K1，初馏塔塔顶的产物（大约含乙醇 90%）经过压缩、加热后进入膜分离单元；水优先渗透过膜，富集在渗透侧，大部分渗透气被冷凝，不凝气被真空泵抽走；为了减少乙醇的损失，将渗透气的冷凝液送回初馏塔；原料中的乙醇被膜截留，成为产品，其热量可以用来预热进塔原料液。

采用蒸气渗透法，简化了传统恒沸精馏法复杂的工艺路线，装置占地小，可以放在室内；节能超过 50%；减少了设备投资。其耗能比较见表 6.7.3。

表 6.7.3 两种乙醇脱水方法耗能比较

项目	冷却耗能	加热耗能	初馏塔 K1
蒸气渗透+常压蒸馏	$Q=-704.8$kW	$Q=743$kW	回流比为 4.84，塔板数为 12
恒沸精馏	$Q=-1479$kW	$Q=1521$kW	回流比为 6，塔板数为 35
节省	52.3%	51.2%	

可见，渗透气化技术将彻底改革传统的高能耗的燃料乙醇生产工艺路线，代之以高效、低能耗的渗透气化膜分离工艺，从而使生产燃料乙醇的成本大大降低。

2. 无水乙醇生产技术的新进展

工业上越来越需要利用膜技术脱除含水量更高的溶液，如将50%（质量分数）的乙醇/水溶液直接脱水至乙醇含量99.5%（质量分数）以上，使节能效果更加显著，同时也更加简化工艺。由于传统的PVA膜在水含量较大时会不稳定，不能满足这种工业需求，随着材料科学的不断进步，新型膜材料的问世，目前已经能实现从含水50%（质量分数）左右的乙醇溶液开始脱水，达到制取99.8%（质量分数）无水乙醇的目的，节能效果更佳显著，详见图6.7.9。

图6.7.9　膜法制备无水乙醇装置

3. 丙酮溶剂脱水

丙酮的沸点为56.2℃，与水互溶。如图6.7.10所示，当体系中丙酮含量增加到一定范围内，丙酮和水形成近沸点体系，气、液两相中丙酮浓度十分接近，传统的蒸馏手段很难将其分离。分别采用精馏法和VP法实现表6.7.4所示的分离任务，并对两者的工艺流程和能耗进行比较，流程示意图如图6.7.11所示。

表6.7.4　丙酮脱水数据

参　数	数　值
原料质量流量（kg/h）	500
原料中丙酮含量［%（质量分数）］	88
原料中水含量［%（质量分数）］	12
要求产品中丙酮含量［%（质量分数）］	99.6

表6.7.5比较了精馏法和VP法实现上述分离任务的能耗，从中可以看到，VP相对于传统精馏法大大降低了能耗，操作过程更为简便。

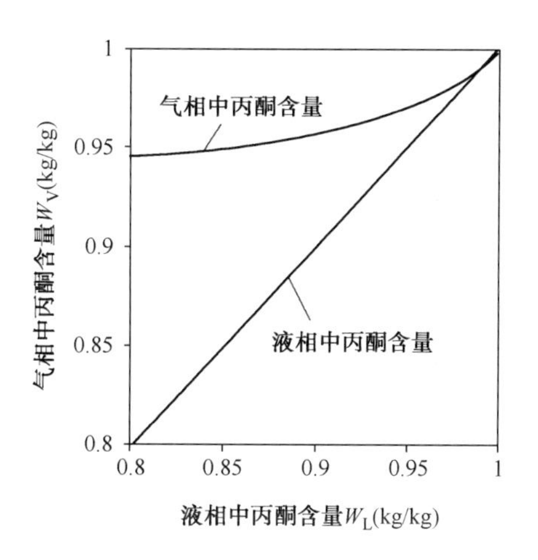

图 6.7.10　气、液两相中丙酮浓度

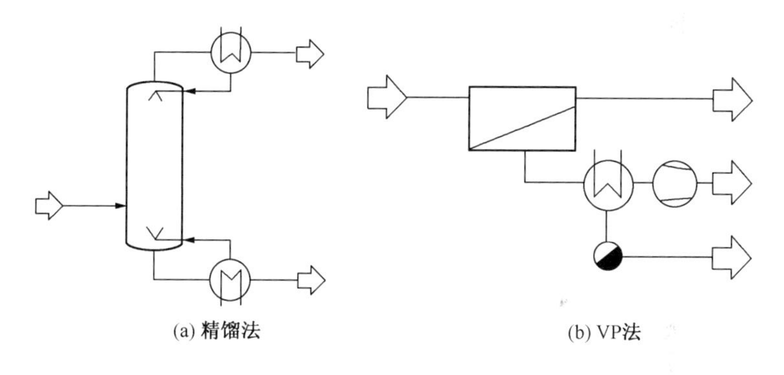

图 6.7.11　丙酮脱水精馏法和 VP 法流程示意

表 6.7.5　两种丙酮脱水法耗能比较

项　　目	精　　馏	VP
加热能耗（kW）	306.4	45.4
冷凝能耗（kW）	385.7	89.5
塔板数	25	—
回流比	4.92	—

4. PV 和生物工艺结合浓缩香料

天然芳香物质的浓缩、提纯日益受到关注。GKSS 将优先透过有机物膜应用在提纯、浓缩香料的生物工艺中，通过在反应体系中引入这种膜技术，将反应和分离两大工序结合在一起，打破了可逆反应的动力学平衡，提高了目标反应产物的转化率，而且避免了传统蒸馏法使产物变质的问题。图 6.7.12 是这种技术的流程示意图。由图 6.7.13 可以明显看出，采用该技术可显著提高目标产物的产率。

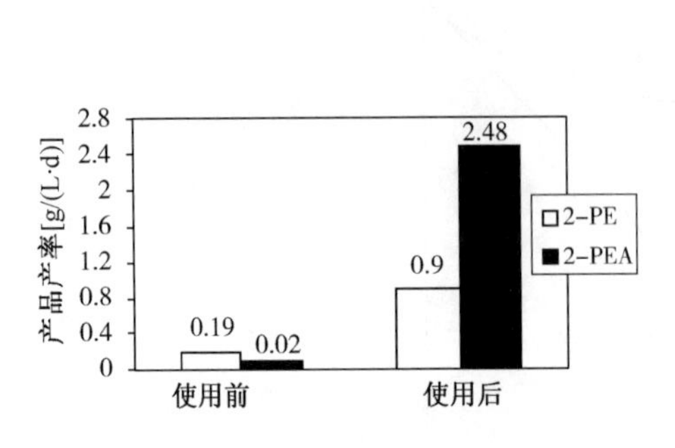

图 6.7.12　生物工艺结合 PV 技术提纯香料

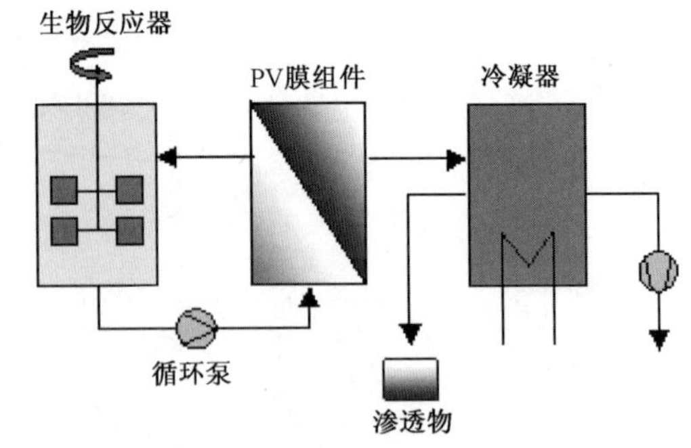

图 6.7.13　使用 PV 技术前后产率比较

作为当前最有发展前景的高新技术之一，渗透汽化和蒸气渗透膜分离技术已发展成为产业化的高效节能分离过程和先进的单元过程操作，对许多相关行业的科技进步具有很大的推动作用。膜技术及与其他技术集成的技术将在很大程度上取代目前采用的传统分离技术，正在全球范围内受到高度重视。作为世界知名的研究机构，GKSS 的渗透汽化和蒸气渗透技术水平一直处于世界领先地位，其技术的可靠性和先进性已在实际工业应用中体现。

第八节　渗透汽化在无水乙醇及燃料乙醇生产中的应用

随着国民经济的发展，我国对能源特别是石油的需求量逐年增长。自 1993 年我国石油进口量第一次超过出口量而成为石油净进口国后，至 2010 年，我国对进口石油的依存度已经超过 50%，加上油价连年飙升，能源问题已经成为制约我国经济发展的重大问题。目前国家采取的应对策略有两个，一是通过对传统工业采用节能减排工艺减少消耗，但由于石油资源本身是不可再生资源，无论是自产的还是进口的，其总量都是一定的，且在不断地迅速减少中，降低消耗速度并不能从根本上解决能源问题。另外一个思路就是寻找其他替代能源，其中通过生物质原料制备得到燃料乙醇是解决能源枯竭问题的一个重要途径。

燃料乙醇是指含水量小于 0.5%的无水乙醇。燃料乙醇除具有替代车用燃料的功能外，还具有用作汽油辛烷值改进剂和增加汽油氧含量、减少汽车尾气中的 CO、烃类污染物排放的功能。由于其来源于生物质，属于可再生资源，被称为“绿色能源”。对于缓解目前的能源短缺，减少空气污染，调整我国农村地区的产业结构具有非常重大的现实意义。目前，我国政府已经开始大力推动燃料乙醇研究计划，在河南、吉林和黑龙江等粮食主产区已经有几个大型燃料乙醇生产基地建成投产。

由于各种原因，我国燃料乙醇的生产方法跟国外相比还比较落后，能耗高、生产效率低，燃料乙醇生产企业要大量依靠政府补贴。因此，需要探索新的生产方法，降低生产成本，使燃料乙醇真正发挥出应有的效益。

乙醇按生产方式可分为发酵乙醇和合成乙醇，世界乙醇产量的 93%是由发酵法生产的。生物质经发酵后，得到乙醇含量 10%左右的发酵醪，发酵醪经普通蒸馏后可得到乙醇含量不高于 95.57%的乙醇—水共沸物（或者近沸物），然后通过共沸精馏、萃取精馏、分子筛吸附等途径脱水获得含量99.5%的无水乙醇。

据统计，采用传统方法，乙醇浓度超过92%以后乙醇脱水的能耗会大幅度增加，其能耗会占到燃料乙醇厂能耗的60%~80%。因此，对燃料乙醇生产过程中浓度92%到99.5%段脱水工艺能耗进行优化具有非常重大的意义。

渗透汽化膜技术是膜分离技术的一种，是一种新型的分离技术，具有不需要引入第三组分，设备结构简单，单级分离效率高，无污染，耗能低等特点。渗透汽化膜按应用体系可分为优先透水膜、优先透有机物膜以及有机物/有机物分离膜，按材质则可以分为有机膜和无机膜。其中渗透汽化优先透水膜不受体系共沸状态的影响，而且只需要将少量的富水透过物组分进行汽化，在对含少量或者微量水的有机物溶剂进行脱水从而得到无水级产品方面具有巨大的优势，特别适合应用于燃料乙醇的制备。图6.8.1为板框式渗透汽化膜装置的示意图。

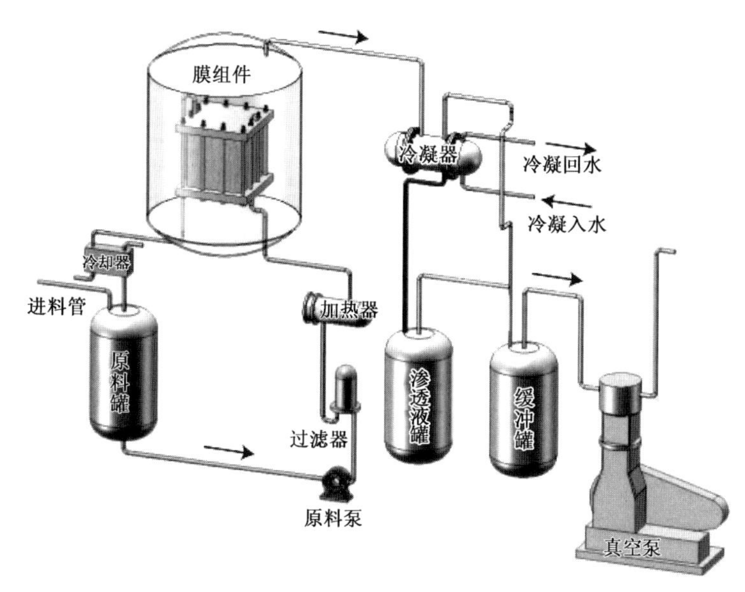

图6.8.1 渗透汽化膜装置工艺流程图

渗透汽化透水膜是最早实现工业应用的渗透汽化膜，已经具有较成熟的应用经验。1982年，德国GFT公司率先成功地把渗透汽化技术应用到无水乙醇的生产中，在巴西建成了日产1300L无水乙醇的工厂。在随后的几年中，GFT公司在西欧和美国建立了20多个规模更大的装置（每天生产1500~2000L无水乙醇）。Lurge公司应用GFT膜在德国Karlsruhe附近的一个造纸厂建立了一套生产能力为6000~12000L/d的乙醇脱水制无水乙醇的装置。1988年，由GFT公司设计，在法国Betheniville建成世界上第一个最大的渗透汽化法脱水制无水乙醇的工厂，其生产能力为每天150000L无水乙醇，料液为94%的乙醇水溶液，产品含水量小于2000mg/L。

我国在这方面的研究起步稍晚，但是也取得了丰硕的成果。清华大学、浙江大学以及中科院等院校率先开展了这方面的研究，此后众多的院校、科研机构和公司都曾参与到渗透汽化技术的研究与应用中来。其中清华大学从20世纪80年代即开始渗透汽化技术的研究，先后承担了国家“973”、“863”相关项目的攻关工作，取得了多项技术成果。从2001年开始，蓝景公司与清华大学合作，共同开展渗透汽化膜技术的产业化工作，先后建成了 50 多套渗透汽化有机溶剂脱水装置。目前采用蓝景公司生产的渗透汽化膜技术进行脱水的装置总处理量已经超过了 25×10^4t/a，最大的项目处理量达到了 3.6×10^4t 产品/年（已经达到了 GFT 所做的最大的项目的规模），占到了国内渗透汽化市场 90%以上的份额。其中乙醇的总处理量已超过 8×10^4t/a，单套设备的最大处理量达到了 3.2×10^4t/a。在膜与反应集成技术方面，涉及不同的催化剂环境体系，包括生物能源、制药、燃料乙醇、印染、化工新材料领域，积累了大量的工程应用经验，能提供从 100t 级到 10×10^4t 级的项目的设计和实施一体化服务。目前正在与成都有机所共同推进无机渗透汽化脱水膜的推广应用。

根据对蓝景公司这几年来的项目运行情况的考察，证明渗透汽化膜技术已经给现有的客户带来了显著的经济效益，对燃料乙醇工业也起到了巨大的推进作用。蓝景公司采用专门的设计软件，对不同原料水含量的渗透汽化无机膜乙醇脱水装置设计进行了核算，结果如图 6.8.2 至图 6.8.5 所示。

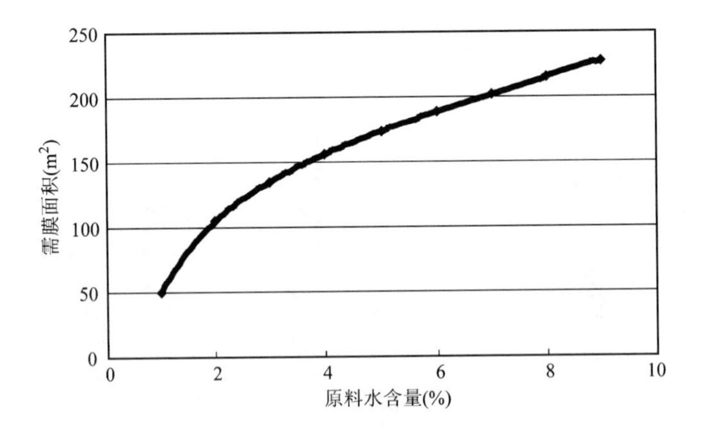

图 6.8.2　1×10^4t 产品/a 无机膜装置膜面积需求

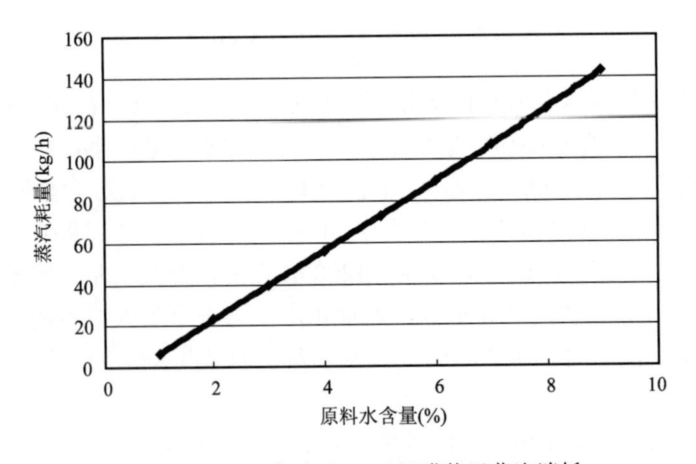

图 6.8.3　1×10^4t 产品/a 无机膜装置蒸汽消耗

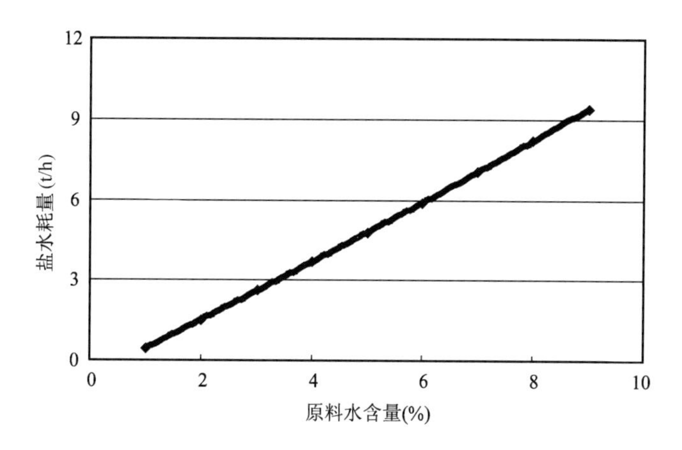

图 6.8.4　1×10^4t 产品/a 无机膜装置冷盐水耗量

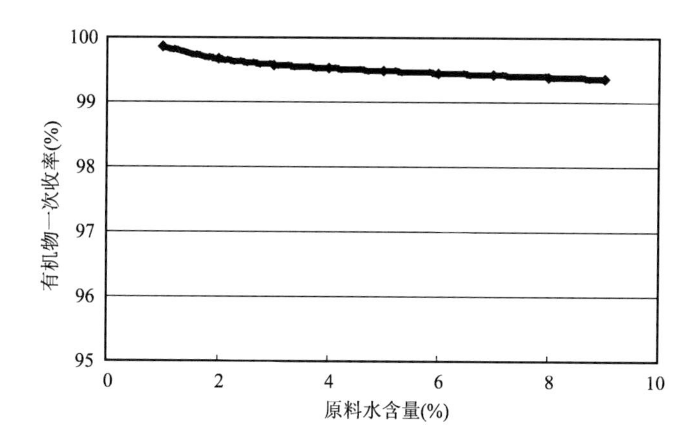

图 6.8.5　1×10^4t 产品/a 无机膜装置有机物一次收率

从图 6.8.2 至图 6.8.5 可以看出，随着原料液水含量升高，在达到相同产能的前提下，需要的膜面积、蒸汽消耗量、冷冻盐水量均近似线性地增加。有机物一次收率则有所降低，但是在考察的原料水含量范围内，有机物一次收率均超过 99.3%。因此，通过对精馏过程工艺的优化，可以充分发挥渗透汽化脱水膜技术的优势，从而进一步推进燃料乙醇的发展，为国家解决能源问题提供支持。

参 考 文 献

[1] 北京有机化工厂研究所．聚乙烯醇的性质和应用．北京：纺织工业出版社，1979.

[2] 陈翠仙，蒋维钧．渗透汽化研究进展．现代化工，1991（4）：14-17.

[3] 陈翠仙，余立新，祁喜旺，等．渗透汽化膜分离技术的进展及在石油化工中的应用．膜科学与技术，1997，17（3）：14-18.

[4] 陈翠仙，韩宾宾，朗宁，等．渗透蒸发和蒸气渗透．北京：化学工业出版社，2004.

[5] 陈联楷，郭群晖，黄继才，等．壳聚糖渗透汽化膜分离醇/水的性能Ⅱ——壳聚糖复合膜．水处理技术，1996（4）：189-194.

[6] 丁虹，李福绵．聚乙烯醇衍生的聚离子复合物的研究 III——乙烯—乙烯醇共聚物的化学修饰及其复合物．高分子学报，1995（6）：641.

[7] 丁虹，李福绵．聚乙烯醇衍生的聚离子复合物的研究 IV——乙烯—乙烯醇共聚物衍生的聚离子复合物的电荷性质与抗凝血性．高分子学报，1996（1）：54.

[8] 龚云表，石安富．合成树脂与塑料手册．上海：上海科学技术出版社，1993.

[9] 何叶尔，李力．PP 树脂的加工与应用．北京：中国石化出版社，1994.

[10] 金喆民，王平，赖桢，等．壳聚糖—聚磷酸钠聚离子复合物渗透汽化膜的研究Ⅱ——聚合条件和操作条件对膜分离性能的影响．膜科学与技术，2003，23（3）：32-35.

[11] 金喆民，王平，赖桢，等．壳聚糖—聚磷酸钠聚离子复合物渗透汽化膜的研究 I——聚离子膜的制备及特性表征．膜科学与技术，2003，23（2）：23-26.

[12] 李福绵，王林，冯新德．聚乙烯醇衍生的聚离子复合物的研究 II——聚离子复合物的吸水性及抗凝血性．高分子学报，1987（1）：13.

[13] 李福绵，王林，冯新德．聚乙烯醇衍生的聚离子复合物的研究 I——聚离子复合物的制备及其溶解性能．高分子通讯，1986（6）：426.

[14] 李玉贵，陈宇观，等．液相本体法聚丙烯生产及应用．北京：中国石化出版社，1992.

[15] 林芸，陈秉铨．磷酸酯化聚乙烯醇的合成工艺及其性质初探．化学研究与应用，1996，8（4）：547.

[16] 卢灿辉，许晨，丁马太，等．壳聚糖/褐藻酸钠聚离子复合膜的渗透汽化分离性能研究．功能高分子学报，1996（3）：383.

[17] 卢灿辉，许晨，丁马太．壳聚糖/聚丙烯酸钠聚离子复合膜的醇—水渗透汽化分离性能．水处理技术，1994（2）：75.

[18] 祁喜旺，陈洪钫．渗透蒸发膜及其传质的研究进展．膜科学与技术，1995，15（3）：1-9.

[19] 祁喜旺．聚酰亚胺渗透蒸发膜的研究．天津：天津大学化工系，1993.

[20] 钱兴坤，姜学峰．2014 年国内外油气行业发展报告．北京：石油工业出版社，2015.

[21] 施艳荞，王信玮，陈观文．藻朊酸钠渗透汽化膜分离有机液/水混合物．水处理技术，1996（1）：9-13.

[22] 王从厚，陈勇，吴鸣．新世纪膜分离技术市场展望．膜科学与技术，2003，23（4）：54-60.

[23] 王林，丁虹，李福绵．聚乙烯醇衍生的聚离子复合物的研究 IV——聚离子复合膜的力学行为及透过性能．高分子学报，1993（6）：753.

[24] 徐永福．渗透蒸发的研究和应用Ⅰ——基础研究．膜科学与技术，1987，7（3）：1-16.

[25] 徐永福．渗透蒸发的研究和应用Ⅱ——膜材料的选择．膜科学与技术，1987，7（4）：1-14.

[26] 亚历山大·布雷斯尼韦茨，托马斯·哈索尔．用于聚乙烯醇季胺化反应的干混方法：中国，CN88104557，1988.

[27] 曾晞，施艳荞，陈观文．壳聚糖/聚丙烯酸聚电解质复合物膜对水/有机物体系的渗透汽化性能．功能高分子学报，1998（3）：385.

[28] 曾晞，施艳荞，陈观文．藻朊酸钠/壳聚糖聚电解质复合物膜 I——对水/有机物体系的渗透汽化特性.

功能高分子学报，1998（3）：321.
[29] 曾宪放，陈鸣德，朱旭容，等．交联壳聚糖渗透汽化膜分离乙醇/水．膜科学与技术，1993，2：29.
[30] 张可达，付圣权．多元酸交联聚乙烯醇渗透汽化膜．膜科学与技术，1993，13（1）：19.
[31] 张旭之，陶志华，等．丙烯衍生物工学．北京：化学工业出版社，1995.
[32] 赵国骏，姜涌明，孙龙生，等．不同来源壳聚糖的基本特性及红外光谱研究．功能高分子学报，1998，11（3）：403.
[33] 邹建，孙本惠，陈翠仙，等．基于 PVA 的聚电解质渗透汽化膜的研制 I——聚电解质的合成．膜科学与技术，2001，21（1）：21.
[34] 邹建．聚电解质膜材料及其渗透汽化膜的特性研究．北京：北京化工大学，2000.
[35] Ackern F V, Krasemann L, Tieke B. Ultrathin membranes for gas separation and pervaporation prepared upon electrostatic self-assembly of polyelectrolytes. Thin solid films, 1998, 327-329: 762.
[36] Anzai J. Development of polyelectrolyte multilayer films and their applications to analytical chemistry (review). Bunseki Kagaku, 2001, 50 (9): 585-594.
[37] Aptel P, Challard N, Cuny J, et al. Application of the pervaporation process to separate azeotropic mixtures. J. Membr. Sci., 1976, 1: 271-287.
[38] Aptel P, Challard N, Cuny J. Application of pervaporation process to separate azeotropic mixtures. J. Membr. Sci., 1976, 1 (3): 271-287.
[39] Aptel P, Cuny J, Jozefonv J, et al. Liquid transport through membranes prepared by grafting of polar monomers onto poly (tetrafluoroethylene) films. 3: steady-state distribution in membrane during pervaporation. Journal of Applied Polymer Science, 1974, 18 (2): 365-378.
[40] Aptel P, Cuny J, Jozefonv J, et al. Liquid transport through membranes prepared by grafting of polar monomers onto poly (tetrafluoroethylene) films. 2: some factors determining pervaporation rate and selectivity. Journal of Applied Polymer Science, 1974, 18 (2): 351-364.
[41] Aptel P, Cuny J, Morel G, et al. Liquid transport through membranes prepared by grafting of polar monomers onto poly (tetrafluoroethylene) films. 1: some fractionations of liquid mixtures by pervaporation. Journal of Applied Polymer Science, 1972, 16 (5): 1061.
[42] Bai Y X, Zhang C F, Jin G, et al. Pervaporation Separation of p-/o-Xylene Mixtures Using HTPB-Based Polyurethaneurea Membranes. Separation Science and Technology, 2006, 46 (11): 1699-1708.
[43] Baker R, Wijmans J, Kaschemekat J. The design of membrane vapor-gas separation systems. J. Membr. Sci, 1998, 151: 55.
[44] Binning R C, Jennings J F, Martin E C. Separationt echnique through a permeation membrane. US, 2985588, 1961.
[45] Binning R C, James F E. Permeation: a new way to separate mixtures. Oil Gas J., 1958, 56 (21): 104-105.
[46] Binning R C, Johnson W F. Aromatic separation process: US, 2970106, 1961.
[47] Binning R C. Organic chemical reactions involving liberation of water: US, 2956070, 1960.
[48] Binning R C. Separation of mixtures: U S, 2981680, 1961.
[49] Blume I, Baker R. Separation and concentration of organic solvents from water using pervaporation. Proceedings of 2nd International Conference on Pervaporation Processes in the Chemical Industry, San Antonio, Texas, 1987.
[50] Bravo J L, Fair J R, Humphrey J L, et al. Fluid mixture separation technologies for cost reduction and process improvement. Noyes Data: Park Ridge, NJ, 1986.
[51] Cabasso I, Jagurgro J, Vofsi D. Polymeric alloys of polyphosponates and acetyl cellulose. 1: sorption and dif-

fusion of benzene and cyclohexane. Journal of Applied Polymer Science, 1974, 18 (7): 2117-2136.

[52] Cabasso I, Jagurgro J, Vofsi D. Study of permeation of organic-solvents through polymeric membranes based on polymeric alloys of polyphosphonates and acetyl cellulose . 2: separation of benzene, cyclohexene, and cyclohexane. Journal of Applied Polymer Science, 1974, 18 (7): 2137-2147.

[53] Carter J W, Jagannadhaswamy B. Separation of organic liquids by selective permeation through polymeric films. Brit. Chem. Eng. , 1964, 9 (8): 523-526.

[54] Casado L, Mallada R, Tellez C, et al. Preparation, characterization and pervaporation performance of mordenite membranes. J. Membr. Sci, 2003, 216: 135-147.

[55] Chen H, Song C, Yang W. Effects of aging on the synthesis and performance of silicalite membranes on silica tubes without seeding. Microporous Mesoporous Mater, 2007, 102: 249-257.

[56] Chen W J, Martin C R. Highly Methanol-Selective Membranes for the Pervaporation Separation of Methyl T-Butyl Ether/Methanol Mixtures. J. Membr. Sci. , 1995, 105: 101-108.

[57] Chen X, Yang W, Liu J, et al. Synthesis of zeolite NaA membranes with high permeance under microwave radiation on mesoporous-layer-modified macroporous substrates for gas separation. J. Membr. Sci, 2005, 255: 201-211.

[58] Choo C Y. Membrane permeation. Adv. Petroleum Chem. , 1962, 6 (2): 73-117.

[59] Chun H J, Kim J J, Kim K Y. Anticoagulation activity of the modified poly (vinyl alcohol) membranes. Polymer journal, 1990, 22 (4): 347

[60] Chunyan Chen, Xiaoyu Tang, Zeyi Xiao, et al. Ethanol fermentation kinetics in a continuous and closed-circulating fermentation system with a pervaporation bioreactor. Bioresource Technology, 2012, 114: 707-710.

[61] Davis R I, Phalangas C J, Titus G R. Quaternary nitrogen contining polyvinyl alcohol polymers for use in skin conditioning, cosmetic and pharmaceutical formulations: US, 4645794, 1987.

[62] Dutta B K, Sikdar S K. Separation of azeotropic organic liquid-mixtures by pervaporation. AIChE J. , 1991, 37 (4): 581-588.

[63] Eirsh Yu É. Reverse-osmosis, Ion-exchange, and pervaporation membranes: polymeric materials, forming methods and hydrate and transport properties (a review) . Russian J. Appl. Chem. , 1993, 67 (2, part 1): 159-175.

[64] Farber L. Application of pervaporatioin. Science, 1935, 82: 158.

[65] Flanders C L, Tuan V A, Noble R D, et al. Separation of C_6 isomers by vapor permeation and pervaporation through ZSM-5 membranes. Journal of Membrane Science, 2000, 176: 43-53.

[66] Golemme G, Drioli E. Polyphosphazene membrane separation - Review. J. Inorganic organometallic polymers, 1996, 6 (4): 341-365.

[67] Gudematsch W, Kimmerle K, Stroh N. Recovery and concentration of high vapor-pressure bioproducts by means of controlled membrane separation. J. Membr. Sci. , 1988, 36: 331-342.

[68] Heissler E G, Hunter A S, Scilliano J, et al. Solute and temperature effects in the pervaporation of aqueous alcoholic solutions. Science, 1956, 124: 77-79.

[69] Hino T, Ohya H, Hara T. Removal of halogenated organics from their aqueous solutions by pervaporation. Proceedings of fifth International Conference on Pervaporation Processesin the Chemical Industry, Heide-lberg, Germany, 1991: 423-436.

[70] Ho W S, Sartori G, Thaler W A, et al. Halogenated polyurethanes. US, 5028685, 1991.

[71] Ho W S, Sartori G, Thaler W A, et al. Polyimide/aliphatic polyester copolymers: US, 4944880, 1990.

[72] Huang A S, Yang W S, Liu J. Synthesis and pervaporation properties of NaA zeolite membranes prepared with vacuum-assisted method. Purif. Technol, 2007, 56: 158-167.

[73] Huang A S, Yang W S. Enhancement of NaA zeolite membrane properties through organic cation addition. Purif. Technol, 2008, 61: 175-181.

[74] Huang A S, Yang W S. Enhancement of NaA zeolite membrane properties through organic cation addition. Purif. Technol, 2008, 61: 175-181.

[75] Huang A, Lin Y S, Yang W, Synthesis and properties of A-type zeolite membranes by secondary growth method with vacuum seeding. Membr. Sci, 2004, 245: 41-51.

[76] Huang A, Lin Y S, Yang W. Synthesis and properties of A-type zeolite membranes by secondary growth method with vacuum seeding. Membr. Sci, 2004, 245: 41-51.

[77] Huang A, Yang W. Hydrothermal synthesis of NaA zeolite membrane together with microwave heating and conventional heating. Mater. Lett, 2007, 61: 5129-5132.

[78] Huang R Y M, Feng X. Dehydration of isopropanol by pervaporation using aromatic polyetherimide membranes. Sep. Sci. Technol. , 1993, 28: 2035.

[79] Huang R Y M, Yeom C K. Pervaporation separation of aqueous mixtures using crosslinked poly (vinyl alcohol) 2: Permeation of ethanol-water mixtures. J. Membr. Sci. , 1990, 51: 273.

[80] Inui K, Miyata T, Uragami T. Permeation and separation of binary mixtures through a liquid-crystalline polymer membrane. Macromol Chem Phys, 1998, 199 (4): 589-595.

[81] Ishihara K, Matsui K. Ethanol permselective polymer membranes 3: pervaporation of ethanol-water mixture through composite membranes composed of styrene-fluoroalkyl acrylate graft-copolymers and cross-linked polydimethylsiloxane membrane. J. Appl. Polym. Sci. , 1987, 34 (1): 437-440.

[82] Jian K, Pintauro P N. Integral Asymmetric Poly (Vinylidene Fluoride) (Pvdf) Pervaporation Membranes. J. Membr. Sci. , 1993, 85: 301-309.

[83] Jonquières A, Clément R, Lochon P, et al. Industrial state-of-the-art of pervaporation and vapour permenation in the western countries. J. Membr. Sci. , 2002, 206: 87-117.

[84] Jonquières A, Clément R, Lochon P, et al. Industrial state-of-the-art of pervaporation and vapour permenation in the western countries. J. Membr. Sci. , 2002, 206: 87-117.

[85] Karakane H, Tsuyumoto M, Maeda Y, et al. Separation of water-ethanol by pervaporation through polyion complex composite membrane. J. Appl. Polym. Sci. , 1991, 42: 3229.

[86] Kesting R E. Preparation of reverse osmosis membranes by complete evaporation of the solvent system. US, 3884801, 1975.

[87] Kimura S, Nomura T. Pervaporaton of alcohol-water mixtures with silicone rubber membrane. Membrane (in Japanese), 1982, 7 (6): 353-354.

[88] Kober P A. Pervaporation, perstillation, and percrystallization. J. Amer. Chem. Soc. , 1917, 39: 944-948.

[89] Kujawski W. Application of pervaporation and vapor permeation in environmental protection. Polish J. Environ. Studies, 2000, 9 (1): 13-26.

[90] Kusumocahyo S P, Kanamori T, Sumaru K. Pervaporation of xylene isomer mixture through cyclodextrins containing polyacrylic acid membranes. Journal of Membrane Science, 2004, 231 (1-2): 127-132.

[91] Lee Y M, Bourgeois D, Belfort G. Sorption, diffusion, and pervaporation of organics in polymer membranes. J. Membr. Sci. , 1989, 44 (2-3): 161-181.

[92] Lee Y M, Nam S Y, Ha S Y. Pervaporation of water/isopropanol mixtures through polyaniline membranes doped with poly (acrylic acid) . J. Memb. Sci. , 1999, 159: 41.

[93] Li G, Kikuchi E, Matsukata M. Separation of water-acetic acid mixtures by pervaporation using a thin mordenite membrane. Purif. Technol, 2003, 32: 199-206.

[94] Li J, Chen C, Han B, et al. Laboratory and pilot-scalestudy on dehydration of benzene by pervaporation.

Journal of Membrane Science, 2002, 203 (1-2): 127-136.

[95] Li Y, Chen H, Liu J, et al. Microwave synthesis of LTA zeolite membranes without seeding. J. Membr. Sci. 2006, 277: 230-239.

[96] Maeda Y, Kai M. Recent progress in pervaporation membranes for water/ethanol separation // Huang R Y M. pervaporation membrane separation processes. Elsevier, Amserdam, 1991: 391-435.

[97] Matsumura M, Kataoka H. Separation of dilute aqueous butanol and acetone solutions by pervaporation through liquid membranes. Biothchnol. Bioeng., 1987, 30 (7): 887-895.

[98] Mochizuki A, Sato M, Ogawara H. Polymer Preprints. Japan, 1986, 35: 2202.

[99] Mochizuki A, et al. Membrane from ionic glycosides for separation fluids by pervaporation. DE3600333, 1986.

[100] Mulder M H V, Hendrikman J O, Hegeman H. Ethanol water separation by pervaporation. J. Membr. Sci., 1983, 16: 269-284.

[101] Nakao S, Saitoh F, Asakura T, et al. Continuous ethanol extraction by pervaporation from a membrane bioreactor. J. Membr. Sci., 1987, 30: 273-287.

[102] Nam S Y, Chun H J, Lee Y M. Pervaporation separation of water-isopropanol mixture using carboxymethylated poly (vinyl alcohol) complex membranes. J. Appl. Polym. Sci., 1999, 72: 241.

[103] Nam S Y, Lee Y M. Pervaporation and properties of chitosan-poly (acrylic acid) complex membranes. J. Memb. Sci., 1997, 135: 161.

[104] Nguyen Q T, Blanc L L, Neel J. Preparation of membranes from polyacrylonitrile polyvinylpyrrolidone blends and the study of their behavior in the pervaporation of water organic liquid-mixtures. J. Membr. Sci., 1985, 22 (2-3): 245-255.

[105] Niemoller A, Scholz H, Gotz B. Radiation-grafted membranesfor pervaporation of ethanol water mixtures. J. Membr. Sci., 1988, 36: 385-404.

[106] Noezar I, Nguyen Q T, Clement R, et al. Proceedings of 7th International Conference on Pervaporation Processes in the Chemical Industry, Engelwood, NJ, USA, 1995.

[107] Park C K, Oh B K, Choi M J, et al. Separation of Benzene Cyclohexane by Pervaporation through Poly (Vinyl Alcohol) Poly (Allyl Amine) Blend Membrane. Polym. Bull., 1994, 33 (5): 591-598.

[108] Pera-Titus M, Bausach M, Llorens J, et al. Preparation of inner-side tubular zeolite NaA membranes in a continuous flow system. Purif. Technol, 2008, 59: 141-150.

[109] Pera-Titus M, Bausach M, Llorens J, et al. Preparation of inner-side tubular zeolite NaA membranes in a continuous flow system. Sep. Purif. Technol, 2008, 59: 141-150.

[110] Pina M P, Arruebo M, Felipe M, et al. A semi-continuous method for the synthesis of NaA zeolite membranes on tubular supports. J. Membr. Sci, 2004, 244: 141-150.

[111] Rathke T D, Hudson S M. Review of chitin and chitosan as fiber and film formers. Journal of Macromolecular Science-Reviews in Macromolecular Chemistry and Physics, 1994, C34 (3): 375-437.

[112] Ruchenstein E, Sun F. Hydrophobic-hydrophilic composite membranes for the pervaporation of benzene-ethanol mixtures. J. Membr. Sci., 1995, 103 (3): 271-283.

[113] Ruckenstein E. Emulsion pathways to composite polymeric membranes for separation processes. Colloid and Polymer Science, 1989, 267: 792-797.

[114] Sander U, Janssen H. Industrial application of vapour permeation . J. Membr. Sci., 1991, 61: 113-129.

[115] Sanders B H, Choo C Y. Latest advances in membrane permeation. Petrol. Refiner, 1960, 6: 133-138.

[116] Sartiri G, Ho W S, Ballinger B H. Saturated polyesters and crosslinked membranes therefrom for aromatics/saturates separation. US, 5128439, 1992.

[117] Sato K, Nakane T . A high reproducible fabrication method for industrial production of high flux NaA zeolite membrane. J. Membr. Sci, 2007, 301: 151-161.

[118] Sato K, Nakane T. A high reproducible fabrication method for industrial production of high flux NaA zeolite membrane. J. Membr. Sci, 2007, 301: 151-161.

[119] Schauer J. Pervaporation of Ethanol Organic-Solvent Mixtures Through Poly (2, 7. Dimethyl- 1, 4-Phenylene Oxide) Membrane. J. Appl. Polym. Sci. , 1994, 53: 425-428.

[120] Schonberger U. Untersuchungern zur Stofftrennung durch Pervaporation an Silikon-Membrane. Diplomarbeit Fachhochschule Hamburg, 1984.

[121] Semenova S I, Ohya H, Soontarapa K. Hydrophilic membranes for pervaporation: an analytical review. Desalination, 1997, 110 (3): 251-286.

[122] Shieh J J, Huang R Y M. Pervaporation with chitosan membranes II: blend membranes of chitosan and polyacylic acid and comparison of homogeneous and composite membrane based on polyelectrolyte complexes of chitosan and polyacrylic acid for the separation of ethanol-water mixtures. J. Memb. Sci. , 1997, 127: 185.

[123] Snitzen J W F, Elsinghorst E, Mulder M H V. Proceedings of 2nd international conference on pervaporation processes in the chemical industry. San Antonio, Texas, USA, 1987.

[124] Sweeney R F, Rose A. Factors determining rates and separationin barrier membrane permeation. Ind. Eng. Chem. Proc. Des. Dev. , 1965, 4: 248-251.

[125] Takegami S, Yamada D, Tsujii S. Dehydration of water ethanol mixtures by pervaporation using modified poly (vinyl alcohol) membrane. Polym. J. , 1992, 24 (11): 1239-1250.

[126] Te Hennepe H J C, Mulder M H V, Smolders C A, et al. Pervaporation process and membrane: EP, 0254758, 1986.

[127] Tealdo G C, Canepa P, Munari S. Water-ethanol permeation through grafted PDFE membranes. J. Membr. Sci. , 1981, 9 (1-2): 191-196.

[128] Tiscareno-Lechuga F, Tellez C, Menendez M, et al, A novel device for preparing zeolite—A membranes under a centrifugal force field. J. Membr. Sci, 2003, 212: 135-146.

[129] Tiscareno-Lechuga F, Tellez C, Menendez M, et al. A novel device for preparing zeolite—A membranes under a centrifugal force field. J. Membr. Sci, 2003, 212: 135-146.

[130] Tong C C, Bai Y X, Wu J P, et al. Pervaporation reeovery of aeetone-butanol from aqueous solution and fermentation broth using HTPB-based polyurethaneurea membranes. Separation Science and Techonoly. 2010, 45 (6): 751-761.

[131] Touil S, Tingry S, Bouchtalla S. Selective pertraction of isomers using membranes having fixed cyclodextrin as molecular recognition sites. Desalination, 2006, 193 (1-3): 291-298.

[132] Uragami T, Saito M, Sugihara M. Studies on syntheses and permeabilities of special polymer membranes . 68. analysis ofpermeation and separation characteristics and new technique for separation of aqueous alcoholic solutions through alginic acid membranes. Polymer Preprints, Japan, 1985, 34: 400.

[133] Uragami T, Saito M. Polymer Preprints, Japan, 1982, 35.

[134] Uragami T. Comparison of permeation and separation characteristics for aqueous alcoholic solutions by PV and new evapomeation methods through CS membranes. Makromol. Chem. Rapid Commun. , 1988, 9 (5): 361-365.

[135] Wang B, Yamaguchi T, Nakao S. Effect of molecular association on solubility, diffusion, and permeability in polymeric membranes. J. Polymer Sci, 2000, 38: 171-181.

[136] Wang L, Li X, Yang Y. Preparation, properties and applications of polypyrroles. Reactive & Functional Polymers, 2001, 47: 125-139.

[137] Xu Y F, Huang R Y M. Pervaporation separation of ethanol watermixtures using ionically crosslinked blended polyacrylic-acid (PAA) -nylon-6 membranes. J. Appl. Polym. Sci. , 1988, 36 (5): 1121-1128.

[138] Yamaguchi T, Yamahara S, Nakao S, et al. Preparation of pervaporation membranes for removal of dissolved organics from water by plasma-graft filling polymerization. J. Membr. Sci. , 1994, 95: 39.

[139] Yamaguchi Y, Nakao S, Kimura S. Macromolecules, 1991, 24: 5522.

[140] Yeom C K, Jegal J G, Lee K H. Characterization of relaxation phenomena and permeation behaviors in sodium alginate membrane during pervaporation separation of ethanol-water mixture. J. Appl. Polym. Sci. , 1996, 62: 1561.

[141] Yoshikawa M, Ochiai S, Tanigaki M. Application and development of synthetic-polymer membranes . 3: separation of water-ethanol mixture through synthetic-polymer membranes containing ammonium moieties. J. Polym. Sci. Pol. Lett. , 1988, 26 (6): 263-268.

[142] Yoshikawa M, Yokoi H, Sanui K. Pervaporation of water-ethanol mixture through poly (maleimide-co-acrylonitrile) membrane. J. Polym. Sci. Pol. Lett. , 1984, 22 (2): 125-127.

[143] Yoshikawa M, Yokoi H, Sanui K. Selective separation of water-alcohol binary mixture through poly (maleimide-co-acrylonitrile) membrane. J. Polym. Sci. Pol. Chem. , 1984, 22 (9): 2159-2168.

[144] Yoshikawa M, Yokoshi T, Sanui K. Separation of water and ethanol by pervaporation through poly (acrylic acid-co-acrylonitrile) membrane. J. Polym. Sci. Pol. Lett. , 1984, 22 (9): 473-475.

[145] Yoshikawa M, Yokoshi T, Sanui K. Selective separation ofwater from water ethanol solution through quarternized poly (4-vinylpyridine-co-acrylonitrile) membranes by pervaporation technique. J. Appl. Polym. Sci. , 1987, 33 (7): 2369-2392.

[146] Yoshikawa M, Yokoshi Y, Sanui K. Selective separation of water ethanol mixture through synthetic-polymer membranes having carboxylic-acid as a functional-group. J. Polym. Sci. Pol. Chem. , 1986, 24 (7): 1585-1597.

[147] Zah J, Krieg H M, Breytenbach J C, Pervaporation and related properties of time-dependent growth layers of zeolite NaA on structured ceramic supports. Membr. Sci, 2006, 284: 276-290.

[148] Zah J, Krieg H M, Breytenbach J C, Pervaporation and related properties of time-dependent growth layers of zeolite NaA on structured ceramic supports. Membr. Sci, 2006, 284: 276-290.

[149] Zhou H L, Su Y, Chen X R, et al. Modification of silicalite-1 by vinyltrimethoxysilane (VTMS) and preparation of silicalite-1 filled polydimethylsiloxane (PDMS) hybrid pervaporation membranes. Separation and Purification Technology, 2010, 75: 287-294.

[150] Zhou M, Persin M, Sarrazin J. Methanol removal from organic mixtures by pervaporation using polypyrrole membranes. J. Membr. Sci. , 1996, 117: 303-309.